新工科建设之路·计算机类专业系列教材

Java EE 开发简明教程

——基于Eclipse+Maven环境的SSM架构

吴志祥　钱　程　王晓锋　鲁屹华　编著

電子工業出版社
Publishing House of Electronics Industry
北京·BEIJING

内 容 简 介

本教材系统地介绍了 Java EE 的基础知识及框架开发，共有 8 章，依次包括 Java EE 概述及开发环境搭建、使用 JSP 开发 Web 项目、使用 Servlet 开发 Web 项目、ORM 框架 MyBatis、Spring MVC 框架、Spring 框架、SSM 架构和当今流行的 Spring Boot 项目开发。

本教材结构合理，内容从简单到复杂、循序渐进、逻辑性极强，重要的知识点都配有使用案例，配套的课程网站包括相关软件下载、上机实验指导（含项目案例）、课件下载和课程档案文件下载等，可作为高等院校开设“Java EE 开发技术”课程的教材和编程爱好者的参考读物。

图书在版编目（CIP）数据

Java EE 开发简明教程：基于 Eclipse+Maven 环境的 SSM 架构/吴志祥等编著.

—北京：电子工业出版社，2020.2（2025.1 重印）

ISBN 978-7-121-36549-2

Ⅰ. ①J… Ⅱ. ①吴… Ⅲ. ①JAVA 语言－程序设计－高等学校－教材 Ⅳ. ①TP312.8

中国版本图书馆 CIP 数据核字（2019）第 092391 号

责任编辑：张小乐　　文字编辑：底　波

印　　刷：北京虎彩文化传播有限公司

装　　订：北京虎彩文化传播有限公司

出版发行：电子工业出版社

北京市海淀区万寿路 173 信箱　　邮编：100036

开　　本：787×1 092　1/16　印张：14.25　字数：364 千字

版　　次：2020 年 2 月第 1 版

印　　次：2025 年 1 月第 13 次印刷

定　　价：49.00 元

凡所购买电子工业出版社图书有缺损问题，请向购买书店调换。若书店售缺，请与本社发行部联系，联系及邮购电话：（010）88254888，88258888。

质量投诉请发邮件至 zlts@phei.com.cn，盗版侵权举报请发邮件至 dbqq@phei.com.cn。

本书咨询联系方式：（010）88254462，zhxl@phei.com.cn。

前　言

Java 是当今流行的面向对象程序设计语言，因此使用 Java 语言的 Web 开发框架不断涌现。目前，市场上关于 Java EE 开发的书籍比较多，但真正从零基础开始、内容简明、系统且紧跟公司开发步伐的教材并不多见。为此，我们编写了这本符合高校应用型人才培养需要的 Java EE 教材。

本教材前三章分别介绍了 Java EE 概述及开发环境搭建、使用 JSP 开发 Web 项目和使用 Servlet 开发 Web 项目。接着，介绍了 ORM 框架 MyBatis、Spring MVC 框架和 Spring 框架的基本使用及其三大框架的整合（SSM 架构）。最后，介绍了当今流行的 Spring Boot 项目开发。本教材强调项目式教学，所包含的主要案例项目如下：

1. 会员管理系统 MemMana1：单纯地使用 JSP 技术开发。
2. 会员管理系统 MemMana2：使用 JSP 和 JavaBean 技术开发。
3. 会员管理系统 MemMana3：使用 Servlet 实现的 MVC 模式开发。
4. 案例 TestServletFileDownloadAndUpload：使用 Servlet 实现文件的上传与下载。
5. 案例 TestMybatis1、TestMybatis2 和 TestMybatis3：MyBatis 框架的使用。
6. 案例 TestSpringMVC1 和 TestSpringMVC2：Spring MVC 框架的使用。
7. 案例 SpringMVCFileUpload：Spring MVC 文件的上传。
8. 会员管理系统 MemMana4_5：使用 MyBatis 和 Spring MVC 实现的 MVC 框架开发（未整合），后台功能使用了插件 PageHelper 和 jQuery Ajax。
9. 案例 TestSpringDI：测试 Spring 依赖注入功能。
10. 案例 TestSpringAOP1 和 TestSpringAOP2：测试 Spring 面向切面编程功能。
11. 案例 SpringIntegratedMybatis：测试 Spring 对 MyBatis 的整合。
12. 会员管理系统 MemMana5：三大框架整合开发。
13. 案例 springbootdemo1_web：测试 Spring Boot Web 功能。
14. 案例 springbootdemo2_mysql：测试 Spring Boot 的数据库访问功能。
15. 案例 springbootdemo3_thymeleaf：以 Thymeleaf 作为视图模板引擎。
16. 会员管理系统 memmana6：在 IDEA 环境下，使用 Spring Boot 开发。

本教材力求做到结构合理、逻辑性和实用性强，除了设计单元学习的小案例，还设计了若干使用不同技术实现的会员管理项目，以凸显不同技术的差异。 此外，教材还通过图解的方式，清晰地反映软件包里类（或接口）的成员属性（方法）。

课后练习与实验是教学的一个重要环节。本教材每章后均配有习题及实验。此外，通过第 8 章综合案例的设计与分析，可使学生综合掌握 Java 的各个知识点。

本教材有配套的上机实验网站，包括实验目的、实验内容、在线测试（含答案和评分）和素材的提供等，以及教学大纲、实验大纲、各种软件的下载链接、课件和案例源代码下载、在线测试等内容，极大地方便了教与学。

本教材由吴志祥（武昌理工学院特聘教授、教学名师）、钱程（武昌理工学院教授）、王晓锋（咸宁职业技术学院）和鲁屹华（湖北科技学院）共同编著，具体分工如下：吴志祥负责整体构思并制作了精美的 PPT 课件，主要编写第 1 章和第 8 章，钱程编写第 2 章和第 3 章，王晓锋编写第 4 章和第 5 章，鲁屹华编写第 6 章和第 7 章。

本教材既可以作为高等院校计算机专业和相关专业学生学习“Java EE 架构”“Java 企业级应用技术”等课程的教材，也可以作为 Web 开发者的参考书。

获取本教材配套的课件、案例源代码等教学资料，可访问本课程网站（http://www.wustwzx.com/javaee/index.html）。

本书在编写过程上得到了武昌理工学院人工智能学院领导与同仁的大力支持，在此表示衷心感谢。由于编者水平有限，错漏之处在所难免，在此真诚欢迎读者多提宝贵意见，通过访问网站http://www.wustwzx.com 可与作者 QQ联系，以便再版时更正。

编著者

2019 年 9 月于武汉理工学院

目　录

第 1 章　Java EE 概述及开发环境搭建

计算机的应用经历了从桌面型（安装在本机上运行的桌面软件，即单机版本）到多用户型（一台主机带若干终端，即多用户版本）再到 Web 型（采用 B/S 体系的网站系统）。Web 应用使人们超越了时间、地理位置的限制，可以方便地处理各种各样的信息。

作为 Web 应用开发的基础，本章主要介绍了 B/S 体系的含义、搭建 Java Web 应用开发环境和使用 JDBC 方式访问 MySQL 数据库；此外，还介绍了 Java 单元测试和动态调试方法。学习要点如下：

- 理解 Web 应用与传统桌面应用方式的不同；
- 掌握静态网页的基础知识及编辑器 HBuilder 的使用；
- 掌握 Java Web 服务器的运行环境；
- 掌握在 Eclipse 里配置 Tomcat 和 Maven 的方法；
- 掌握 Eclipse 常用快捷键的使用；
- 掌握使用 JDBC 访问 MySQL 数据库的方法；
- 掌握 Java 单元测试和动态调试的使用方法。

1.1　网站与网页基础

1.1.1　Web 应用体系与 B/S 模式

在 Internet 网站中，存放着许多服务器，其中最重要的是 Web 服务器，客户端通过浏览器等软件来访问 Web 服务器里的网站。

访问网站是对网站里网页的访问。通过访问网页，人们能够查询所需要的信息，也能提交信息并将其保存在数据库服务器里。

网页分为静态网页与动态网页两种。静态网页采用 HTML 的标签语言编写，动态网页除了包含静态的 HTML 代码，还包含了只能在服务器端解析的服务器代码。动态网页是与静态网页相对应的，通常以.aspx、.jsp、.php 等作为扩展名，而静态网页通常以.html 作为扩展名。

注意：

（1）动态网页与网页上的各种动画、滚动字幕等视觉上的动态效果没有直接关系，动态网页是采用动态网站技术生成的网页，它可以是纯代码的；

（2）动态网页需要使用某种运行于服务器端的脚本语言编写。脚本分为客户端脚本与服务器端脚本两大类。

1.1.2 常用 HTML 标记及其使用

HTML（HyperText Markup Language，超文本标记语言）用于描述 Web 页面的显示格式。在 HTML 中，所有的标记符都是用一对尖括号括起来的，绝大部分标记符是成对出现的，包括开始标记符和结束标记符。开始标记符和相应的结束标记符定义了该标记符作用的范围。结束标记符与开始标记符的区别是结束标记符在“<”之后有一个斜杠。例如，定义一个向上滚动的新闻 HTML 代码为：

```
<marquee width="300" height="280" direction="Up">滚动新闻文本</marquee>
```

除了<marquee>标记，常用的 HTML 标记如下。

- 超链接标记<a>：用于设计超链接。
- 区隔标记<span>：用于修饰特定的文本。
- 区块标记<div>：具有 float、padding 和 margin 等 CSS 样式属性，这些 CSS 样式属性是<span>不具备的。
- 图像标记<img>：用于引入图像。
- 段落标记<p>：可以对一个段落应用 CSS 样式。
- 换行标记
：起换行作用，单标记名后的斜杠表示自闭。
- 列表标记<ul>或<ol>：需要配合<li>标记使用。
- 表格标记<table>、<tr>、<td>和<th>：常用于数据显示。
- 页内框架标记<iFrame>：定义页内框架。
- 表单标记<form>：需要内嵌若干<input>标记。

注意：在客户端中，页面呈现的过程就是浏览器程序解释 HTML 标记的过程。

表单常用来制作客户端的信息录入界面或登录界面。当用户单击“提交”按钮后，浏览器地址栏将出现一个新的 HTTP 请求，跳转至表单处理页面，接收用户提交的信息并进行相应的处理，表单定义的示例代码如下：

```
<form name="表单名称" method="post" action="表单处理程序" >
        …  <!--定义接收用户数据输入的表单元素-->
        <input type="submit" value="提交">
</form>
```

如果不指定表单的 action 属性值，则默认由本页面自处理。表单自处理的 JSP 页面，参见第 2.4.2 节项目 MemMana1 里的会员登录页面 mLogin.jsp 等。

对于文件上传表单使用标记<input type="file" name="wjy"/>时，必须对表单使用属性 enctype="multipart/form-data"。页面浏览时，单击“浏览”按钮后出现“选择文件”对话框。文件上传表单，可参见项目 MemMana4 的后台管理功能。

在表单内，还可以用命令来响应客户端的单击事件，其定义方法如下：

```
<input type="button" value="提交" onClick="客户端脚本方法()" >
```

注意：

（1）表单的 method 属性值一般指定为“post”，为默认值；

（2）提交按钮/重置按钮，只能作为表单里的最后元素；

（3）提交按钮通常是表单必需的，而重置按钮则不然；

（4）定义表单元素时，一般要使用 name 属性，因为客户端脚本和服务器脚本是按元素名称来获取表单元素的提交值；

（5）在网站开发实务中，对表单提交的数据进行有效性验证的方式有两种：一种是定义表单的 onSubmit 事件来实现客户端脚本进行验证；另一种是在服务器程序中验证。显然，客户端验证可以减轻 Web 服务器的压力，值得推荐。

页内框架是指页面里的一块区域，使用 Div 布局页面时，可以将某个 Div 定义为页内框架，其方法是使用成对的 HTML 标记<iFrame>及</iFrame>，其定义格式如下：

```
<div><iFrame src="预载页面" name="框架名"  width=""  height="" ></iFrame></div>
```

其中，src、name、width 和 height 是 iFrame 标记的四个常用属性，但 src 不是必填属性。

页内框架应用于超链接中，将链接页面的内容输出到指定的页内框架中，而不是打开一个新窗口，其引用方法如下：

```
<a href="目标页面" target="页内框架名" >
```

注意：

（1）使用页内框架，避免频繁打开新窗口，可使浏览过程更加连贯，改善用户体验；

（2）使用页内框架的示例，可参见案例项目 MemManal 的主页 index.jsp。

1.1.3　流行的网页编辑器——HBuilder

HBuilder 是 DCloud（北京数字天堂公司）推出的一款支持 HTML5 的 Web 开发 IDE。HBuilder 的编写用到了 Java、C、Web 和 Ruby，其主体由 Java 编写，基于 Eclipse，可兼容 Eclipse 的插件。

访问官网 http://www.dcloud.io，可以下载 HBuilder 获取更多的功能介绍。

HBuilder 运行界面由菜单、工具栏、项目子窗口、编辑子窗口、预览窗口和控制台等组成。其中，控制台能显示 JavaScript 程序的运行状态信息，方便调试和修改源程序。

HBuilder 的常用快捷键如下。

- Ctrl+Shift+/：用于注释若干行代码或取消注释。
- Ctrl+D：用于删除光标所在行。
- Ctrl+Enter：用于在下面产生一个新的空白行。
- Ctrl+Shift+F：用于代码格式化。
- Ctrl+Shift+W：用于一次性关闭已经打开的文档。

HBuilder 在打开不同的页面时，预览窗口能自动切换。工具栏上的按钮（A^+和 A^-）能即时放大或缩小文档字体，如图 1.1.1 所示。

注意：

（1）本教材主要涉及的页面文档类型都是静态的 HTML；

（2）HBuilder 默认使用 utf-8 作为文档的编码；

（3）默认文档类型一般选择 HTML 4 或 HTML 5；

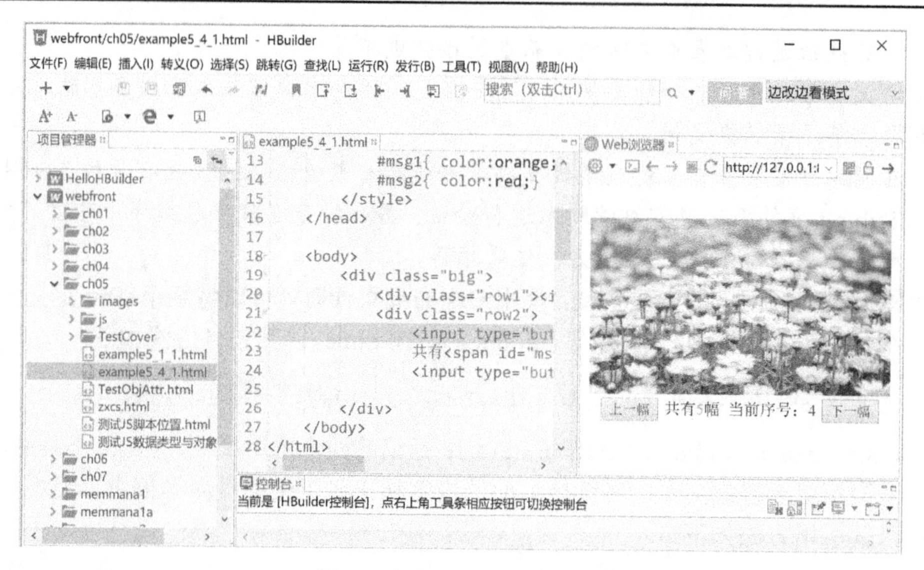

图 1.1.1　HBuilder 工作界面

（4）如果只是简单地修改文档中的某些文本，也可使用 NotePad 和 EditPlus 等较为小巧的编辑器。

1.1.4　CSS 样式与 Div 布局

1．CSS 样式技术

CSS 是 1996 年年底产生的新技术，是 Cascading Style Sheet 的缩写，译名为层叠样式表。CSS 是一组样式，它并不属于 HTML，把 CSS 样式应用到不同的 HTML 标记中，可扩展 HTML 功能，如调整字间距、行间距、取消超链接的下画线效果、多种链接效果等，这是原来的 HTML 标记+属性所无法实现的效果。

使用 CSS 技术，除了可以在单独网页中应用一致的格式，对于大网站的格式设置和维护更具有重要意义。将 CSS 样式定义到样式表文件中，然后在多个网页中同时应用就能确保多个网页具有一致的格式，并且能够随时更新（只需更新样式表文件），从而可大大降低网站的开发和维护的工作量。

由于 CSS 样式的引入，HTML 新增了<style>和<span>两个标记，对所有产生页面实体元素的 HTML 标记都可以使用属性 style、class 或 id 来应用 CSS 样式。

常用的 CSS 选择器的特性如下。

- 类选择器：在<style>标记内定义时，样式名前缀为“.”，由用户决定哪些对 HTML 标记使用 class 属性来应用该样式。
- ID 选择器：在<style>标记内定义时，样式名前缀为“#”，对 HTML 标记使用 id 属性来应用该样式，且要求应用本 ID 样式的页面元素是唯一的。
- 标签选择器：在<style>标记内，以 HTML 标记作为样式名（无前缀），用来重新定义 HTML 标记的外观（自动应用于相应的 HTML 标记）。

● 伪类选择器：对超链接不同状态的样式进行定义，包括 a:hover（鼠标位于超链接上时）等。

注意：

（1）当不涉及 JavaScript 脚本（含 jQuery）时，ID 样式与类样式可以互换。ID 选择器的唯一性是指应用 ID 样式的页面元素应当是唯一的；

（2）对一个页面元素同时应用多种样式时，其选择器名称之间应使用空格隔开；

（3）上面的伪类选择器是复合内容选择器（组合选择器）的一种使用形式。

编辑网页时，在页面里使用成对标签<style>和</style>定义为当前页面使用的 CSS 样式，其示例代码如下：

```
<style type="text/css">
    .zw {   /*定义类选择器*/
        font-size: 12px;     /*字体大小，像素为单位*/
        color: #F00;        /*颜色为红色*/
        line-height:20   /*文字的行高*/
    }
</style>
```

多个选择器之间使用空格分隔时，表示需要根据文档的上下文关系来确定 HTML 标记应用或者避免的 CSS 样式，即通过 CSS 后代选择器来实现准确定位。后代选择器的示例代码如下：

```
.faces .face1{   /*定义后代选择器*/
    /*定义类选择器 face1 的 CSS 样式属性*/
}
.menu {
    /*定义类选择器 menu*/
}
.menu ul{
    /*定义作为后代的标签选择器 ul 的 CSS 样式属性*/
}
.menu ul li{
    /*定义辈分更低的后代标签选择器*/
}
.menu ul li a{
    /*定义辈分更低的后代标签选择器*/
}
```

每个 HTML 标记所生成的页面元素，都有其默认的外观。例如，HTML 标记<a>所产生的超链接，在默认情况下，存在下画线。在实际进行网站开发时，通过重新定义 HTML 标记<a>样式，可以取消默认的下画线，例如：

```
<style type="text/css">
    a {
        text-decoration: none;   /*取值 none 时无下画线，取值为 underline 时有下画线*/
        font-size: 18px;   /*设置链接文字的大小*/
```

```
}
</style>
```

与伪类选择器对应的样式称为伪类样式。如除了a:hover，还有 a:active（超链接被选中时）、a:visited（超链接被访问时）和 a:link（没有被访问时）都是伪类样式。

内联样式是通过 style 属性把 CSS 样式属性键值对引入到定义对象的 HTML 标记中，例如：

```
<span style="font-size: 24px; color: red;">文字</span>
```

CSS 滤镜是 CSS 样式的扩展，它能将特定效果应用于文本容器、图片或其他对象。CSS 滤镜通常作用于 HTML 控件元素，如 img、td 和 div 等。

在 CSS 样式中，通过关键字 filter 引入滤镜。如对于空间文字，应用 shadow 滤镜可以实现文字的阴影效果，其 CSS 样式的属性如下：

```
filter:shadow(color=cv,direction=dv)
```

其中，滤镜参数 color 表示阴影的颜色；cv 值可使用代表颜色的英文单词，如 red、blue、green 等，也可以使用色彩代码；参数 direction 表示阴影的方向；dv 取值为 0～360。

注意：不同的浏览器对滤镜的支持是有区别的。如 Shadow 滤镜只有 IE 浏览器支持，而其他浏览器则不支持。

外部样式是指将样式定义在一个单独的文件里，该样式文件以.css 作为扩展名。建立外部样式文件后，就可以在网站的每个页面里引用它，用于统一网站风格。

在页面里引用外部样式之前，需要使用<link>标签引入外部样式文件，其示例代码如下：

```
<link rel="stylesheet" type="text/css" href="带路径的样式文件名.css">
```

2. CSS+Div 布局

设计页面时，通常先将页面按功能划分为若干个小区域，每个小区域使用标签<div>来表示。一个<div>表示的区域，可以进一步划分，就形成了<div>的嵌套。

每个<div>表示的区域，可以通过 class、id 或 style 属性来应用 CSS 样式，达到设置 div 区域外观和位置关系等目的。

设置 div 区域外观的示例代码如下：

```
<div class="yangshi">演示</div>
```

标签<div>是块级元素，显示属性为 display，以 block 作为默认值，使用该值将为对象添加新行，取值 none 时将隐藏对象（不保留其物理空间）；可见属性 visibility 以 visible 作为默认值（表示可见），取值为 hidden 表示不可见，但保留着占用的物理空间。

在使用 div 布局的页面里，通常情况下，需要将页面里最外面的那个 div 设置成水平居中，CSS 样式属性的应用如下：

```
margin:0 auto;    /*margin-right 与 margin-left 属性值为 auto*/
```

当 div 嵌套时，同一级别的多个 div，其默认位置关系是上下关系。要想改变成左右关系，只需要对同一级别的多个 div 设置 CSS 样式属性即可，其示例代码如下：

```
float:left;    /*并排多个 div*/
```

div 常用的 CSS 样式属性如表 1.1.1 所示。

表 1.1.1　div 常用的 CSS 样式属性

CSS 属性名	功 能 描 述
position	定位属性，常用取值为 absolute、relative，默认值为 static
left 和 top	定义左上角点，适用于 absolute 和 relative 两种定位方式，相对父 div
right 和 bottom	定义右下角点，适用于 absolute 和 relative 两种定位方式，相对父 div
width 和 height	定义 div 的宽度和高度，以像素为单位
text-align	定义 div 内容的对齐方式
border	定义 div 的边框，以像素为单位
background	定义 div 背景图片
float	浮动，取值 left 或 right，常用于实现 div 的并排方式
margin	外填充，用于设置 div 之间的间距，可按“上右”“下左”的顺序分别设置
padding	内填充，用于设置 div 与其内部元素的间距，也可分别设置
overflow	取值为 hidden 时，隐藏超出 div 尺寸的内容，且不破坏整体布局
z-index	定义层叠加的顺序，取值整数，值越大，就越靠上

div 除了通过 style 属性应用内联 CSS 样式，还可以通过 class 属性应用类样式或 id 属性应用 ID 样式。

为了分析页面里各元素应用的 CSS 样式与页面布局，建议读者使用 Google 浏览器。右键单击页面元素，在弹出的快捷菜单中选择“审查元素”命令或按功能键 F12，就会出现图 1.1.2 所示的效果。

图 1.1.2　使用 Google 浏览器分析页面元素应用的 CSS 样式

1.1.5 客户端脚本 JavaScript 与 jQuery

1. JavaScript

JavaScript（JS）是一种脚本语言，用于编写页面脚本以实现对网页客户端行为的控制。目前的浏览器都内嵌了 JS 引擎，用来执行客户端脚本。网页设计人员还可以使用优秀的 JS 功能扩展库 jQuery 或第三方提供的 JS 脚本。

JS 内置了几个重要对象，主要包括日期/时间对象 Date、数组对象 Array、字符串对象 String 和数学对象 Math 等。其中 Date、Array 和 String 是动态对象（本质上是类），它们封装了一些常用属性和方法，使用前需要使用 new 运算符创建其实例；Math 是静态对象，不需要实例化就可以直接使用其方法及属性。

对于嵌入到网页中的 JS 来说，其宿主对象就是浏览器提供的对象。在浏览器对象模型中，顶级对象是 Window 对象，表示浏览器的窗口，提供了产生警示消息框方法 alert()、客户端确认方法 confirm()、定时器方法 setTimeout()和 setInterval()。

在浏览器窗口里，可以包含文档、框架和访问历史记录等几个常用的二级对象。其中，location 对象具有 href 属性，常用于实现客户端跳转；document 具有的 3 个常用方法如下。

- write(exp)：向浏览器窗口输出表达式 exp 的值。
- getElementById ("id")：获取应用了唯一样式 id 的页面元素。
- history( )：返回先前的历史访问记录。

注意：在 JS 脚本里使用浏览器对象时，其名称通常需要小写，这与 HTML 标记名称及其属性名称相同，使用 JS 内置对象时，其名称及其方法名需要严格区分大小写。

例如，在页面中要实时显示客户端计算机的时间，其代码如下：

```
<div class="row11"><span id="dtps">date and time</span></div>
<script><!--客户端脚本，window 对象的定时器方法-->
    setInterval("document.getElementById('dtps').innterHTML=new Date().toLocaleString()",100);
</script>
```

另外，使用 JS 可以在项目 MemMana1 里，制作一组循环滚动且首尾相连的图片，如图 1.1.3 所示。

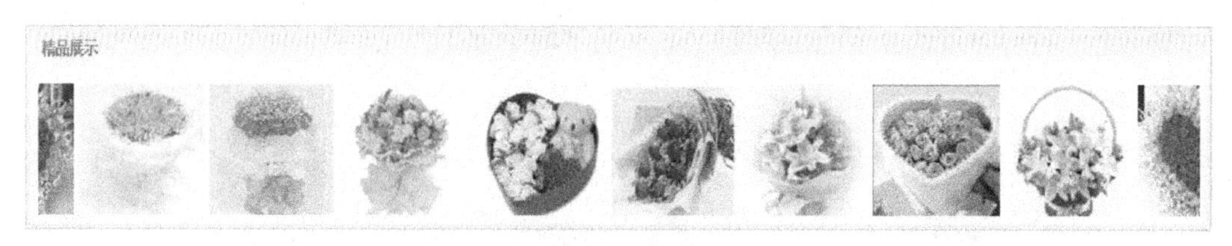

图 1.1.3 首尾相连的一组图片的滚动效果

在页面里使用<script>与</script>定义脚本称为内部脚本，将脚本代码存放在一个扩展名为.js 文件里，这样的脚本称为外部脚本。为了在页面里使用外部脚本，需要在页面里先引入外部脚本文件，其格式如下：

```
<script src="JS 文件" type="text/javascript"></script>
```

2. jQuery

为了简化 JavaScript 的开发，一些用于前台设计的 JavsScript 库就诞生了。JavaScript 库封装了很多预定义的对象和实用函数，能帮助使用者建立具有 Web 2.0 特性的客户端页面，可大大提高前台页面的逻辑控制开发速度，并且能兼容各大浏览器。jQuery 就是当前比较流行的 JavaScript 脚本库。

注意：

（1）访问 jQuery 的官方网站 http://jquery.com，可以下载 jQuery 的各种版本，其中文件名中带 min 的，表示为压缩版本；

（2）用户开发的 JS 脚本只定义了方法，而 jQuery 则不然（基于对象）。

对于一个 DOM 对象，只需要用$()将其包装起来，就可以获得一个 jQuery 对象，即 jQuery 对象就是通过 jQuery 包装 DOM 对象后产生的。转换后的 jQuery 对象，可以使用 jQuery 中的方法。

文档加载完毕后，默认要执行的代码（如初始化等）通常使用匿名函数的形式，其代码框架如下：

```
$(document).ready(function(){
    alert("开始了");
    //还可以使用其他进行初始化的代码
});
```

注意：$(document)的作用是将 DOM 对象转换为 jQuery 对象，注册事件函数 ready()时可使用一个匿名方法作为参数。

通常情况下，可使用如下 3 种方式获取 jQuery 对象。

- 根据标记名：$("label")，label 为 HTML 标记，如选择文档中的所有段落时用 p。
- 根据 ID：$("#id")，如表示 div 的 id。
- 根据类：(".name")，name 为样式名。

jQuery 为 jQuery 对象预定义有很多方法，其常用方法如表 1.1.2 所示。

表 1.1.2　jQuery 提供的常用方法

方法名	功能描述
css("key"[,val])	获取/设置 CSS 属性（值）
toggleClass("css")	切换到新样式 CSS 方法
addClass("name")	增加新样式 CSS 的应用，参数 name 为样式名
removeClass("name")	取消应用的 CSS 样式，参数 name 为样式名
parent()	选择特定元素的父元素
next()	选择特定元素的下一个最近的同胞元素
siblings()	选择特定元素的所有同胞元素
hide("slow")	隐藏（慢慢消失）文字，且不保留物理位置
show()	不带效果方式显示，会自动记录该元素原来的 display 属性值

续表

方 法 名	功 能 描 述
slideToggle(mm)	通过使用滑动效果（高度变化）来切换元素的可见状态。如果被选元素是可见的，则隐藏这些元素；如果被选元素是隐藏的，则显示这些元素。其中，变量时间 mm 以毫秒为单位
next(["css"])	获得页面所有元素集合中具有 CSS 样式且最近的同胞元素。省略参数时，获得某个元素集合中的下一个元素
siblings(["css"])	查找同胞元素（不包括本身）中应用了 CSS 样式的元素，形成一个子集
find("css")	查找某个元素集合中应用了样式 CSS 的元素，得到它的一个子集
slideUp(["mm"])	向上滑动来隐藏元素，可选参数 mm 取值为"slow""fast" 或毫秒

jQuery 的一个应用是制作折叠菜单，可参见项目 MemMana1 的后台管理菜单。

除了专业的 JS 库，许多编程爱好者也纷纷推出了自己的 JS 特效脚本。通过网络可以搜索大量的由第三方提供的 JS 特效脚本，供开发人员使用。

注意：使用 IE 内核的浏览器调试脚本时，可通过 window.alert(data)来输出目标数据 data；使用非 IE 内核的浏览器时，可通过 console.log(data)来输出目标数据 data。

3．Ajax

Ajax 是 Asynchronous JavaScript and XML 的英文缩写。传统的 Web 应用程序开发模式是：对于客户端的 HTTP 请求，Web 服务器响应 HTML 数据；使用 Ajax 技术后，服务器页面不直接向 HTML 页面传输信息，而是将 JS 脚本作为中间者，这样不会刷新客户端的整个页面（只是局部刷新）。

Ajax 是异步传输技术，其最大好处是改善了用户体验（尤其是用在实时股票系统中）。传统的 Web 应用程序与使用 Ajax 技术的 Web 应用程序进行比较，如图 1.1.4 所示。

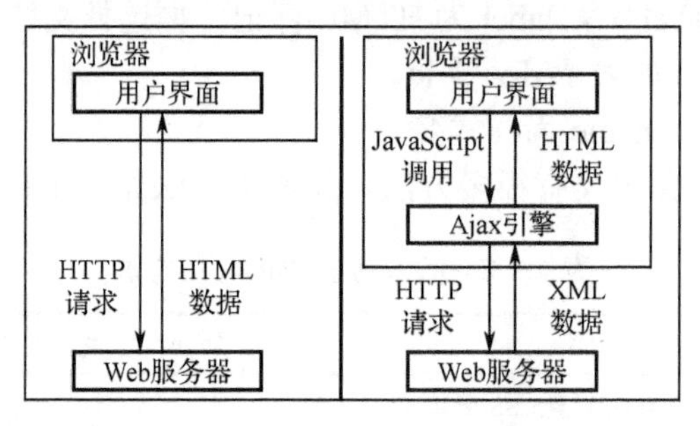

图 1.1.4　传统的 Web 应用程序与使用 Ajax 技术的 Web 应用程序进行比较

最初的 Ajax 使用过程较为烦琐，使用 Ajax 核心对象 XMLHttpRequest 出现在 JS 脚本程序里，并通过它的 open()方法创建与 Web 服务器的通信。

jQuery 提供处理 Ajax 请求的相关方法，简化了编程。

1.2　Java 与 Java EE 概述

1.2.1　Java 与 JDK

JDK（Java Development Kit）是具有开源特性和跨平台特性的程序设计语言，且具有面向对象特性。JDK 是 Java 语言的软件开发工具包，用于移动设备、嵌入式设备上的 Java 应用程序和 Web 应用程序。JDK 是整个 Java 开发的核心，它包含了 Java 的运行环境、工具和基础类库。

为了 Java Web 开发，需要建立 Windows 系统环境变量 JAVA_HOME，其值为 Java 的安装路径，方法是右键选择“计算机”→“属性”→“高级”→“环境变量”→“编辑系统变量”，操作如图 1.2.1 所示。

图 1.2.1　建立 Windows 环境变量 Java_Home

注意：

（1）本教材案例项目均使用 JDK 1.8;

（2）C 语言一般认为是中级语言，可用来编写操作系统程序，而 Java 是致力于企业级应用开发、具有面向对象特性的编程语言。

1.2.2　Java EE/Web 及其开发模式

目前，Java 应用通常有如下 3 个版本。

- Java SE：Java2 平台的标准版（Java Standard Edition），针对普通 PC 应用。
- Java EE：Java2 平台的企业版（Java Enterprise Edition），针对企业级应用。
- Java ME：Java2 平台的微型版（Java2 Micro Edition），针对嵌入式设备（如智能手机）及消费类电器。

Java EE 不是编程语言，也并非一个产品，而是一系列致力于企业级开发的技术规范，它已成为企业级开发的首选平台之一。Java EE 基本架构如图 1.2.2 所示。

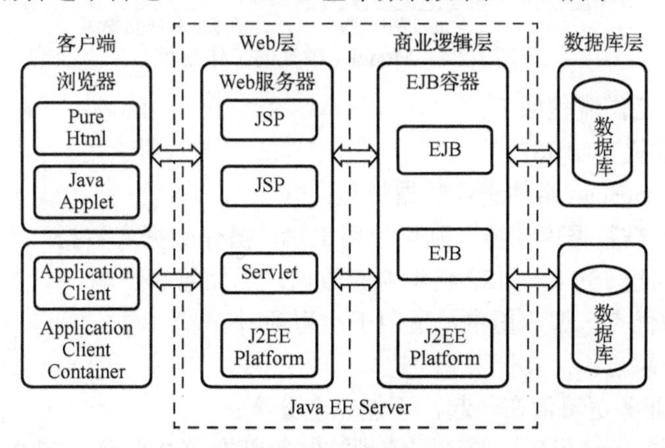

图 1.2.2　Java EE 基本架构

Java Web 是用 Java 技术来解决相关 Web 互联网领域问题的技术总和。Web 包括 Web 服务器和 Web 客户端两部分。Java 在客户端的应用有 Java Applet（现在使用的很少），Java 在服务器端的应用则非常丰富，如 Servlet、JSP 和第三方框架等。Java 技术为 Web 领域的发展注入了强大的动力。

大多数 Web 应用可划分为如下三个层次：

- 表示层，对应于用户界面部分；
- 业务层，对应于应用逻辑部分；
- 数据层，对应于数据访问部分。

Web 应用三个层面的关系，如图 1.2.3 所示。

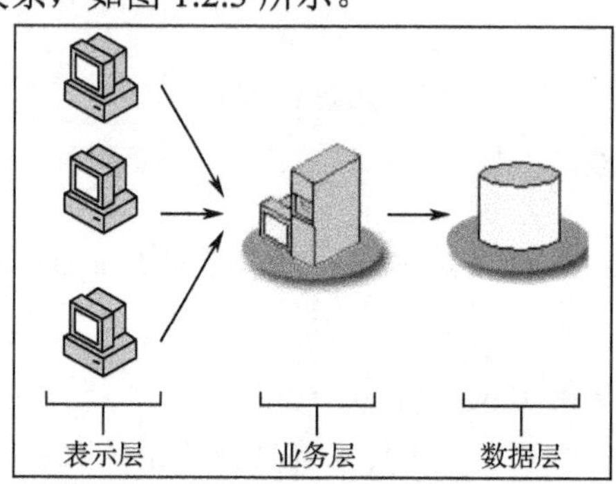

图 1.2.3　Web 应用三个层面的关系

Java Web/EE 开发，除了可以使用纯 JSP 技术，还可以使用 Model 1 和 Model 2 两种开发模式。

1. Model 1 模式

Model 1 模式的工作流程，如图 1.2.4 所示。

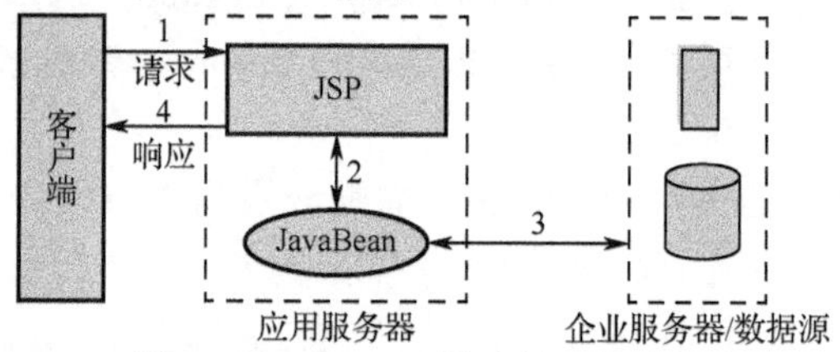

图 1.2.4　Model 1 模式的工作流程

Model 1 模式的工作流程如下：

（1）客户将请求提交给 JSP；

（2）JSP 调用 JavaBean 组件进行数据处理；

（3）如数据处理需数据库支持，则可使用 JDBC 操作数据库数据；

（4）当数据返回给 JSP 时，JSP 组织响应数据，返回给客户端。

Model 1 模式的优点：编码简单，适用于小型项目。

Model 1 模式的缺点：

- 显示逻辑与业务逻辑混在一起，不能完全分离；
- 页面嵌入大量 Java 代码，验证、流程控制等都在 JSP 页面中完成；
- 不适用于中大型项目。

2. Model 2 模式

Model 2 模式克服了 Model 1 的不足，其工作流程如图 1.2.5 所示。

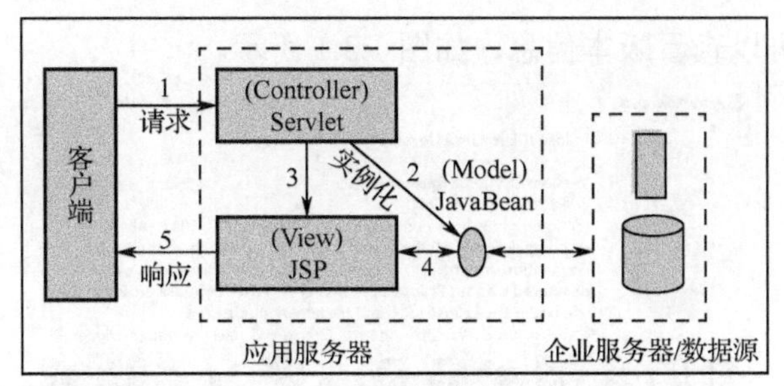

图 1.2.5　Model 2 模式的工作流程

Model 2 模式的工作流程如下：

（1）客户的请求信息首先提交给 Servlet 控制器；

（2）控制器选择对当前请求进行数据处理的 Model 对象；

（3）控制器对象选择相应的 View 组件作为客户的响应信息并返回；

（4）JSP 使用 JavaBean 中处理的数据进行数据显示；

（5）JSP 把组织好的数据以响应的方式返回给客户端浏览器。

Model 2 模式的优点：

- 多个视图共享一个模型，可提高代码的重用性，降低代码的维护量；
- 模型返回的数据与显示逻辑分离，模型数据可用于任何显示技术；
- 应用被分隔为三层，可降低各层间耦合，提高了应用的扩展性；
- 控制层把不同的模型和不同的视图组合在一起，可完成不同的请求（控制层包含了用户请求权限的概念）；
- MVC 不同的层各司其职，每一层的组件都具有相同的特征，更符合软件工程化管理要求。

Model 2 模式的缺点：增加了代码编写和配置文件的工作量。

Spring MVC 是基于 Model 2 的 MVC 框架，是对 Servlet 的进一步封装。它使用了核心的过滤器，将用户的 HTTP 请求转入 Spring MVC 框架进行处理。

注意：

（1）Model 1 模式开发，详见第 3.1 节；

（2）Model 2 模式也称为基于 Servlet 的开发 MVC 模式，详见第 3.2 节；

（3）第 8 章介绍的 Spring Boot 项目，本质上也属于 MVC 框架开发。

1.3　搭建 Java EE 开发环境

1.3.1　使用绿色版的 Eclipse-jee

Eclipse 是一个开放源代码的、基于Java的可扩展开发平台。就其本身而言，它只是一个框架和一组服务，用于通过插件和组件构建开发环境。幸运的是，Eclipse 附带了一个标准的插件集，包括 Java开发工具。访问 Eclipse 官网下载专区（https://www.Eclipse.org/ downloads）可下载免安装版本。

本教材使用的 Eclipse 既能做桌面开发，也能做 Java Web 开发的 Oxygen 版本，使用菜单

Help→About Eclipse 可以查看版本信息，如图 1.3.1 所示。

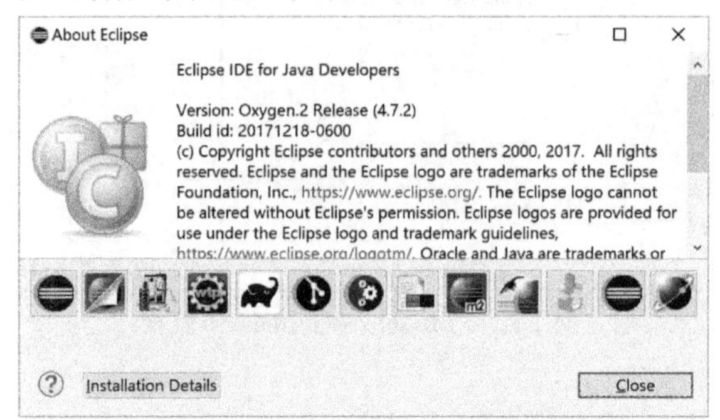

图 1.3.1　查看 Eclipse 版本信息

注意：

（1）在教学网站 http://www.wustwzx.com课程的下载专区中，提供了 Eclipse-jee 的下载链接;

（2）在 Eclipse 集成环境中，不需要建立 Windows 系统环境变量 Classpath;

（3）使用集成环境 Eclipse 后，保存源文件时就会自动编译生成字节码。通过查看系统文件夹中 bin 文件夹里的 .class 文件可验证这一点;

（4）在 Eclipse 中，单击“运行”按钮，就会调用 JDK 解释运行字节码程序。

1. 统一 Eclipse 文档的字符编码为 utf-8

使用 NotePad 等文本编辑软件，编辑 Eclipse 安装目录的根目录的 Eclipse.ini 文件，在文档最后增加一行代码如下：

```
-Dfile.encoding=utf-8
```

这样，在 Eclipse 里编辑的文档都将以 utf-8 格式保存。

注意：使用 Windows 自带的记事本程序编辑该配置文件时，会因代码没有换行而产生阅读不便。

2. 设置 Eclipse 使用的 JRE

开发 Java Web 项目，当然需要有 Java 运行时环境。首先，在 Eclipse 里，选择菜单 Window→Preferences，然后在搜索文本框里输入“jre”，添加一个 JRE 并指向已经安装的 Java 安装目录，如图 1.3.2 所示。

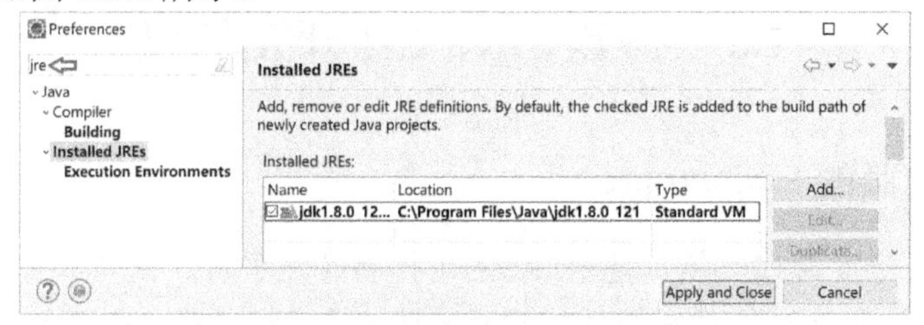

图 1.3.2　在 Eclipse 里指定 Java 运行时所在的目录

3. 取消 Eclipse 对 JS 和 XML 等文件的有效性验证

在导入他人的项目时，可能会在某些 JS 或 XML 文件前出现小红叉。这时只要设置取消验证，就可以消除这些错误，相关操作如图 1.3.3 所示。

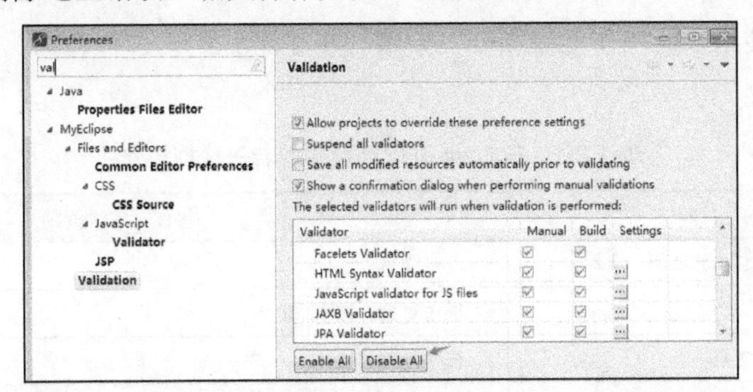

图 1.3.3　在 Eclipse 中取消对 JS 和 XML 等文件的有效性验证

4．设置 Eclipse 默认使用的浏览器

同一页面，如果使用不同内核的浏览器，则页面效果可能会存在差异。为调试方便，Eclipse 允许用户设置默认使用的浏览器。这里以 Google 浏览器为例进行讲解，设置 Google Chrome 的方法如图 1.3.4 所示。

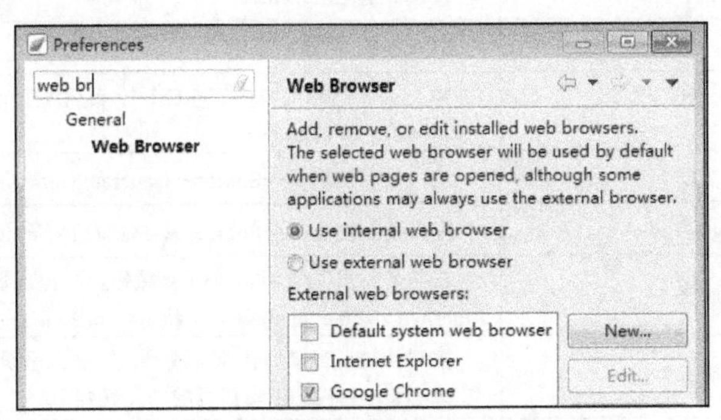

图 1.3.4　设置 Eclipse 默认使用的浏览器

5．设置 Java 内容编辑助手

在 Eclipse 中编辑 Java 程序时，为了获得对类（或接口）和变量等名称的自动提示，需要设置 Java 关于编辑器的内容助手，在 Auto activation triggers for Java: 右边的文本框中输入“.abcdefghijklmnopqrstuvwxyzABCDEFGHIJKLMNOPQRSTUVWXYZ”即可，操作如图 1.3.5 所示。

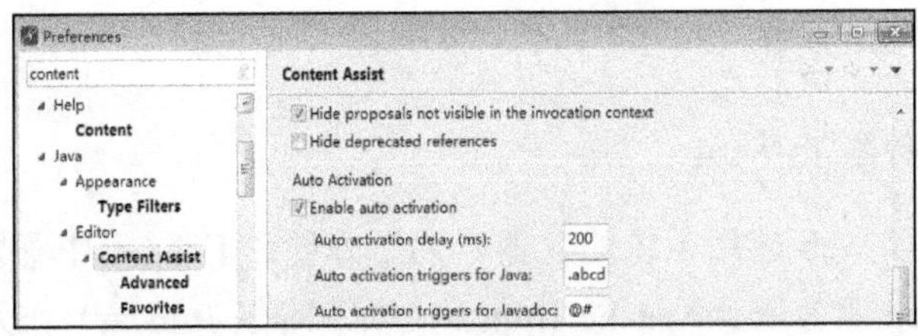

图 1.3.5　设置 Java 编辑时的自动提示

6. Eclipse-jee 的若干快捷操作

Web 开发时使用快捷操作能提高开发效率。在 Eclipse 开发环境里，常用的快捷操作如表 1.3.1 所示。

表 1.3.1 Eclipse 开发环境中的若干快捷操作

功　能	操作（或快捷键）
快速选取文本，供复制和修改用	双击文本
项目或文件的重命名	选中对象，按 F2 键
搜索包含特定字符的文档	按快捷键 Ctrl+H
查看类的继承关系	选中类名，按快捷键 Ctrl+T
产生控制台输出命令 System.out.println()	输入 sout 后按回车键
关闭所有已打开的文档	按快捷键 Ctrl+Shift+W
最大化（或还原）编辑或信息显示窗口	双击标题栏
自动导入所需要（或去掉不必引入）的软件包	按快捷键 Ctrl+Shift+O
程序或页面文档格式化	按快捷键 Ctrl+Shift+F
产生类的 main()方法块	输入 main 后按回车键
创建类实例时自动补全	输入 new 类名()后按快捷键 Ctrl+1，然后执行 Assign statement to new local variable (Ctrl+2, L) 命令
产生类属性的所有 get/set 方法	空白处右键选择→Source→Generate Getters and Setters
自动生成实体类的 toString()方法	空白处右键选择→Source→Generate to String()
自动生成要实现的接口方法块	在类名前出现 时，单击 按钮，在出现提示信息 must implements the inherited abstract method 时，执行 Add unimplemented methods 命令
查看类（或接口）提供的所有方法	按 Ctrl 键，当鼠标在类（或接口）名上呈现超链接时单击，再单击左边 Package Explorer 窗口里的 按钮
注释代码	选中文本后按快捷键 Ctrl+Shift+/
标签、标签属性及属性值的自动提示	按快捷键 Alt+/
取消代码注释	选中文本后按快捷键 Ctrl+Shift+\
删除光标所在的一行	按快捷键 Ctrl+D
复制光标所在行的代码至下一行	按快捷键 Ctrl+Alt+Down
自动产生 try...catch 代码块	当类名前出现 时，单击 按钮，在出现提示信息 Unhanded exception type Exception 时，执行 Surround with try/catch 命令

1.3.2 设置与使用 Eclipse-jee 的 Web 服务器 Tomcat

1. 关于 Web 服务器 Tomcat

Web 服务器是运行 Web 应用系统的容器。为了方便在 Eclipse 中开发和调试 Web 项目，通常会使用外部的 Web 服务器。Apache Tomcat（以下简称 Tomcat）作为 Java Web 应用的首选服务器。绿色版的 Tomcat 无须安装，解压后的 Tomcat 文件系统如图 1.3.6 所示。

文件夹 conf 是 Tomcat 的配置文件夹，其包含了 server.xml 等几个配置文件。

每个站点默认配置的主页是 index.jsp，这可从配置文件 web.xml 中查到。

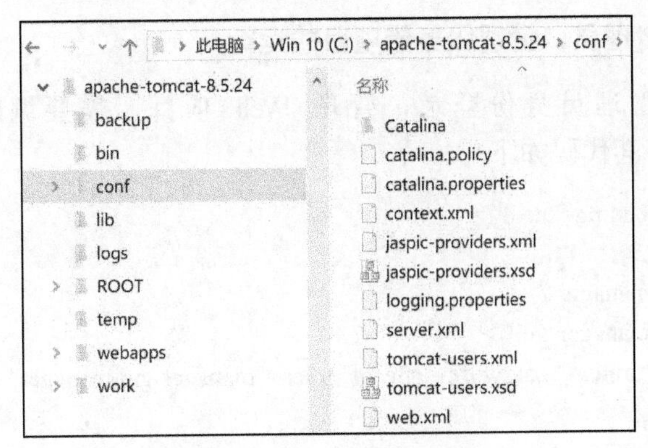

图 1.3.6　Tomcat 文件系统

文件夹 webapps 是存放 JSP 网站的文件夹，ROOT 文件夹对应于 Tomcat 的默认站点，成功启动 Tomcat 后，在浏览器地址栏中输入 http://localhost:8080 即可访问默认站点。

用户开发的 Web 项目，在部署后其文件系统将存放在文件夹 webapps 里，不同的 Web 项目对应同一个文件夹。如部署项目 MyWeb 到 Tomcat 后，访问该站点的方法是在浏览器地址栏里输入 http://localhost:8080/MyWeb。

2. 在 Eclipse-jee 里集成 Web 服务器 Tomcat

为调试方便，一般将 Tomcat 集成到 Eclipse 里，其方法是选择菜单 Window→Preferences，如图 1.3.7 所示。

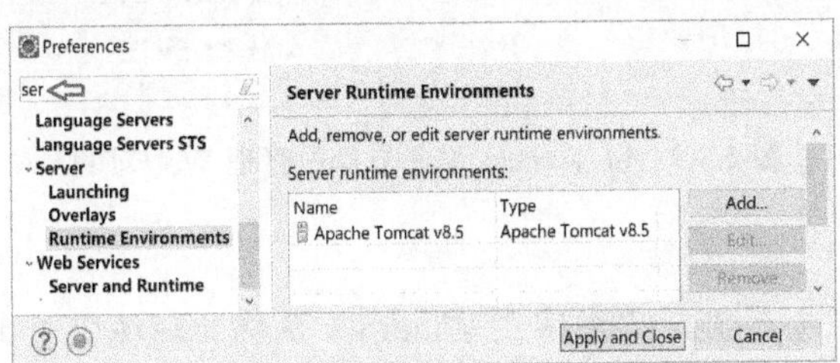

图 1.3.7　集成 Tomcat 到 Eclipse 环境

为了能正确访问部署在 Tomcat 里的 Web 项目，还需要进一步设置 Tomcat，如图 1.3.8 所示。

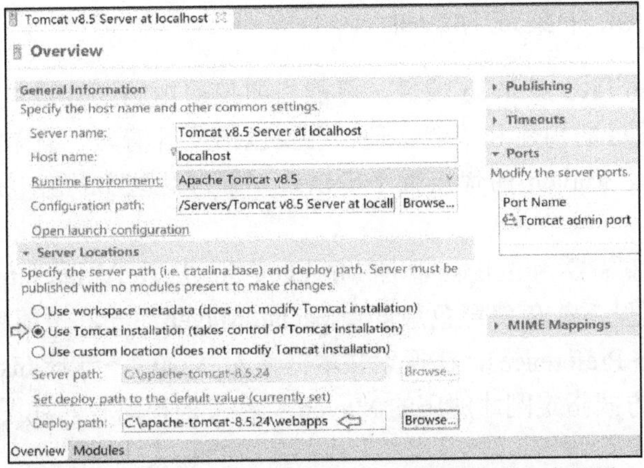

图 1.3.8　集成 Tomcat 到 Eclipse 环境时的进一步设置

3. 配置 Tomcat 管理员，管理服务器项目的运行

为了以 Tomcat 管理员身份登录，管理 Web 项目，需要编辑 Tomcat 系统文件 conf\tomcat-users.xml，其代码如下：

```
<?xml version='1.0' encoding='utf-8'?>
<tomcat-users>
    <role rolename="manager"/>
    <role rolename="manager-gui"/>
    <user username="tomcat" password="s3cret" roles="manager-gui,manager"/>
</tomcat-users>
```

访问 Tomcat 默认主页 http://localhost:8080，单击 Manager App 按钮，输入用户名 tomcat 和密码 s3cret 后，出现管理员界面，如图 1.3.9 所示。

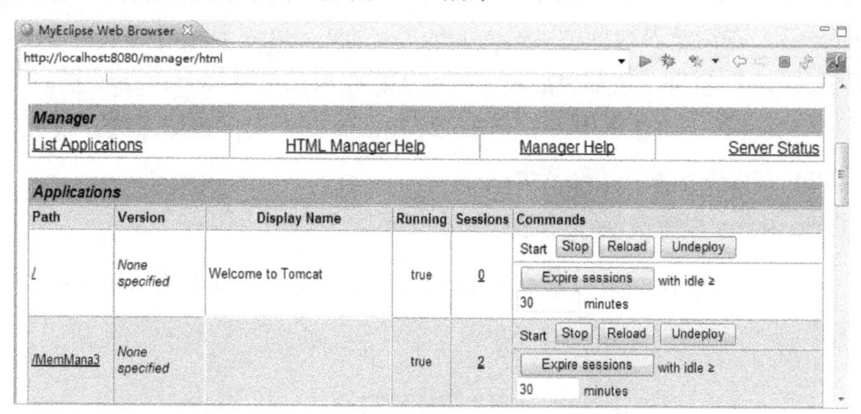

图 1.3.9　以 Tomcat 管理员身份管理 Web 项目

注意：

（1）启动 Tomcat 服务器前，需要建立 Windows 系统的环境变量 JAVA_HOME;

（2）Tomcat 里的文件夹 work 是 Tomcat 的工作目录，当用户访问某个站点内的 JSP 页面时，该 JSP 页面将对应 work 文件夹里的一个 Servlet 源程序及其真正处理用户请求的编译版本。

1.3.3　在 Eclipse-jee 中集成 Maven

在 Eclipse 中开发 Java 或 Web 项目，可能需要使用由第三方提供的 jar 包。Maven 能实现基于 Java 平台项目的构建和依赖管理，主要包括项目清理、编译测试和生成报告，以及打包和部署等工作。Maven 的优点就是可以统一管理这些 jar 包，并使多个工程共享这些 jar 包。

使用 Maven 之前，需要为 Eclipse 添加 Maven 支持。从教学网站 http://www.wustwzx.com 第三门课程下载专区里下载免费绿色版的 Apache Maven 3.5.2 压缩包并解压，双击选择 Eclipse 菜单 Window→Preferences，在搜索文本框输入“mav”，选择 Installations 选项，单击 Add 按钮，采用浏览方式指定刚才解压的 Maven 文件夹的根路径，如图 1.3.10 所示。

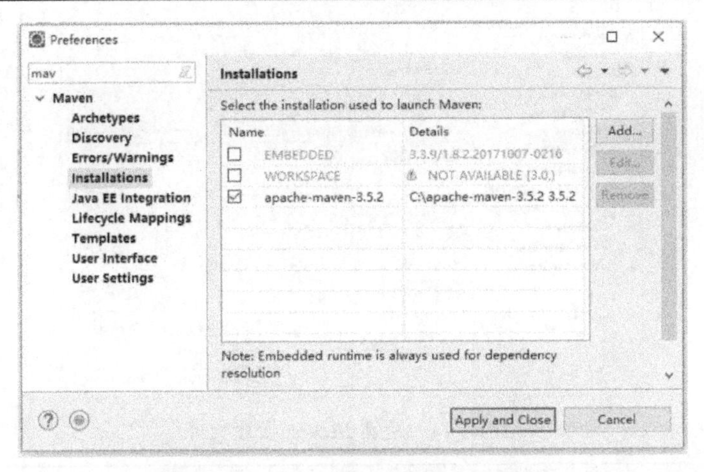

图 1.3.10 为 Eclipse 添加 Maven 支持

项目依赖包默认从远程的 Maven 仓库下载，其速度较慢。为了获得较快的下载速度，可使用阿里云 Maven 镜像仓库。此外，创建项目时，也有统一使用所安装 JDK 版本的需求，只需将 Maven 配置文件 conf\settings.xml 使用如下代码替换：

```
<mirrors>
    <mirror>
        <id>aliyun</id>
        <name>aliyun Maven</name>
        <mirrorOf>*</mirrorOf>
        <url>http://maven.aliyun.com/nexus/content/groups/public/</url>
    </mirror>
</mirrors>
<profiles>
    <profile>
        <id>JDK-1.8</id>
        <activation>
            <activeByDefault>true</activeByDefault>
            <jdk>1.8</jdk>
        </activation>
        <properties>
            <maven.compiler.source>1.8</maven.compiler.source>
            <maven.compiler.target>1.8</maven.compiler.target>
            <maven.compiler.compilerVersion>1.8</maven.compiler.compilerVersion>
        </properties>
    </profile>
</profiles>
```

将文件 settings.xml 复制到文件夹“用户/用户名/.m2/reporsitory”后，为了让其生效，需要在 Eclipse 中更新，如图 1.3.11 所示。

Maven 设置文件 settings.xml 生效后，选择 Eclipse 菜单的 Window→Show View→Other，找到菜单 Maven Repositories，将在 Eclipse 下方的状态信息区域显示如图 1.3.12 所示的信息。

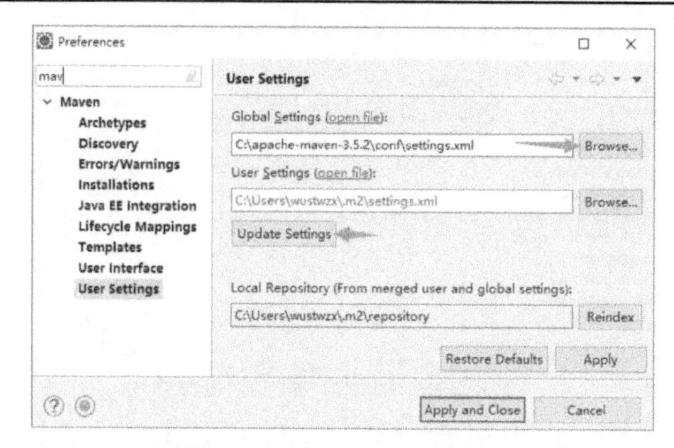

图 1.3.11　更新 Maven 设置文件

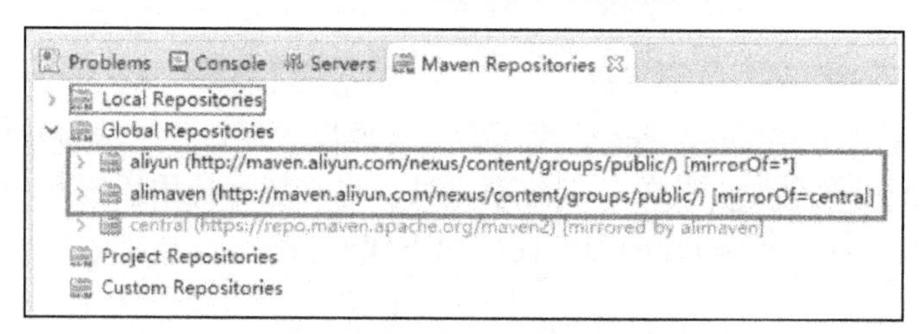

图 1.3.12　查看 Maven 使用的镜像仓库

1.3.4　Maven 项目的创建

1. 创建 Maven Web 项目

选择 Eclipse-jee 菜单的 File→New→Other，输入搜索关键字 Maven，选择 Maven Project 选项。在创建 Maven 项目对话框里，勾选 Create a simple project（skip archetype selection）选项，出现创建 Maven 项目对话框，如图 1.3.13 所示。

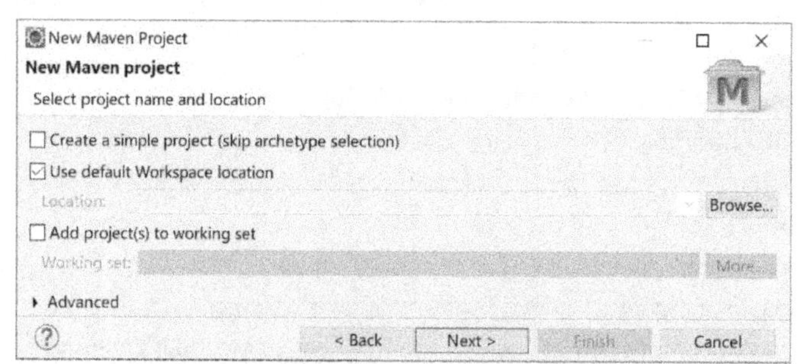

图 1.3.13　选择 Maven 项目的创建方式

根据是否勾选 Create a simple project（skip archetype selection）选项，Maven 项目创建可划分为两种方式。

2. 使用骨架创建 Maven Web 项目

在创建 Maven 项目对话框里，不勾选 Create a simple project（skip archetype selection），直接单击 Next 按钮后，出现骨架选择对话框，如图 1.3.14 所示。

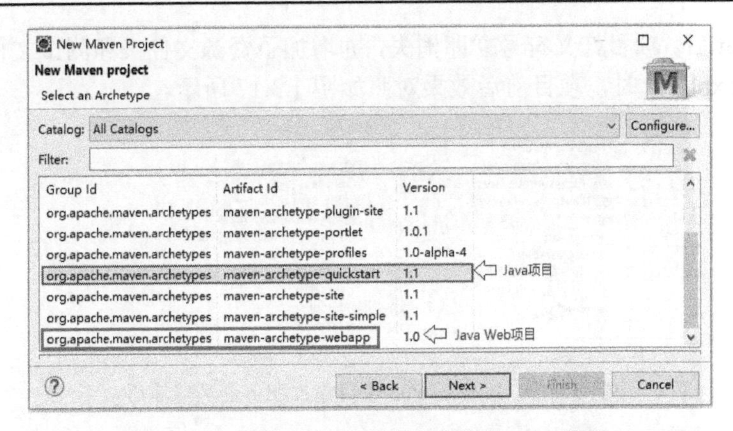

图 1.3.14　指定 Maven 项目的骨架为 Web 类型

最后一步是设置项目的 Group Id 和 Artifact Id，如图 1.3.15 所示。

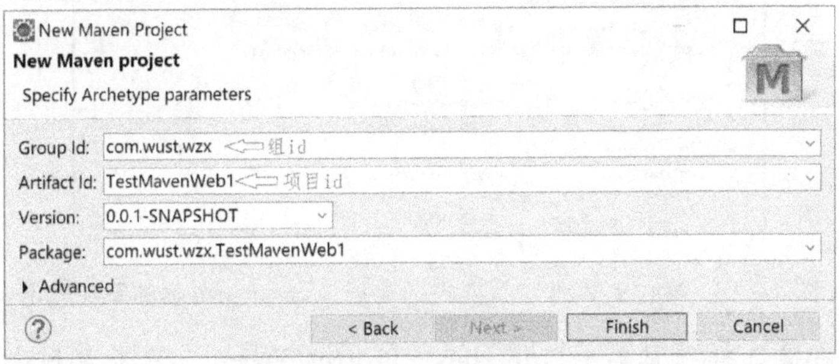

New Maven Project
New Maven project
Specify Archetype parameters
Group Id: com.wust.wzx 组id
Artifact Id: TestMavenWeb1 项目id
Version: 0.0.1-SNAPSHOT
Package: com.wust.wzx.TestMavenWeb1
Advanced
< Back　Next >　Finish　Cancel

图 1.3.15　指定 Maven 项目的 Group Id 和 Artifact Id

采用这种方式创建的 Maven Web 项目，因为没有 Web 服务器环境会出现红叉符号，解决办法是：右键选择项目名→Build Path→Configuration Build Path，添加 Web 项目的服务器运行时环境依赖，如图 1.3.16 所示。

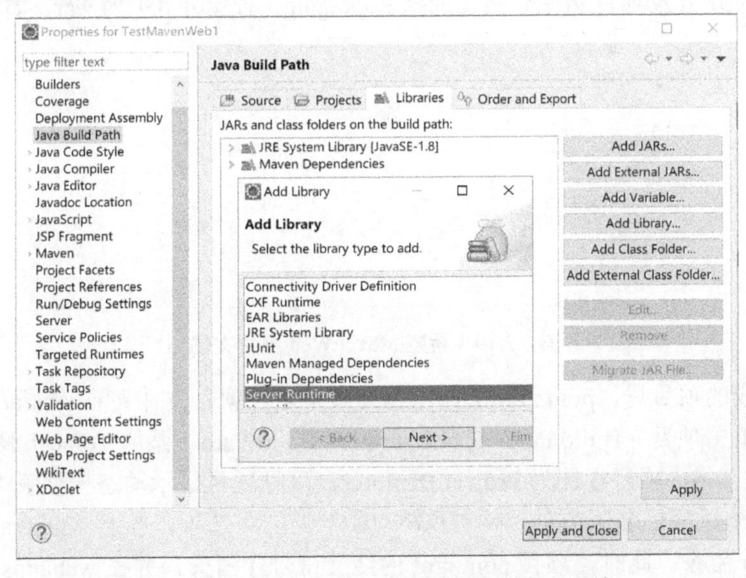

图 1.3.16　添加 Maven 项目的 Web 服务器环境

，项目红叉符号立即消失，并增加了资源文件夹和测试文件夹。选择项目
rer 时，项目前后效果对照如图 1.3.17 所示。

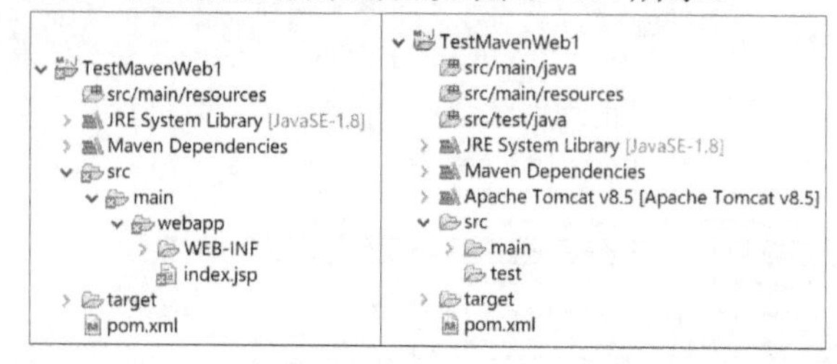

图 1.3.17 Maven Web 项目添加服务器环境前后

项目名→Properties→Deployment Assembly，查看项目部署到 Tomcat 服务
.3.18 所示。

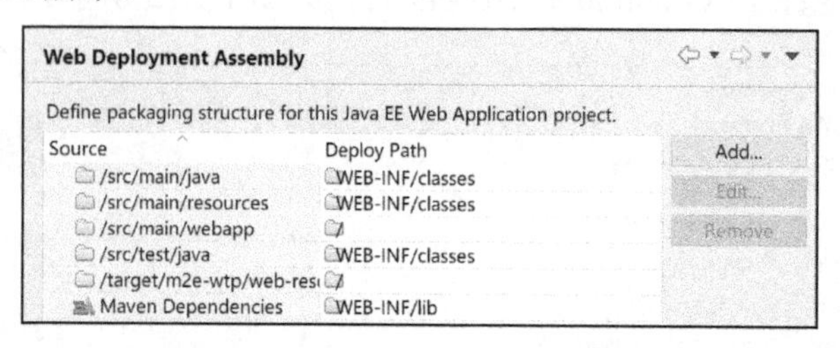

图 1.3.18 Maven Web 项目文件部署到 Tomcat 服务器的路径设定

注意：使用右键选择项目名→Properties→Project Facets，可查看到这种方式创建的是 Dynamic Web Module 2.3 版本。

3. 不使用骨架创建 Maven 项目

在图 1.3.13 里，勾选跳过骨架选择时，创建项目的主要步骤如下。

（1）在输入组 id 及项目 id 后，需要选择 Packaging（打包方式）为 war，如图 1.3.19 所示。

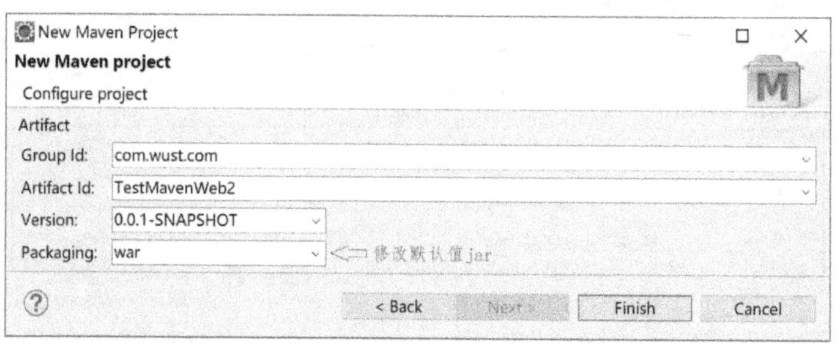

图 1.3.19 新建 MavenWeb 项目文件

此时，生成的项目里，pom.xml 文件出现红叉符号，项目文件夹 src/main/webapps 为空。

（2）右键单击项目→Build Path→Configuration Build Path，添加 Tomcat 服务器环境。

（3）选择 Eclipse 项目视图为 Project Explorer，可见项目显示动态模型版本为 2.5。

（4）右键选择项目名下方的 Deployment Descriptor 选项，执行 Generate Deployment Descriptor Stub 命令。此时，项目 pom.xml 的红叉符号才消失，并在 webapps 里生成文件夹 WEB-INF 和 web.xml，但 webapp 根下没有自动生成文件 index.jsp。

（5）右键选择项目名→Properties→Project Facets，出现 Project Facets 对话框。确保 Java 版本已经调整至 Java 1.8 后，就可顺利地将版本升级为 Dynamic Web Module 3.1，如图 1.3.20 所示。

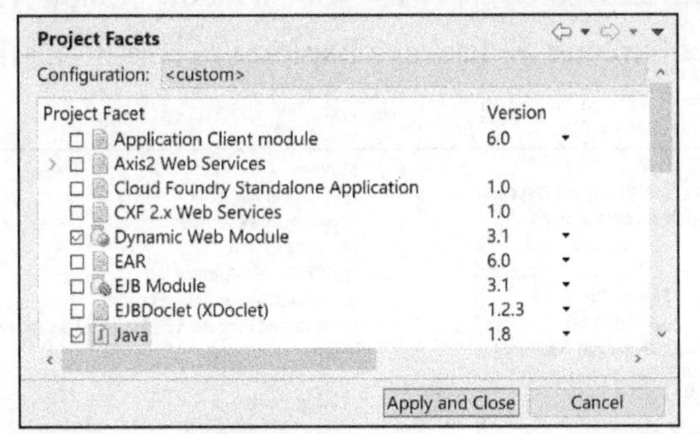

图 1.3.20　将版本升级为 Dynamic Web Module 3.1

注意：创建 Servlet 项目，为了对 Servlet 使用注解，应使用第二种创建方式。

1.3.5　Maven Web 项目的部署和运行

Web 项目创建后，快速部署和运行项目的方式是：右键选择项目名→Run As→Run on Server。此时，将当前项目部署至 Tomcat 服务器，并自动启动 Tomcat（如果 Tomcat 还未启动的话）来运行该项目，其效果如图 1.3.21 所示。

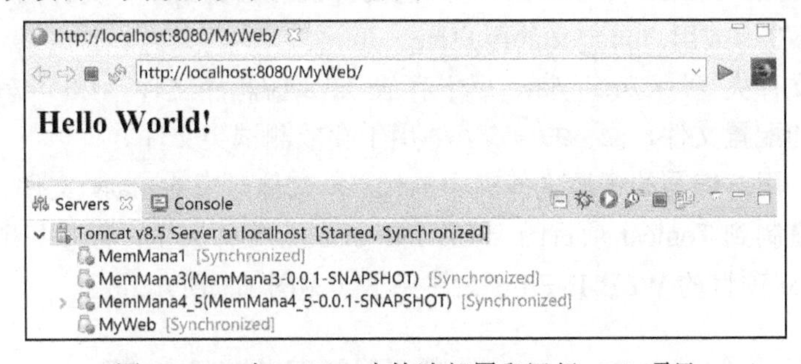

图 1.3.21　在 Eclipse 中快速部署和运行 Web 项目

Web 项目的部署和运行也可以分开进行。在图 1.3.18 中 Tomcat 服务器的右键菜单里，包含了部署或反部署的菜单项 Add and Remove、启动服务器的菜单项 Start、停止服务器的菜单项 Stop 等。部署 Web 项目到服务器后，单击 Eclipse 的按钮，可以打开浏览器窗口。在浏览器地址栏中输入 http://localhost:8080/MyWeb/，即可访问站点 MyWeb 的默认主页。

注意：

（1）使用图 1.3.21 中的工具和，启动或停止服务器可使运行更加高效；

（2）如果项目包含断点，则应单击按钮，以调试模式启动服务器；

（3）如果分别部署和运行，则需要在 Eclipse 集成 Tomcat 时做进一步的设置（见图 1.3.8）。

（4）在实际开发时，如果修改了程序或视图文件，在重新运行项目时会立即生效，这是因为 Tomcat 支持热部署；

（5）如果修改了项目配置文件 WEB-INF/web.xml（如重新设置项目主页等），则需要重新部署后才能生效。

1.3.6 Java Web 项目结构分析

在 Eclipse 中创建 Maven Web 项目，选择菜单 Window→Show View，可以得到不同的显示效果。分别使用 Project Explorer 和 Package Explorer 两种视图显示的项目效果，如图 1.3.22 所示。

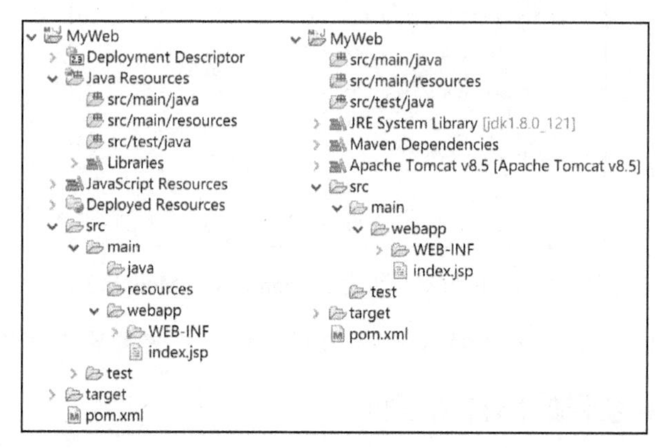

图 1.3.22　在 Eclipse 中 Maven Web 项目的两种视图显示对照

Maven Web 项目除了包含必需的系统库 JRE System Library，还包含做 Web 开发所必需的运行时环境 Apache Tomcat（Java EE 库，主要有 servlet-api.jar 等文件）。此外，还可能包含任选的 JSTL 标签库或用户自定义的用户库。

其中，项目文件夹 src/main/java 用于存放 Java 源程序文件，src/main/resources 用于存放各种框架的配置文件，src/test/java 用于存放测试类文件。

部署项目时，用户编写的资源文件夹中的*.java 文件对应的.class 文件（自动编译），以及配置文件会被复制到 Tomcat 项目的 WEB-INF/classes 文件夹里，而项目所用到的 jar 包也会被复制到 Tomcat 项目的 WEB-INF/lib 文件夹里（见图 1.3.18）。

1.4　MySQL 数据库及其服务器

1.4.1 数据库概述与 MySQL 安装

MySQL 既指目前流行的开源数据库服务器软件，也指该服务器管理的 MySQL 数据库本身。数据库不仅定义了存储信息的结构，还存放着数据。

MySQL 是一种关系型数据库软件。关系型数据库通常包含一个或多个表。一个表由若干行（记录）组成，每条记录由若干相同结构的字段值组成。

在教学网站主页的 Java EE 课程版块里提供了 MySQL 数据库软件的下载链接。安装 MySQL 数据库过程中需要注意如下几点：

- MySQL 服务器的通信端口默认值是 3306，当不能正常安装时，一般是端口被占用造成的，此时要回退并重设端口（如改成 3308）；
- 字符编码（character set）一般设置为 utf-8；

● 牢记对 root 用户设定的密码，因为它在后面的编程里要用到。

MySQL 安装成功的界面，如图 1.4.1 所示。

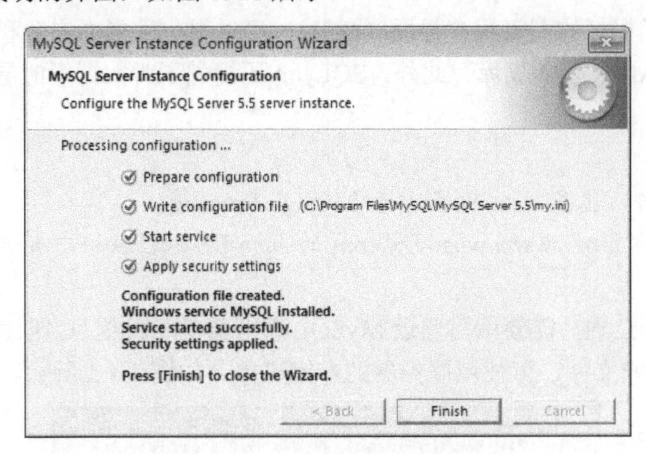

图 1.4.1　My SQL 安装成功的界面

注意：本教材案例设定密码与用户名一致，即 root。

MySQL 安装完成后，系统提供客户端程序。运行时，要求输入 root 用户的登录密码，登录成功后的界面，如图 1.4.2 所示。

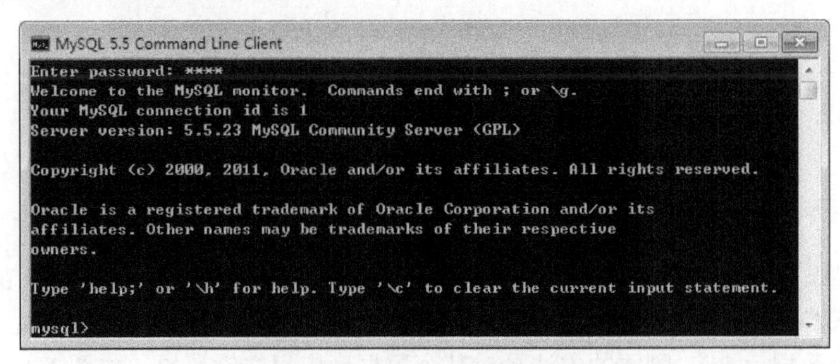

图 1.4.2　MySQL 的命令行方式

在 MySQL 命令行方式下操作数据库，需要操作者牢记许多命令及其使用格式，一般比较容易出错。

在创建数据库内表结构时，通常应设置主键，以保证记录的唯一性。例如，将学生表里的学号字段设置成主键后，在输入记录时，如果重复输入了相同的学号，系统便会立刻警告并阻止。

查询是一种询问或请求，通过使用 SQL（Structured Query Language，结构化的查询语言）命令，可以向 MySQL 数据库服务器查询具体的信息，并得到返回的记录集。

SQL 提供了多表连接查询的功能，这与数据库的第二范式是相对应的。

注意：

（1）数据库（服务器）软件有多种，除了 MySQL，还有 SQL Server、Oracle 等；

（2）数据库查询使用 select 命令；

（3）对数据库的增加、删除和修改分别使用 insert 命令、delete 命令和 update 命令。

1.4.2 MySQL 前端工具 SQLyog

SQLyog 提供了极好的图形用户界面（GUI），可以用一种更加安全和易用的方式快速地创建、组织、存取 MySQL 数据库。此外，SQLyog 还提供了对数据库的导入和导出功能，其使用非常方便。

注意：

（1）类似的软件有很多，如 Navicat 和 MySQL Front 等；

（2）在教学网站 http://www.wustwzx.com 的 Java EE 课程版块中有 SQLyog 软件的下载链接。

初次使用 SQLyog 时，需要填写登录 MySQL 服务器的相关信息。创建 MySQL 数据库和执行外部的 SQL 脚本文件，可使用服务器的右键菜单，如图 1.4.3 所示。

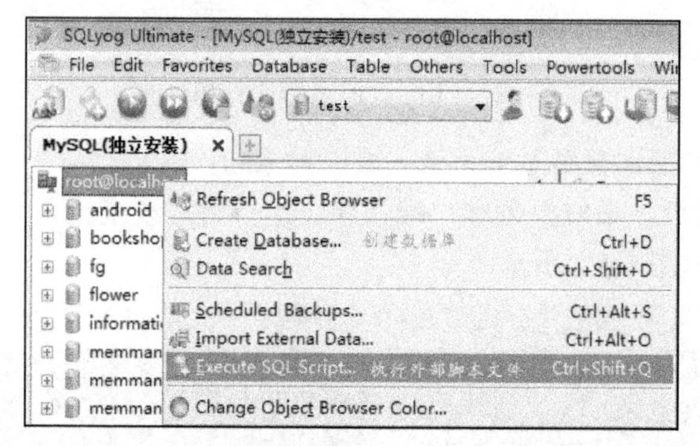

图 1.4.3 使用 SQLyog 创建数据库或执行外部 SQL 脚本文件

注意：

（1）创建数据库时，一个重要的设置是指定存储字符的编码，一般设置为 utf-8;

（2）如果存在同名的数据库，则执行 SQL 脚本后，原来的数据库会被覆盖（重写）。

导出某个数据库 SQL 脚本的方法是对某个数据库应用右键菜单，如图 1.4.4 所示。

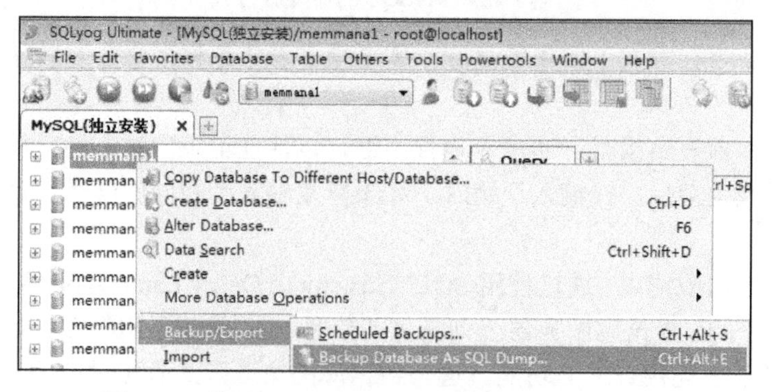

图 1.4.4 使用 SQLyog 导出创建数据库的 SQL 脚本

在导出的数据库脚本文件里，可以查看到创建和使用数据库的命令代码：

```
CREATE DATABASE 'memmana1'  DEFAULT CHARACTER SET utf-8;
USE 'memmana1';
```

1.4.3　在 Java 项目中以 JDBC 方式访问 MySQL 数据库

JDBC（Java DataBase Connectivity，Java 数据库连接）是一套用 Java 语言实现的用于执行 SQL 语句的 Java API，它封装了与数据库服务器通信的细节，开发者通过调用 JDBC API 编写 Java 应用程序来发送 SQL 语句对数据库进行访问。

java.sql 包提供了核心的 JDBC API，这表现为访问数据库必须使用的类、接口和各种访问数据库的异常类，如图 1.4.5 所示。

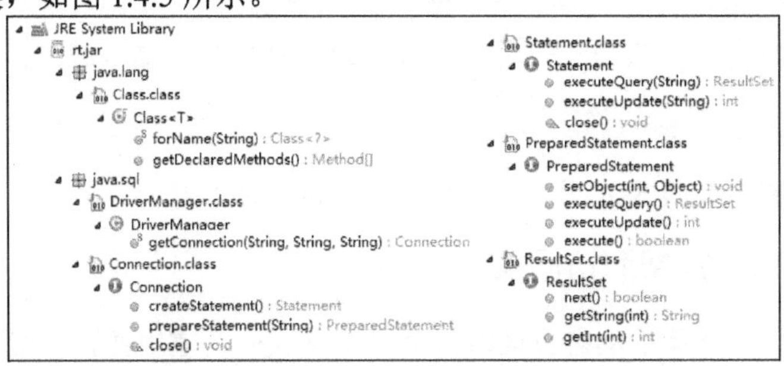

图 1.4.5　以 JDBC 方式访问数据库的主要类与接口

在包含有 MySQL 数据库访问的 Maven 项目里，为了使用 JDBC 方式访问 MySQL 数据库，需要在 pom.xml 文件里添加如下依赖：

```
<dependency>
        <groupId>mysql</groupId>
        <artifactId>mysql-connector-java</artifactId>
        <version>5.1.37</version>
</dependency>
```

注意：*与构建 MySQL 驱动包路径等效的方法是，将 MySQL 提供的驱动包文件复制到 Web 项目文件夹 WebRoot/WEB-INF/lib 里。*

使用类 Class 的静态方法 forName()时，加载厂商提供的 MySQL 驱动程序的代码如下：

```
Class.forName("com.mysql.jdbc.Driver");   //加载 MySQL 驱动
```

创建 Connection 接口对象的方法是使用静态方法 DriverManager.getConnection()，其示例代码如下：

```
String url = "jdbc:mysql://localhost:3306/test?useUnicode=true&characterEncoding=utf-8";
String username = "root";
String password = "root";
conn = DriverManager.getConnection(url, username, password);
```

注意：*访问 MySQL 8.x 时，建议加载新的驱动类，连接字符串 url 需要包含时区信息，请读者自行查找其具体用法。*

对 Connection 应用方法 createStatement()，创建一个 PreparedStatement 接口对象，以将 SQL 语句发送到数据库，其格式如下：

```
String sql="可以包含占位参数?的 SQL 命令";
PreparedStatement pst=conn.createPreparedStatement(sql);   //预编译
```

使用占位参数（?）的查询，称为参数式查询。在执行查询前，必须使用接口 PreparedStatement 提供的 setObject()方法给参数赋值。

```
pst.setObject(int,Object);                //int为占位符序号，Object为参数值
```

对数据库的增加、删除和修改，即 SQL 是 insert、delete 或 update 命令，应使用如下命令：

```
pst.executeUpdate();                      //返回值为影响的记录行数
```

对数据库的选择查询，即 SQL 为 select 命令时，使用如下命令即可：

```
ResultSet rs=pst.executeQuery();          //得到记录集
```

注意：不带任何参数的 SQL 语句，可以使用 Statement 接口。

1.4.4 封装 MySQL 数据库访问类

在开发含有数据库访问的动态页面时，为了实现代码的重用性和通用性，通常的做法是把访问数据库的代码封装到某个类里。

数据库访问类封装的原理：将得到连接对象的代码封装在构造方法里，可使用接口 PreparedStatement 实现不确定参数个数的通用查询。

使用 JDBC 方式访问 MySQL 的通用类文件 MyDB.java 的代码如下。

```
package dao;
import java.sql.*;
public class MyDb {
    private Connection conn = null;
    private PreparedStatement pst = null;     //参数式查询（必须）
    private static MyDb mydb = null;
    private MyDb() throws Exception {         //私有的构造方法，外部不能创建实例
        Class.forName("com.mysql.jdbc.Driver");
        //下面的 DN 表示数据库名称
        String url = "jdbc:mysql://localhost:3306/DN?useUnicode=true&characterEncoding=utf-8";
        String username = "root";             //用户名
        String password = "root";             //密码
        conn = DriverManager.getConnection(url, username, password);
    }
    public static MyDb getMyDb() throws Exception{
        if(mydb==null){                       //单例
            mydb=new MyDb();                  //单例模式避免了对数据库服务器的重复连接
        }
        return   mydb;
    }
    public ResultSet query(String sql, Object... args) throws Exception {
        // SQL 命令中含有通配符，可变参数可以传递离散或数组这两种方式的参数
        pst = conn.prepareStatement(sql);
        for (int i = 0; i < args.length; i++) {
            pst.setObject(i + 1, args[i]);
```

```
        }
        return pst.executeQuery();
    }
    public boolean cud(String sql, Object... args) throws Exception {    //增加_c，修改_u，删除_d
        pst = conn.prepareStatement(sql);
        for (int i = 0; i < args.length; i++) {
            pst.setObject(i + 1, args[i]);
        }
        return pst.executeUpdate() >= 1 ? true : false;           //返回操作查询是否成功
    }
    public void closeConn() throws Exception {                   //关闭数据库访问方法
        if (pst != null && !pst.isClosed()){
            pst.close();
        }
        if (conn != null && !conn.isClosed()){
            conn.close();
        }
    }
}
```

注意：

（1）对数据库的查询可分为选择查询和操作查询，分别对应于方法 query()和方法 cud();

（2）方法的第二个参数是可变长参数，调用时实参值个数应与通配符个数相等;

（3）可变实参可以传递离散或数组这两种方式的参数;

（4）类方法的第一个参数 SQL 命令中可以不包含任何通配符;

（5）PreparedStatement 提供方法 executeQuery()的返回值类型是 int，指示命令影响的行数; 使用方法 execute()的返回值类型是 boolean，指示命令是否执行。方法 executeQuery 与方法 execute()都能完成对数据库的更新（包括删除和增加）。

1.5　Java 单元测试与动态调试

1.5.1　单元测试 JUnit 4

为了测试类方法的正确性，可以使用 Java 的单元测试 JUnit 4。对项目引用系统库 JUnit 4 的方法：右键选择项目名→Build Path→Add Libraries→JUnit→JUnit 4，然后在要测试的方法前加上注解@Test。

类文件编码完成后，通过双击方式来选中某个方法名，然后选择菜单 Run As→JUnit Test 来运行该方法。一个使用 JUnit 4 进行方法测试的界面如图 1.5.1 所示。

注意：

（1）单元测试通过时，应有绿条出现，否则出现红条;

（2）单元测试的优点是不必写很多含有 main()方法的 Java 类，用来测试一个类里不同方法的正确性。

（3）对于 Maven 项目，也可以在 pom.xml 文件里定义坐标来引入单元测试框架。

```
TestMyDb.java
1
3⊕ * 本类用于测试数据库访问类MyDb
5⊕import java.sql.ResultSet;
10 public class TestMyDb {
11⊖    @Test
12     public void queryByCondition() throws Exception {
13         ResultSet rs = MyDb.getMyDb().query("select * from User where age >?", 60);
14         //ResultSet rs = MyDb.getMyDb().query("select * from User where age > ?",new Object[]{60});
15         int recNum = 0;
16         while (rs.next()) {
17             recNum++;
18             System.out.print(recNum + ":");
19             System.out.println(rs.getString("username") + " "+rs.getString("username") +"  " + rs.getInt("age"));
20         }
21     }
22
23⊖    @Test
24     public void testInsert() {
```

```
Servers  Console  JUnit
Finished after 0.312 seconds
Runs: 1/1    Errors: 0    Failures: 0
queryByCondition [Runner: JUnit 4] (0.199 s)    Failure Trace
```

图 1.5.1　使用 JUnit 4 进行方法测试的界面

1.5.2　动态调试模式 Debug

为了跟踪程序的运行，通常需要使用动态调试模式（Debug），其原理是，在代码窗口左边的浅灰色区域双击以设置断点（此时显示 ）或取消断点（双击 ），然后单击爬虫工具 按钮，从而以 Debug As 方式来运行程序。

在动态调试时，通过按 F6 键（单步方式）或 F8 键（直接跳到下一个断点），可以动态地观察到内存变量（或对象属性）的值和控制台的输出结果。

注意：

（1）动态调试方法可以单独使用，如对含有 main()方法的 Java 程序应用 Debug 模式；

（2）使用 Debug 调试后，需要单击红色的停止 按钮并选择 Eclipse 视图后，才能切换视图到默认的模式；

（3）动态调试方法也可应用于 Web 项目，其前提是单击 按钮来启动 Tomcat 服务器。此时，包含程序调试界面和页面的切换。当单击 按钮结束调试时，应切换视图至 Java EE 视图（对应于 按钮）；

（4）空指针异常（使用了空值对象）是常见的运行错误，使用 Debug 调试能非常容易地检查出其原因。

同时使用单元测试 JUnit 4 和动态调试程序的界面，如图 1.5.2 所示。

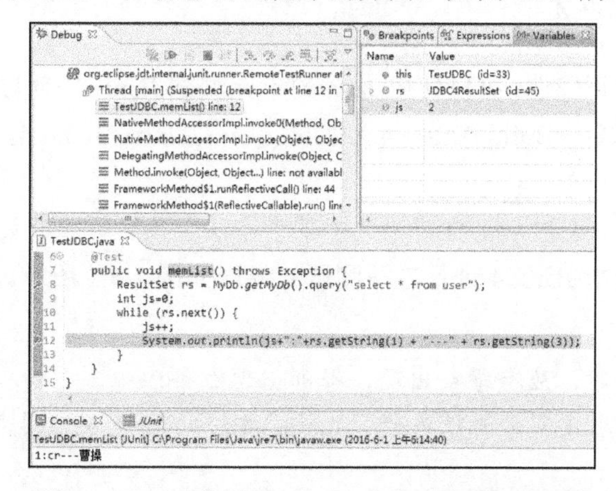

图 1.5.2　同时使用 JUnit 4 和动态调试程序的界面

习题 1

一、判断题

1．访问静态页面时，浏览器程序解析文档里的 HTML 标签会呈现页面效果。
2．JavaScript 脚本可实现表单提交数据的客户端验证。
3．Java EE 如同 JSP 和 Servlet 等，是一种网站开发技术。
4．在 Java Web 中，通常选用 Tomcat 作为 Web 服务器。
5．使用 Maven 能方便地管理 Java 项目或 Java Web 项目的依赖包。
6．Tomcat 服务器程序用于处理用户的 FTP 请求。
7．以 JDBC 方式访问数据库时，必须下载由数据库厂商提供的驱动包。

二、选择题

1．对表单进行客户端验证的方法是对标签<form>定义事件____。
　A．OnClick　　B．Click　　C．Submit　　D．OnSubmit
2．Java 应用于嵌入式开发，指的是____。
　A．Java ME　　B．J2EE　　C．Java EE　　D．Java SE
3．Apache Tomcat 服务器默认使用的通信端口是____。
　A．80　　B．8080　　C．8088　　D．3306
4．MySQL 数据库服务器默认使用的通信端口是____。
　A．80　　B．8080　　C．8088　　D．3306
5．下列不属于网站开发技术的是____。
　A．HTML　　B．JavaScript　　C．Java EE　　D．Servlet
6．下列关于 Java（Web）开发概念中，含义最广的是____。
　A．软件包　　B．类或接口　　C．库　　D．jar 包
7．下面选项中，不是由包 java.sql 提供的接口是____。
　A．Connection　　B．ResultSet　　C．PreparedStatement　　D．DriverManager

三、填空题

1．在 Eclipse 中，自动导包的快捷键是____。
2．在 Eclipse 中，格式化程序文本（含 JSP 页面代码）的快捷键是____。
3．在 ecipse 里更改项目视图查看方式，应选择菜单 Window 里的____选项。
4．Tomcat 服务器内置的站点对应于系统文件夹 webapps 下名为____的子文件夹。
5．使用 JDBC 提供的____接口能实现对数据库的参数式查询。
6．目前，网站开发中常用的中文（含国标字符）编码是____。

实验 1　Java EE 开发环境搭建

一、实验目的

1．掌握 Java Web 开发环境的搭建。
2．掌握在 Eclipse 里创建使用 Maven 管理 Java Web 项目的两种方法。
3．掌握在 Eclipse 里部署和运行 Java Web 项目的方法。
4．掌握使用 JDBC API 访问 MySQL 数据库的一般步骤。
5．掌握 MySQL 前端软件 SQLyog 的使用。
6．掌握 JUnit 4 和动态调试的使用方法。

二、实验内容及步骤

【预备】访问上机实验网站 http://www.wustwzx.com/javaee/index.html，下载本章实验内容的源代码（含素材）并解压，得到文件夹 ch01。

1．搭建 JSP 网站的开发及运行环境

（1）确保已经安装了 JDK 1.8，并建立指向 JDK 安装目录的 Windows 环境变量 Java_Home。

（2）确保已经安装了数据库服务软件 MySQL 及其前端软件 MySQLyog。

（3）确保已经下载了免安装，适合于进行 Java Web 开发的软件 Eclipse-jee，并修改其配置文件 Eclipse.ini，添加统一 utf-8 编码的一行代码。

（4）选择 Eclipse-jee 菜单的 Window→Preferences，设置 Java 内容编辑助手。

（5）从课程网站 http://www.wustwzx.com 里下载绿色版的 Tomcat 8.5 并解压，将它添加到 Eclipse-jee 里，作为 Web 服务器，并设置 Web 项目的部署路径。

（6）确保 Eclipse-jee 下方窗口除了有 Console 选项，还有 Servers 选项。必要时，选择 Eclipse-jee 菜单的 Window→Show View，进行设置。

（7）从课程网站里下载绿色版的 Maven 3.5 并解压，将它添加到 Eclipse-jee 里，作为项目依赖管理工具，添加阿里云镜像下载。

2．使用 JDBC 访问 MySQL 数据库、单元测试 JUnit 和动态调试

（1）访问课程网站，从 Java EE 课程版块里下载 MySQL 数据库软件，安装并牢记 MySQL 的安装密码。

（2）选择“开始”选项运行 MySQL 客户端，在命令行方式下输入登录 MySQL 服务器的用户名及密码 root。登录成功后，输入 quit；后退出。

（3）安装 MySQL 的前端软件 SQLyog，首次运行需要输入登录 MySQL 服务器的用户名及密码 root。

（4）在 Eclipse 中，导入解压文件 ch01 里名为 Java_Foundation 的 Java 项目。

（5）在 SQLyog 里执行项目 Java_Foundation 的脚本文件 src/jdbc/memmana.sql，创建名为 memmana 的数据库。

（6）查看使用 JDBC 访问 MySQL 数据库的通用类文件 src/jdbc/MyDb.java。

（7）查看测试类 src/jdbc/TestJDBC.java 对类 MyDb 的调用。

（8）分别对类 TestJDBC 进行选择查询和操作查询的单元测试。

（9）对测试类方法设置断点后进行单元动态调试。

3. 在 Eclipse 中创建、部署并运行一个 Maven Web 项目

（1）在 Eclipse 中选择 File→New，新建一个名为 MyWeb 的 Maven Web 项目。

（2）右键单击项目文件夹 src/main/webapp，选择 New→Other，在出现的对话框的搜索框内输入 jsp，选择 JSP File 选项，创建一个名为 index.jsp 的文件。

（3）右键选择项目名→Properties→Project Facets，在出现的 Project Facets 对话框里，查看项目的相关属性。

（4）右键选择项目名→Run As→Run on Server，观察浏览器地址栏信息及页面效果。

（5）选择 Eclipse 下方的 Servers 选项，查看项目的部署信息，以及控制台显示的启动信息。

（6）查验是否在 Tomcat 的 webapps 文件夹里建立了项目文件夹 MyWeb。

（7）在浏览器地址栏里，输入 http://localhost:8080，访问 Tomcat 默认站点。

（8）选择 Eclipse 下方的 Servers 选项，单击停止■按钮后，使用 Servers 的右键菜单分别进行移除、再次部署、启动服务器和项目浏览测试的操作。

（9）创建使用 Dynamic Web Module 3.1 的 Maven Web 项目，详见课程网站。

三、实验小结及思考

（由学生填写，重点填写上机实验中遇到的问题。）

第 2 章 使用 JSP 开发 Web 项目

JSP（Java Server Page）技术是 Java 家族的一部分，也是 Java EE 的一个组成部分。本章主要介绍了 JSP 的页面指令和动作标签、处理用户请求的 JSP 内置对象，还介绍了用于简化对 JSP 内置对象的 EL 表达式、用于 MVC 模式开发时所需要的 JSTL 标签，最后介绍了使用纯 JSP 技术实现的会员管理系统及 JSP 页面的动态调试方法。本章学习要点如下：

- 掌握 JSP 页面中指令属性的用法；
- 了解 JSP 页面中标签指令的作用；
- 掌握 JSP 页面中动作标签的用法；
- 了解 JSP 网站的工作原理；
- 掌握常用 JSP 内置对象（request、response 和 session）的使用方法；
- 掌握常用 EL 表达式的用法。

2.1 JSP 页面概述

JSP 是一种实现静态 HTML 和动态 HTML 混合编码的技术，JSP 程序是在传统的 HTML 文档中插入 Java 程序段或 JSP 标签而形成的，JSP 文档的扩展名为.jsp。

JSP 页面结构，如图 2.1.1 所示。

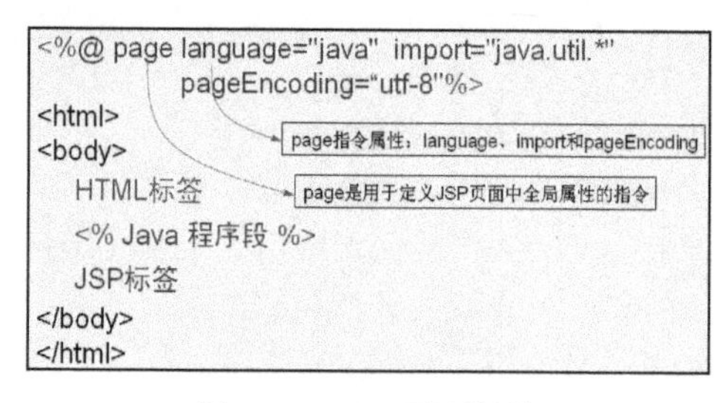

图 2.1.1 JSP 页面结构

JSP 页面执行过程如下：

- 将 JSP 页面中的 HTML 标记符号（静态部分）交给客户端浏览器直接显示；
- 服务器端执行<%和%>之间的 Java 程序（动态部分），并把执行结果交给客户端的浏览器显示；
- 服务器端还要负责处理相关的 JSP 标记，并将有关的处理结果发送到客户的浏览器；
- 当多个客户端请求同一个 JSP 页面时，Tomcat 服务器会为每个客户启动一个线程，线程负责响应相应的客户端请求。

用户请求 JSP 网站中的 JSP 页面时，会被转译为一个 Servlet 程序，如图 2.1.2 所示。

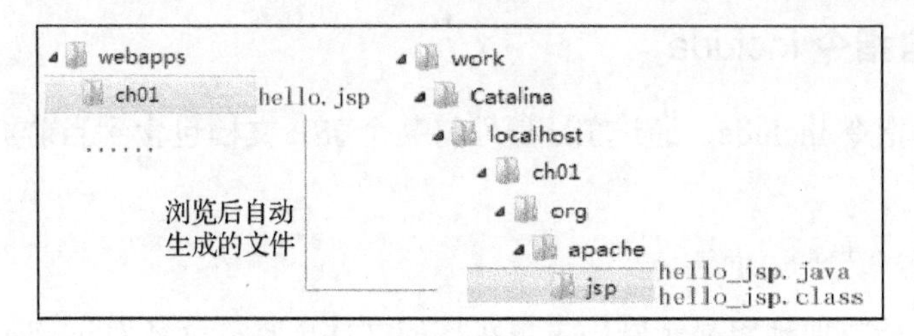

图 2.1.2　Web 服务器执行 JSP 页面的过程

注意：用户除了请求 JSP 页面，还可以请求 Servlet 或者是动作控制器的某个动作。

2.1.1　JSP 页面里的 page 指令

JSP 页面里的 page 指令是 JSP 页面必需的，它声明了如下信息：

- 使用 language 属性，定义服务器的脚本语言类型；
- 使用 import 属性，指定 JSP 程序需要导入的类与接口；
- 使用 pageEncoding 属性，声明生成的页面的字符编码。

page 指令的示例用法如下：

```
<%@ page language="java" import="java.util.* " pageEncoding="utf-8"%>
```

注意：

（1）JSP 页面 page 指令前的@，不能省略；

（2）import 属性值有多个时，它们之间使用逗号分隔，或者再使用多条只含有 import 属性的 page 指令，其示例如下：

```
<%@page import="带包名的类名或接口名"%>
```

2.1.2　JSP 脚本元素：声明、表达式和脚本程序

1．全局声明<%!…%>

声明<%!…%>用于在 JSP 页面中定义整个页面都有效的方法和变量，其用法格式如下：

```
<%! 声明变量或方法 %>
```

注意：在“<%”与“!”之间不能有空格。

2．表达式<%=…%>

JSP 表达式用于把 Java 程序处理的结果数据输出到页面，其使用格式如下：

```
<%=变量或有返回值的方法名()%>
```

注意：变量或方法名后没有分号。

3．脚本程序段<%…%>

脚本程序段是指用 Java 语言编写的嵌在“<%...%>”标记内的程序段，可以进行变量定

义、赋值和方法调用。

2.1.3 文件包含指令 include

JSP 页面包含指令 include，通过 file 属性将某个 JSP 文档包含到当前页面中，该指令的使用格式如下：

```
<%@ include file="文件名.jsp"%>
```

使用本方法，能方便地将显示网站主页头部的文件（通常命名为 header.jsp）或底部的文件（通常命名为 footer.jsp）包含到当前 JSP 页面中，达到一改全改、统一网站外观的目的。

注意：

（1）页面包含指令可以出现在页面<body>标签内的任何位置；

（2）避免被包含的 JSP 文件与当前页面定义相同的 Java 脚本变量；

（3）header.jsp 与 footer.jsp 等被包含的 JSP 页面里，一般不使用标记<html>、<title>和<body>标签，但要使用 page 指令；

（4）如果要向被包含的文件传递数据，则需要使用 JSP 动作标签<jsp:include>（详见第 2.1.5 节）。

2.1.4 引入标签库指令 taglib

JSP 页面标签指令 taglib 的使用格式如下：

```
<%@ taglib prefix="标签前缀" uri="标签库描述符" %>
```

注意：uri 属性指定了 JSP 要在 web.xml 中查找的标签库描述符，它是标签描述文件(*.tld)的映射。在标签描述文件中，定义了标签库中各个标签的名字，并为每个标签指定一个标签处理类。

例如，在 MVC 模式及其框架开发的项目（详见第 3 章和第 5 章）里，为了在 JSP 里使用 JSTL 标签（参见第 2.3.2 节）接收 Servlet 或动作控制器转发来的数据，需要在 JSP 里使用 taglib 指令，其使用格式如下：

```
<%@ taglib prefix="c" uri="http://java.sun.com/jsp/jstl/core" %>
```

2.1.5 JSP 动作标签

JSP 动作标签用来控制 Web 容器的行为，它包括<jsp:include>、<jsp:forward>、<jsp:useBean>、<jsp:setProperty>、<jsp:getProperty>、<jsp:plugin>、<jsp:fallback>、<jsp:param>和<jsp:params>等多种标签。

1. 包含文件动作标签<jsp:include>

动作标签<jsp:include>用于在当前 JSP 页面中嵌入另一个页面，其基本用法格式如下：

```
<jsp:include page="页面" flush=true/>
```

当向嵌入的 JSP 页面传递参数时，其用法格式如下：

```
<jsp:include page="JSP 页面" flush="true" >
    <jsp:param name="p1" value="v1">
<jsp:param name="p2" value="v2">
    …
</jsp:include>
```

注意：

（1）属性 flush="true"，表示清除保存在缓冲区中的数据；

（2）动作标签<jsp:param>嵌入在动作标签<jsp:include>内，起传递参数的辅助作用；

（3）在接收参数的页面里，需要使用 request.Parameter()方法。

2．请求转发动作标签<jsp:forward>

动作标签<jsp:forward>用于转发请求，其基本用法格式如下：

```
<jsp: forward page="页面" />
```

当向转发的 JSP 页面传递参数时，其用法格式如下：

```
<jsp: forward page="JSP 页面">
    <jsp:param name="p1" value="v1">
    <jsp:param name="p2" value="v2">
    …
</jsp: forward >
```

注意：

（1）动作标签<jsp:param>应与<jsp:include>和<jsp:forward>一起使用；

（2）<jsp:forward>从一个 JSP 文件传递信息到另外一个 JSP 文件后，<jsp:forward>后面的部分将不会被执行，而<jsp:include>将包含的文件放在 JSP 中一起执行。

3．JavaBean 动作标签 <jsp:useBean>、<jsp:setProperty>和<jsp:getProperty>

动作标签<jsp:useBean>用于在 JSP 页面里创建一个 JavaBean 实例；动作标签<jsp:setProperty>和<jsp:getProperty>分别用于设置 JavaBean 属性和获取 JavaBean 属性，需要与动作标签<jsp:useBean>一起使用。

4．Java 插件动作标签<jsp:plugin>

动作标签<jsp:plugin>可以在页面中插入 Java Applet 小程序或 JavaBean，它能够在客户端运行，并根据浏览器的版本转换成<object>或<embed>标签。当转换失败时，由动作标签<jsp:fallback>显示提示信息，其用法格式如下：

```
<jsp:fallback>提示信息文本</jsp:fallback>
```

此外，还可以使用动作标签<jsp:params>向 Applet 或 JavaBean 传递参数，动作标签<jsp:params>只能与<jsp:plugin>一起使用，其使用格式如下：

```
<jsp:params>
    <jsp:param name="p1" value="v1">
    <jsp:param name="p2" value="v2">
```

```
    ...
</jsp: params >
```

注意：

（1）动作标签<jsp:fallback>和<jsp:params>是辅助动作标签<jsp:plugin>的；

（2）Applet 是一种特殊的 Java 程序，它本身不能单独运行，需要嵌入在一个 HTML 文件中，借助于浏览器来解释执行。

【例 2.1.1】使用 JSP 动作标签<jsp:forward>实现请求转发。

【功能说明】在页面 example2_1_1.jsp 中，产生一个 10 以内的随机整数，当这个整数大于或等于 5 时，转发到页面 example2_1_1a.jsp 中，显示随机数和相关说明信息；当这个整数小于 5 时，转发至页面 example2_1_1b.jsp 中，显示随机数和相关说明信息。转发后，浏览器地址栏中仍然是页面 example2_1_1.jsp 地址（并不是通常的跳转），连续按 F5 键刷新时，其内容会发生变化。

页面 example2_1_1.jsp 产生一个随机数并将其转发至其他页面，其代码如下：

```
<%@ page language="java" import="java.util.*" pageEncoding="utf-8"%>
    <title>使用 forward 动作标签</title >
    <%   int i = (int) (Math.random() * 10);//产生随机数
         if (i >= 5) {%>
              <jsp:forward page="example2_1_1a.jsp">
                        <jsp:param name="sjs" value="<%=i%>" />
              </jsp:forward>
    <%   } else { %>
              <jsp:forward page="example2_1_1b.jsp">
                   <jsp:param name="sjs" value="<%=i%>" />
              </jsp:forward>
<%        }     %>
```

当随机数大于或等于 5 时，将转发至页面 example2_1_1a.jsp，本页面显示转发过来的参数，其主体部分的代码如下：

```
<%@ page language="java" import="java.util.*" pageEncoding="utf-8"%>
<%
    String sjs=request.getParameter("sjs");//接收参数
%>
页面中产生的随机数是：<%=sjs%></br>
得到的数大于或等于 5。<hr/>
提示：连续按 F5 刷新页面，可以观察到页面内容的变化
```

页面 example2_1_1b.jsp 用于当随机数小于 5 时的请求转发，其主体部分的代码如下：

```
<%@ page language="java" import="java.util.*" pageEncoding="utf-8"%>
<%
    String sjs=request.getParameter("sjs");//接收参数
%>
页面中产生的随机数是：<%=sjs%></br>
```

```
您得到的数小于 5。<hr/>
提示：连续按 F5 键刷新页面，可以观察到页面内容的变化
```

页面浏览效果，如图 2.1.3 所示。

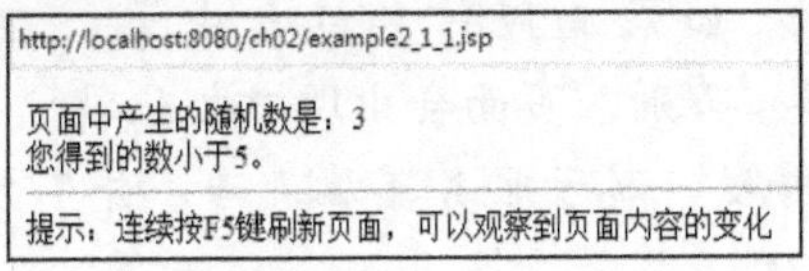

http://localhost:8080/ch02/example2_1_1.jsp

页面中产生的随机数是：3
您得到的数小于5。

提示：连续按F5键刷新页面，可以观察到页面内容的变化

图 2.1.3　页面 example2_1_1.jsp 浏览效果

2.2　JSP 内置对象与 Cookie 信息

JSP 容器（如 Tomcat）为用户创建了 9 个可以直接使用的内置对象，它们分别是 out、response、request、session、application、config、pageContext、page 和 exception。所有这些对象在 Tomcat 容器启动时都会自动创建，程序员在 JSP 程序里可以直接使用这些对象（属性或方法）。

2.2.1　向客户端输出信息对象 out

JSP 内置对象 out，是抽象类 java.io.Writer 的实例（PrintWriter 是其子类），不仅可以向 JSP 页面输出对象内容，而且还可以管理页面中的缓冲区，如清理缓冲区、刷新缓冲区和获取缓冲区大小等。

out 的常用方法是 println(exp)。其中，exp 可以是普通文本、含有变量的表达式，甚至是作为特殊字符串的 JS 脚本。例如：

```
out.println("<script>alert('你还没有登录......')</script>");
```

注意:

（1）<%out.println(exp);%>与 JSP 表达式用法<%=exp%>等效;

（2）out 对象的 println()方法的换行功能在浏览器中失效。页面中需要换行时，可在输出字符串中加上特殊的字符串，如 HTML 换行标记"
"。

2.2.2　响应对象 response

response 代表服务器对客户端请求进行响应的对象，是 Java 扩展包 javax.servlet.http 里接口 HttpServletResponse 的实例，其常用方法如表 2.2.1 所示。

表 2.2.1　response 对象的常用方法

方 法 名	功 能 描 述
sendRedirect(String location)	重定向请求，产生页面跳转
setContentType("text/html;charset=code")	设置响应信息的字符编码，其中 code 通常取值为 utf-8
getWriter()	获取 java.io.PrinterWriter 类型的响应流对象
void setHeader(String name, String value)	设置响应头信息，如设置页面自动刷新和自动跳转
String getHeader(String name)	获取响应头信息
addCookie()	建立 Cookie 信息，向客户端写入一个 Cookie

注意:

（1）重定向方法 sendRedirect()会产生新的请求对象，地址栏也会相应地变化。JSP 转发动作标签<jsp:forward>属于服务器端跳转，地址栏不会变化;

（2）在 Servlet 程序里，如果响应信息包含中文，应在向客户端输出前应使用 setContentType()指定字符编码。否则，页面会出现中文乱码;

（3）使用 Servlet 实现的转发，属于服务器端跳转，并不会引起浏览器地址栏中地址的变化。

2.2.3 请求对象 request

request 对象是接口 javax.servlet.http.HttpServletRequest 的实例，是 JSP 最重要的内置对象之一，封装了客户端请求的相关信息。

对象 request 主要封装了表单提交的数据、超级链接时传递的参数、客户端的 IP 地址和 Cookie 信息等，该对象具有获取这些信息的相关方法，如表 2.2.2 所示。

表 2.2.2 request 对象的常用方法

方法名及返回值类型	功 能 描 述
String getParameter("name")	获得客户端的请求数据，对应于参数 name 的值
String[] getParameterValues("name")	获取客户端的请求数据，对应于参数 name 的数组
void setCharaterEncoding("code")	设定请求信息的编码，其中 code 通常取值为 utf-8
void setAttribute("kn",obj)	属性设置，其中 kn 为键名，obj 为任意类型的键值
Object getAttribute("kn")	获取属性，返回值为顶级的 Object 类型
String getRemoteAddr()	获取客户端的 IP 地址
HttpSession getSession()	获取会话对象
StringBuffer getRequestURL()	获取请求的全路径
String getRequestURI()	获取除去协议和主机名后的路径
String getContextPath()	获取项目相对于服务器的根路径
String getServletPath()	获取除去协议、主机名和项目名后的路径
RequestDispatcher getRequestDispatcher("目标页面")	获取转发到目标页面的请求转发对象
String getHeader("请求头键名")	获取请求头里指定的键名值

例如，当表单提交包含中文字符的数据时，表单处理程序应使用如下代码：

```
request.setCharacterEncoding("utf-8");          //不设置将会产生中文乱码
String xm= request. getParameter("name");       //name 为表单元素名
out.print(xm);
```

【例 2.2.1】使用 JSP 内置对象处理含有复选项的表单。

表单页面 example2_2_1.jsp 的完整代码如下：

```
<%@ page language="java" import="java.util.*" pageEncoding="utf-8"%>
<title>含有复选的表单页面</title>
<form action="example2_2_1a.jsp">
    姓名<input type="text" name="username"><br>
    选出你喜欢吃的水果：<br>
    <input type="checkbox" name="checkbox1" value="apple">苹果
```

```
    <input type="checkbox" name="checkbox1" value="watermelon">西瓜
    <input type="checkbox" name="checkbox1" value="peach">桃子
    <input type="checkbox" name="checkbox1" value="grape">葡萄
    <br> <input type="submit"   value="提交">
</form>
```

表单处理页面 example2_2_1a.jsp 的完整代码如下：

```
<%@page pageEncoding="utf-8" contentType="text/html; charset=utf-8"%>
<title>处理含有复选的表单页面</title>
你好，<%=request.getParameter("us ername")%><br>
<%
    String love = new String("你喜欢吃的水果有：");
    String[] params = request.getParameterValues("checkbox1");
    if (params != null) {
        for (int i = 0; i < params.length; i++){
            love += params[i] + "   ";
        }
    }
%>
<%=love%>
```

表单提交前后的运行效果如图 2.2.1 所示。

图 2.2.1 表单提交前、后的运行效果

2.2.4 会话对象 session

当客户端访问一个 Web 服务器时，用户可能会在这个服务器的多个页面之间反复跳转。从一个客户端打开浏览器并连接到服务器，到客户端关闭浏览器离开这个服务器的过程，称为一个会话。

HTTP 协议是一种无状态的协议，用户通过浏览器访问服务端的每次请求都是相互独立的，服务端无法直接通过 HTTP 请求来判断上次请求的用户和本次请求的用户是否为同一个人。当然，可以使用 Cookie 来传递用户状态的标识，但是每次发起请求都必须向 Web 服务器传递这些 Cookie 数据。为了实现更多的状态跟踪，传递的 Cookie 数据就会越来越多，这无形中增加了浏览器与服务端的数据传输压力和复杂性。此外，不仅 Cookie 的大小有限制，而且这种方式是不安全的，容易被盗取和篡改。

session 是存储于服务端的、用于记录和保持某些状态的一种会话跟踪技术。用户通过浏览器发起请求的时候，Web 服务器可自动为客户端生成一个对象。

JSP 内置对象 session 就是代表服务器与客户端所建立的会话。当一个用户首次访问服务器页面时，服务器将产生一个 session 对象，同时自动分配一个 String 类型的 ID 号（会话标识，它是由不重复的字母和数字组成的随机字符串序列）。当用户访问服务器的其他页面时，服务器并不会为用户创建新的会话标识和 session 对象。

通过 session 对象，可以存储一些信息。会话信息不会因为页面的跳转而消失或者变化，从而实现在一个会话期间多个页面间的数据共享（传递）。session 对象的常用方法如表 2.2.3 所示。

表 2.2.3 session 对象的常用方法

方 法 名	功 能 描 述
getId()	返回 Web 服务器创建 session 对象时设置的 ID
isNew()	判断当前客户是否为新的会话
setAttribute("属性名",值)	设置指定名称的属性值
getAttribute("属性名")	获取指定的属性值，其类型为 Object
getValueNames()	返回一个包含此 session 中所有可用属性的数组
removeValue("属性名")	删除 session 中指定的属性
setMaxInactiveInterval(int n)	设置 session 信息的有效期，Tomcat 默认值为 30 分钟（见服务器目录里的 web.xml）
getMaxInactiveInterval()	获取 session 信息的有效期
invalidate()	取消 session，使 session 不可用

注意：

（1）session 对象是接口 javax.servlet.http.HttpSession 的实例化对象；

（2）session 标识保存在客户端硬盘，而 session 存储的信息保存在服务器端；

（3）在关闭浏览器后，session 对象可能还会存活一段时间。即使没有关闭浏览器，也可能因长时间未操作而导致 session 对象已经销毁；

（4）在同一台计算机中，使用不同的浏览器同时打开若干个窗口访问 JSP 网站时，Web 服务器对 session 标识的产生会有一定的差异。如 IE 浏览器产生的 session 标识相同（就认为是同一用户），360 浏览器产生的 session 标识不同（就认为是不同的用户）。

【例 2.2.2】用户登录与注销。

登录表单页面 exampl2_2_2.jsp 的代码如下：

```
<%@ page language="java" import="java.util.*" pageEncoding="utf-8"%>
<html>
  <head>
     <title>用户登录与注销</title>
   </head>
  <body>
   <form   action="example2_2_2a.jsp" method="post">
          姓名<input type="text" name="username"/><br>
         密码<input type="password" name="password"/><br>
       <input type="submit"   value="登录" id="submit"/>
   </form>
  </body>
</html>
```

表单处理程序 exampl2_2_2a.jsp 的代码如下：

```
<%@ page language="java" import="java.util.*" pageEncoding="utf-8"%>
<%
    String username=request.getParameter("username");
    String password=request.getParameter("password");
    if(username.equals("wustzz")&&password.equals("123456")){
        out.print("登录成功，欢迎"+username);
        session.setAttribute("username",username);
        out.print("</br><a href='example2_2_2b.jsp'>example2_2_2b.jsp 页面</a>");
        out.print("</br><a href='example2_2_2.jsp'>注销</a>");
    }
    else{
        out.print("用户名或密码不正确，3 秒钟之后重新登录");
        response.setHeader("refresh","3;url='example2_2_2.jsp'") ;
    }
%>
```

登录成功页面 exampl2_2_2b.jsp 的代码如下：

```
<%@ page language="java" import="java.util.*" pageEncoding=" utf -8"%>
<%
    if(session.getAttribute("username")==null){
        out.print("你还没有登录，3 秒钟之后重新登录");
        response.setHeader("refresh","3;url='example2_2_2.jsp'") ;
    }
    else{
%>
    欢迎<%=(String)session.getAttribute("username") %>
    <br/>
    =====example2_2_2b.jsp 页面内容=====<br/>
    <a href="example2_2_2c.jsp">注销</a>
<%} %>
```

注销程序 exampl2_2_2c.jsp 的代码如下：

```
<%@ page language="java" import="java.util.*" pageEncoding=" utf -8"%>
<%
    session.invalidate() ;   //让 session 信息失效
    response.sendRedirect("example2_2_2.jsp");
%>
```

用户成功登录后的运行效果，如图 2.2.2 所示。

图 2.2.2　用户登录与注销的界面

2.2.5 全局对象 application

Web 服务器一旦启动，就会自动创建 application 对象，并一直保持，直到服务器关闭。

application 对象负责提供应用程序在服务器中运行时的一些全局信息，客户端使用的 application 对象都是一样的。在此期间，在任何地方对 application 对象相关属性的操作，都将影响到其他用户对此的访问。

application 对象可以实现网站所有用户的数据共享和传递。

application.setAttribute(String name, Object value)用 value 来初始化 application 对象某个属性（name 指定）的值。如果指定的属性不存在，则新建一个；如果已存在，则更改 name 属性的值。

application.getAttribute(String name)用来获得由 name 指定名称的 application 对象属性的值，其方法返回的是一个 Object 对象。因此，对返回的对象要用强制转换的方式将其转换为此对象原来的类型。如果属性不存在，则返回空值(null)。

对象 application 在服务器启动后自动产生，这个对象存放的信息在多个会话和请求之间能实现全局信息的共享。

使用 application 类型的变量可以实现站点中，多个用户之间在所有页面中的信息共享。

注意：

（1）对象 application 是 javax.servlet.ServletContext 接口类型的实例；

（2）application 为全局变量，session 为局部变量。

一旦分配了 application 对象的属性，它就会持久地存在，直到关闭或重启 Web 服务器。application 对象针对所有用户，在应用程序运行期间会持久地保存。JSP 内置对象 application 的常用方法，如表 2.2.4 所示。

表 2.2.4 application 对象的常用方法

方 法 名	功 能 描 述
setAttribute(属性名,属性值)	设置指定属性名称的属性值
getAttribute(属性名)	获取指定的属性值
getServerInfo()	返回当前版本 Servlet 编译器的信息
getRealPath()	得到虚拟目录对应的物理目录（绝对路径）
getContextPath()	获取当前的虚拟路径名称（相对网站根目录而言）
getAttributeNames()	获取所有属性的名称
removeAttribute()	删除指定属性

【例 2.2.3】使用 JSP 内置对象 session 和 application，统计页面的访问人数。

【设计要点】

（1）使用 application 对象的属性保存页面的访问量；

（2）当有新 session 时，访问量加 1；

（3）首次访问时，设置 application 对象表示访问量的 num 属性。

页面 example2_2_3.jsp 的完整代码如下：

```
<%@ page language="java" import="java.util.*" pageEncoding="utf-8"%>
    <title>页面在线人数统计</title>
    <%
        int visit_num;
        String strNum=(String)application.getAttribute("num");
        if(strNum!=null)
            visit_num=Integer.parseInt(strNum);
        else
            visit_num=1; //首次访问
        if(session.isNew())  //判断是否为新会话(用户)
            visit_num=visit_num+1;
        application.setAttribute("num",String.valueOf(visit_num));
    %>
     <h3>欢迎您！您是本页面的第<%=visit_num%>位访客。</h3><hr/>
     复制访问地址，使用另一个不同类型的浏览器访问，以观察人数的变化（增加）
```

页面浏览效果，如图 2.2.3 所示。

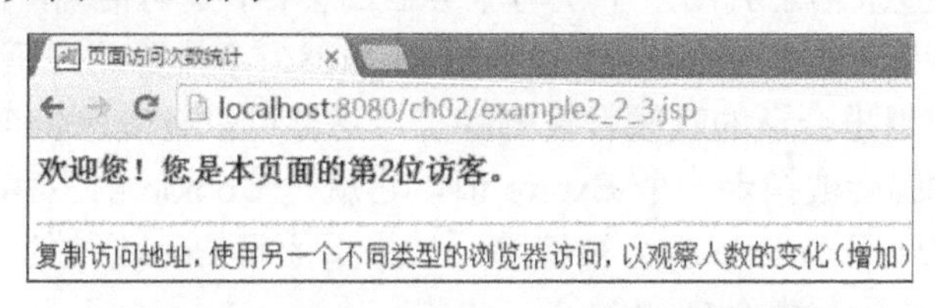

图 2.2.3　页面 example2_2_3.jsp 的浏览效果

注意：

（1）由于没有将访问量写入数据库，所以在服务器重启后将重新统计；

（2）在同一台计算机上测试时，新开浏览器窗口是否作为一个新 session，不同的浏览器处理不一样。如选择 360 浏览器可以增加人数，而选择 IE 则不会增加；

（3）JSP 网站在线人数的统计，可通过监听器实现，参见第 3.5 节。

2.2.6　上下文对象 pageContext

对象 pageContext 是抽象类 javax.servlet.jsp.PageContext 的一个实例，表示 JSP 页面的上下文。在 Tomcat 服务器将 JSP 文件转译为对应的 Servlet 程序里，先创建了 PageContext 的实例对象 pageContext，然后调用类 PageContext 的相关方法创建 JSP 的其他内置对象，如图 2.2.4 所示。

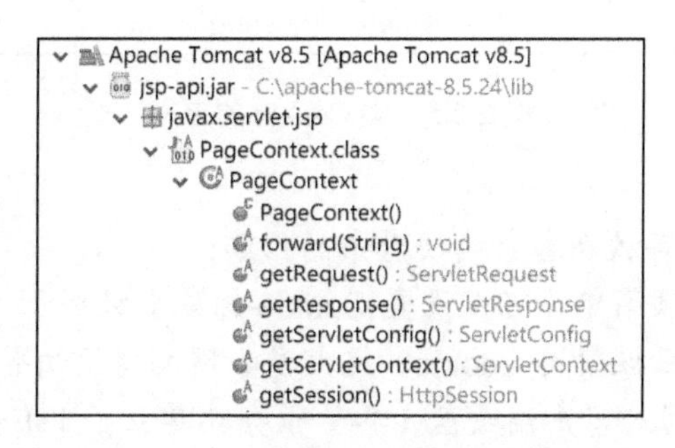

图 2.2.4　抽象类 PageContext 的定义

注意：

（1）在实际项目开发中，很少使用 pageContext 对象，因为它的作用域最小；

（2）在 Servlet 中，经常对 ServletContext 这个上下文内容接口进行编程。

2.2.7 Cookie 信息的建立与使用

Cookie 是指某些网站为了辨别用户身份，进行 session 跟踪而储存在用户本地终端上的数据（通常会经过加密处理），也称浏览器缓存。

Cookie 是由 Web 服务器端生成的信息（前提是浏览器设置了启用 Cookie，而不是禁用 Cookie），浏览器会将 Cookie 的 key/value 保存到某个目录下的文本文件内，下次请求同一网站时就可发送该 Cookie 给服务器。

Cookie 名称和值可以由服务器端定义。对于 JSP 而言，也可以直接写入 JSESSIONID。这样服务器就知道该用户是否为合法用户，以及是否需要重新登录等，服务器可以设置或读取 Cookies 中包含的信息，借此维护用户与服务器会话的状态。

Cookie 可以保持登录信息到用户下次与服务器的会话，换句话说，下次访问同一网站时，用户会发现不必输入用户名和密码就已经登录了（当然，不排除用户手工删除 Cookie）。还有一些 Cookie 在用户退出会话的时候就被删除了，这样可以有效保护个人隐私。

Cookie 在生成时就会被指定一个 Expire 值，它就是 Cookie 的生存周期，在这个周期内 Cookie 有效，超出该周期 Cookie 就会被清除。如果页面将 Cookie 的生存周期设置为 0 或负值，则在关闭浏览器时马上清除 Cookie。

Cookie 信息与 JSP 内置对象存在关联。如 Web 服务器为来访者自动创建的 Session ID，就以 Cookie 形式存放；Cookie 信息的建立与获取，需要分别使用 response 对象和 request 对象。类 Cookie 的定义，如图 2.2.5 所示。

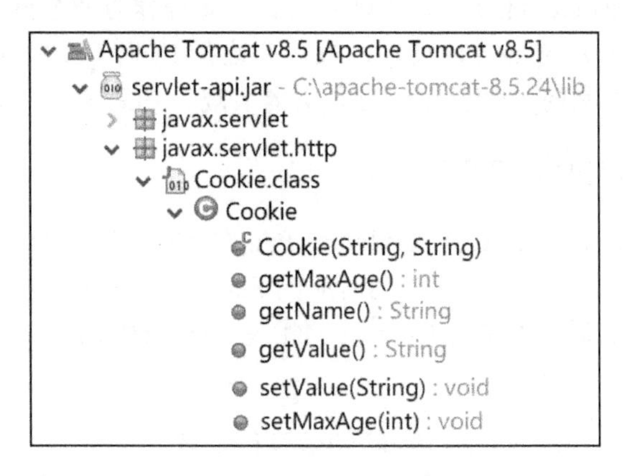

图 2.2.5 类 Cookie 的定义

注意：

（1）Cookie 信息是指存放在客户端硬盘中的信息；

（2）使用浏览器的选项菜单，可以设置 Cookie 的安全级别；

（3）客户端浏览器一旦被禁用 Cookie，绝大多数网站将无法登录，这是因为此时不能将 JSESSIONID 等会话信息写入客户端硬盘（尽管服务端建立了 JSESSIONID 等会话信息）；

（4）客户端浏览器禁用 Cookie 后，为了使用 session，通常的解决办法是在请求的 URL

后添加 jsessionid=JSESSIONID 值或者作为表单的隐藏域提交。

建立一个 Cookie 信息，需要使用 Cookie 类的构造方法，其用法格式如下：

```
Cookie 名= Cookie("属性名",属性值);
```

为了将某个 Cookie 信息发送至客户端，还需要使用 response. addCookie()方法。

获取存放在客户端硬盘里的 Cookie 名称信息，其用法格式如下：

```
Cookie[] 存放的属性数组名=request.getCookies();
```

在 JSP 中，通过 getValue()方法可以获取属性值。使用 setMaxAge(int expiry)方法来设置 Cookie 的保存时间，其中参数 expiry 应是一个整数。expiry 为正值，表示 Cookie 将在多少秒以后失效；为负值，表示当浏览器关闭时，该 Cookie 将会被删除。

Cookie 类提供的主要方法，如表 2.2.5 所示。

表 2.2.5　Cookie 类提供的主要方法

方 法 名	功 能 描 述
Cookie(String name,String value)	构造方法，实例化对象
Cookie[] getCookies()	获取客户端设置的全部 Cookie
getName()	获得 Cookie 的属性名
getValue()	获得 Cookie 的属性值
setMaxAge(int)	设置 Cookie 的保存时间，单位为秒

【例 2.2.4】Cookie 信息的建立与使用。

读取所有 Cookie 信息页面 example2_2_4r.jsp 的源代码如下：

```
<%@ page language="java" import="java.util.*" pageEncoding="utf-8"%>
<title>Cookie 信息处理.读</title>
<%
    Cookie[]c=request.getCookies();    //读取 Cookie 对象数组
    if(c!=null){
        out.write("目前，本机可用的 Cookie 信息如下：<hr/>");
        for(int i=0;i<c.length;i++)
            out.println(c[i].getName()+"---"+c[i].getValue()+"<br/>");
        }
    else
        out.write("本机目前没有可以使用的 Cookie 信息！");
%>
```

注意：首次访问本页面，没有任何 Cookie 信息，以后访问则会读取到 Web 服务器自动为来访者创建的会话标识。

建立两条 Cookie 信息页面 example2_2_4w.jsp 的源代码如下：

```
<%@ page language="java" import="java.util.*" pageEncoding="utf-8"%>
<title>Cookie 信息处理.写</title>
<%
    Cookie myCookie1=new Cookie("xm","wzx"); //创建对象
```

```
        Cookie myCookie2=new Cookie("pwd","abc123");
        myCookie1.setMaxAge(5); //设置保存时间（有效期）为 5 秒
        myCookie2.setMaxAge(15); //设置保存时间（有效期）为 15 秒
        response.addCookie(myCookie1); //写入客户端硬盘
        response.addCookie(myCookie2);
        out.write("已经成功建立了两个自定义的 Cookie 信息!");   //假定 Cookie 未禁用
        //即使浏览器禁用了 Cookie，服务端 JSESSIONID 总是会生成的
        out.write("Web 服务器为来访者创建的 JSESSIONID"+session.getId());
%>
<a href="example2_2_4r.jsp">重新获取 Cookie 信息</a>
```

先浏览页面 example2_2_4w.jsp，在 5 秒内再浏览 example2_2_4r.jsp 时的页面效果，如图 2.2.6 所示。

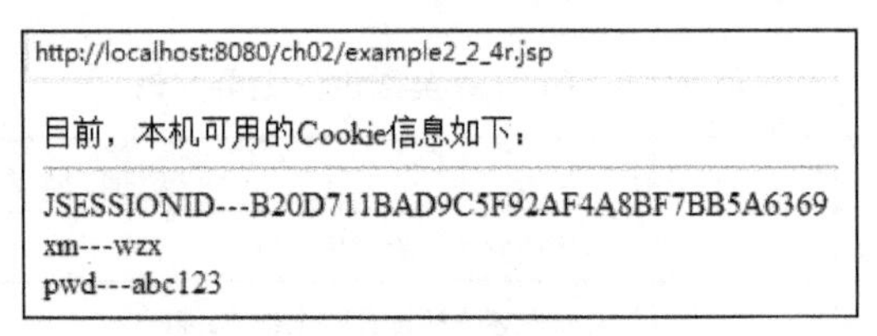

图 2.2.6　Cookie 信息的建立与使用

注意：

（1）在会话期间内，会话标识 JSESSIONID 是相同的；

（2）在 5 秒或 15 秒后访问页面 example2_2_4r.jsp，出现的 Cookie 信息条数不等。

2.3　表达式语言 EL 与 JSP 标准标签库 JSTL

传统的 JSP 网站开发时，使用 Java 命令从域对象读取数据并进行类型转换，然后再将结果数据写入响应体，这种开发方式的效率是低下的。表达式 EL 和 JSTL 标签库是用于提高 JSP 开发效率的两个 Java 工具包。

2.3.1　表达式语言 EL

表达式语言（Expression Language，EL）是一种简单易用的语言，并可以简化对 JSP 内置对象（pageContext、session 和 request 等）和 JavaBean 组件的访问。

在 Eclipse 中，展开 Tomcat 库，可以看到包含一个 el-api.jar 文件，它提供了对 EL 表达式的支持。因此，使用 EL 表达式时，无须引入额外的.jar 包。

使用 EL 表达式时，会从指定域对象读取关键字对应的内容，并写入响应体，其用法格式如下：

```
${域对象别名.关键字}
```

注意：

（1）使用 EL 表达式时，若多个域对象有相同的关键字，则不应省略域对象别名（以避免逻辑错误）；

（2）如果关键字对应的值是引用（对象）类型，则 EL 表达式是关于对象属性的访问。当使用自定义的实体类时，需要定义实体类属性的 getter/setter 方法。

JSP 内置对象与对应的域对象别名，如表 2.3.1 所示。

表 2.3.1　JSP 内置对象与对应的域对象别名

JSP 内置对象名	EL 域对象别名	备　注
application	applicationScope	装载了 application 对象中的所有数据
session	sessionScope	装载了 session 对象中的所有数据
request	requestScope	装载了 request 对象中的所有数据
pageContext	pageScope	装载了 pageContext 对象中的所有数据

EL 表达式里省略域对象别名时，将依次在四个域里查找数据。如${a}表示：

- 在${pageScope.a}中查找，如果找到就返回；
- 在${requestScope.a}中查找，如果找到就返回；
- 在${sessionScope.a}中查找，如果找到就返回；
- 在${applicationScope}中查找，如果找到就返回，找不到就返回 null（空值）。

例如，在 JSP 页面中输出 session.getAttribute("un")时，可以使用与之等效的 EL，其表达式如下：

```
${sessionScope.un} 或 ${un}
```

又如，与 request.getAttribute("pwd")等效的 EL 表达式是：

```
${requestScope.pwd} 或 ${pwd}
```

注意：

（1）EL 域对象均为 Map<String, Object>类型；

（2）如果 JSP 页面的 EL 表达式不能被正确解析，则需要在页面指令<@page…%>里添加属性 isELIgnored="false"。

2.3.2　JSP 标准标签库 JSTL

JSTL（JSP Standarded Tag Library，JSP 标准标签类库）是由 JCP（Java Community Process）所制定的标准规范，它主要提供给 Java Web 开发人员一个标准通用的标签类库，并由 Apache 的 Jakarta 小组来维护。

Web 程序员能够利用 JSTL 和 EL 来开发页面，取代传统直接在页面上嵌入 Java 程序的做法，以提高程序的阅读性、维护性和方便性。

使用 JSTL 标签前，需要对项目引入 JSTL jar 包，其 pom 坐标如下：

```
<dependency>
    <groupId>javax.servlet</groupId>
    <artifactId>jstl</artifactId>
    <version>1.2</version>
</dependency>
```

在 JSP 页面里使用 JSTL 标签时，必须在 JSP 页面开头加入的标签指令代码如下：

```
<%@taglib prefix="c" uri="http://java.sun.com/jsp/jstl/core" %>
```

1．设置变量值标签<c:set>

标签<c:set>用于设置变量值和对象属性，其基本用法格式如下：

```
<c:set var="变量名" value="表达式"/>
```

2．显示表达式值标签<c:out>

标签<c:out>用来显示一个表达式的结果，其基本用法格式如下：

```
<c:out value="表达式" />
```

注意：设置标签<c:out >与表达式<%=exp %>的功能类似，但前者可以直接通过操作符"."来访问对象属性。

同时使用标签<c: set >和<c:out>的示例代码如下：

```
<%@page pageEncoding="utf-8" contentType="text/html; charset=utf-8"%>
<%@taglib prefix="c" uri="http://java.sun.com/jsp/jstl/core" %>
<title>测试 JSTL 标签</title>
<c:set var="salary" value="${2000*2+800}"/>
<c:out value="李明的基本工资是：${salary}"/>
```

3．条件标签<c:if>

标签<c:if>用来显示一个表达式的结果，其基本用法格式如下：

```
<c:if   test="测试条件">
    标签体
</c:if>
```

使用条件标签的示例代码如下：

```
<c:if test="${username==null}">
      <font color="red">尚未登录！</font>
</c:if>
<c:if test="${sessionScope.username!=null}">
      欢迎您：<font color="green">${username}</font>
</c:if>
```

4．循环标签<c:forEach>

标签<c:forEach>常用于访问 Java 集合对象（如 List 类型）里的各个元素，常用格式如下：

```
<c:forEach   items="${集合名}"   var="变量名">
    使用集合元素的代码
</c:forEach>
```

使用循环标签的一个示例代码如下：

```
<div class="left">
      <div class="bt">技术文档</div>
      <ul>
            <!-- 新闻列表 ，静态 HTML 代码与动态代码混合编程-->
            <c:forEach items="${newsList}" var="row">
```

```
                <li><a href="${row.contentPage }" target="iframeName">${row.contentTitle }</a></li>
            </c:forEach>
        </ul>
    </div>
</div>
```

注意： 多数 JSTL 标签需要与 EL 表达式配合使用。

2.4　使用 JSP 技术实现的会员管理项目 MemMana1

2.4.1　项目总体设计及功能

使用 JSP 技术完成的会员管理项目 MemMana1，在用户 zhangsan 登录成功后的效果，如图 2.4.1 所示。

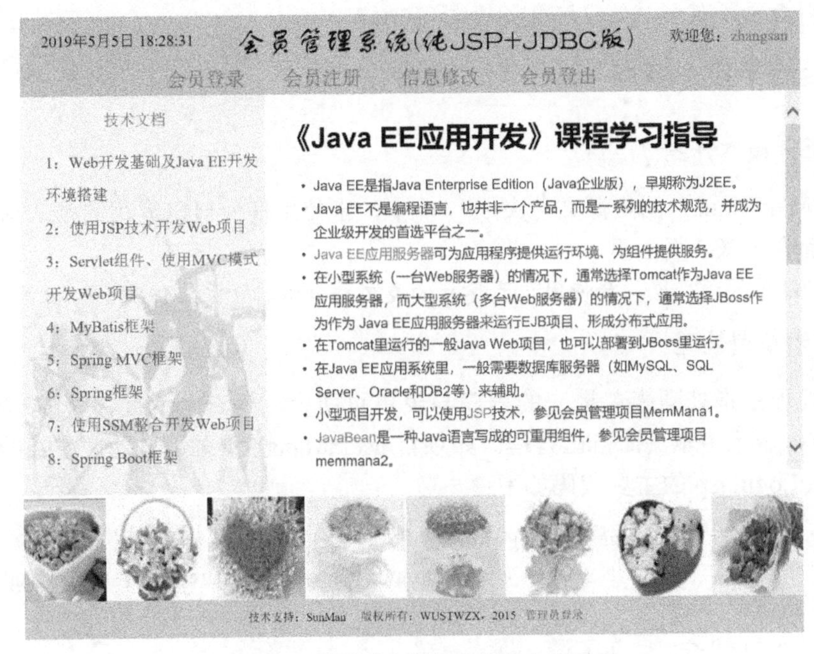

图 2.4.1　使用页内框架布局的主页效果

使用 Maven 创建的会员管理项目 MemMana1 的文件系统，如图 2.4.2 所示。

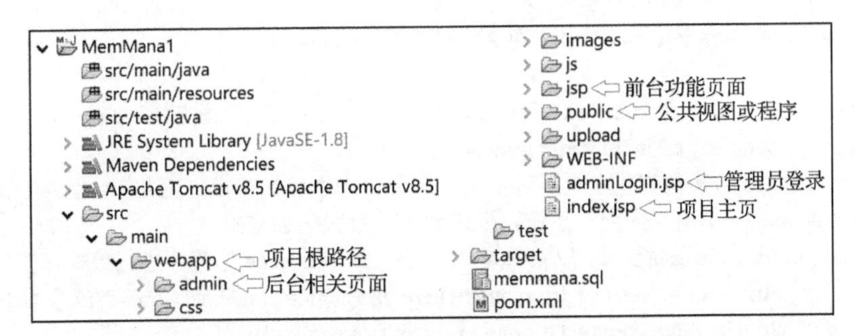

图 2.4.2　项目 MemMana1 的文件系统

页面头部公共视图 header.jsp 供每个功能页面调用，共包含 2 行。其中，第 1 行分为 3 个并排的 Div，第 2 行是并排 UL 列表项完成的水平导航菜单。

页面底部公共视图有 2 个，它们分别是用于产生滚动对象的 scrollingphos.jsp 和版权等信息的 footer.jsp。

含有数据库访问的 JSP 页面里，都包含公共文件 conn.jsp。该文件是用来连接 MySQL 数据库的辅助文件（因为它只能被其他页面包含，而不能单独访问），其代码如下：

```
<%@page import="java.sql.DriverManager,java.sql.Connection"%>
<%
    Class.forName("com.mysql.jdbc.Driver");  //加载驱动
    String url="jdbc:mysql://localhost:3306/memmana?useUnicode=true&characterEncoding=utf-8";
    Connection conn=DriverManager.getConnection(url,"root","root");
%>
```

项目 MemMana1 的前台主要有会员注册、会员信息修改、登录与登出等功能，管理员登录后可以使用查看所有会员信息和删除会员等功能。

2.4.2 项目若干技术要点

1. 纯 JSP 技术开发

在项目 MemMana1 的资源文件夹 src 中，未使用任何自己编写的类，这是因为业务逻辑及显示都含于 JSP 页面里。

注意： 在以后的项目里，会使用自己建立的类文件，这时资源文件夹 src 中不再是空的。

2. 使用表单自处理

表单自处理是指处理表单提交的程序与表单页面合二为一，为此，标签<form>的属性 action 不指定，表示由本页面自己处理。如项目 MemMana1 里采用自处理方式的用户登录，其对应文件 mLogin.jsp 的主要代码如下：

```
<%@page language="java" pageEncoding="utf-8"
                                import="java.sql.PreparedStatement,java.sql.ResultSet"%>
<title>会员登录</title>
<form method="post">
    会员名称：<input type="text" name="username">*<br/>
    会员密码：<input type="password" name="password"><br/>
    <input type="submit" value="登录"/>        </form>
<%@include file="conn.jsp"%>   <!-- 得到连接对象 conn -->
<%
    String un = request.getParameter("username"); //JSP 内置对象的方法获取表单元素
    String pw = request.getParameter("password");
    //out.print(un);  //初次加载本页面时，由于服务器脚本优先执行，因此 un 为 null 值
    if (null != un) { //单击“提交”按钮，但未输入的字段值为空串
        if (un.trim().length() > 0) { //必须输入表单元素 username 的值才进行数据库查询
            String sql = "select * from user where username=? and password=?"; //参数式查询
            PreparedStatement pst = conn.prepareStatement(sql);
            pst.setString(1, un); //1---参数 1
```

```
                pst.setString(2, pw); //2---参数 2
                ResultSet rs = pst.executeQuery(); //预编译，带缓冲的选择查询
                if (rs.next()) { //正确
                    session.setAttribute("username", rs.getString(1)); //会话跟踪
                    response.sendRedirect(request.getContextPath()+"/index.jsp");
                } else {
                    //下面使用 js 实现的跳转，在弹窗时不会清屏
                    //使用 response.sendredirect() 实现的是立即跳转
                    //使用 Ajax 技术处理表单时也不会清屏
                    out.print("<script>alert('用户名或密码错误!')</script>");
                }
            } else {
                out.print("<script>alert('用户名不能为空!')</script>");//可继续输入登录信息
            }
        }//初次加载本页面时，不会执行任何数据库操作
%>
```

注意：

（1）表单处理程序的代码应出现在表单标签<form>之后；

（2）初次加载本页面时，因为 request.getParameter("username")为 null，所以表单自处理程序需要有空值判断；

（3）当用户名或密码输入有错误时，先使用浏览器顶级对象 Window 的 alert()方法出现消息框，单击“确定”按钮后消息框消失，再通过浏览器二级对象 location 实现客户端跳转。如果不使用 JS 实现跳转，而使用 response.sendRedirect()，则用户无法感受有消息框的效果（因为后者是服务器端进行的立即跳转）。

3．用户注册页面使用客户端 JS 验证

项目 MemMana1 里的会员注册页面，对表单提交元素值的有效性，使用了 JS 脚本验证，对应文件 mRegister.jsp 的主体部分主要代码如下：

```
<form name="registerForm" method="post" onsubmit="return check()">
    会员名称：<input type="text" name="username">*<br/>
    会员真名：<input type="text" name="realname"><br/>
    会员密码：<input type="password" name="password"><br/>
    电话号码：<input type="text" name="mobile"><br/>
    年  龄：<input type="text" name="age">*<br/>
    <input type="submit" value="注册"/></form>
<script>
        function check(){  //自定义验证方法
            if(registerForm.username.value==""){
                alert("用户名必须输入！");
                registerForm.username.focus(); //获得焦点
                return false;  //当前端检验出错误时不会提交至服务器
            }
            if(registerForm.age.value==""){
                alert("年龄必须输入！");
```

```
                registerForm.age.focus(); //获得焦点
                return false;
            }
            return true;
        }
</script>
<%
    request.setCharacterEncoding("utf-8");   //避免写入数据库时出现中文乱码
    String un=request.getParameter("username");
    String pw=request.getParameter("password");
    String rn=request.getParameter("realname");
    String tel=request.getParameter("mobile");
    if(null != un){    //处理空值 null
        int age =Integer.valueOf(request.getParameter("age"));
        String sql;
        PreparedStatement pst;
        sql="select * from user where username=?";
        pst = conn.prepareStatement(sql);
        pst.setString(1,un);
        ResultSet rs = pst.executeQuery();
        if(rs.next()){
            out.print("<script>alert('该用户名已经注册!');location.href='index.jsp'</script>");
        }else{
        //写入数据库 user 表
            sql="insert into user (username,password,realname,mobile,age) values(?,?,?,?,?)";
            pst = conn.prepareStatement(sql);
            pst.setString(1,un);
            pst.setString(2,pw);
            pst.setString(3,rn);
            pst.setString(4,tel);
            pst.setInt(5,age);
            pst.executeUpdate();   //参数式操作查询
            out.print("<script>alert('注册成功!');location.href='index.jsp'</script>");
        }
    }
%>
```

注意：

（1）表单前端验证，需要在表单标签<form>里定义 onSubmit 事件，其值为 JS 脚本里定义某个方法的返回值，且是逻辑型的；

（2）因为要在 JS 脚本里访问表单元素，所以，定义表单时需要指定 name 属性值；

（3）当 JS 脚本检验输入的数据有误时，为了不被提交至服务器，通常是先在方法里输出相应的错误，然后通过语句 return false 实现将输入焦点停留在相应的字段上。

4．对超链接定义 onClick 事件，实现会员删除前的客户端确认

在会员删除页面 WEB-INF/admin/memDelete.jsp 中，删除所选会员前的确认，是对<a>

标签定义的 onClick 事件，其代码如下：

```
<a href="memDelete.jsp?un=<%=rs.getString("username")%>"
                    onClick="return window.confirm('Are you sure?')">删除</a>
```

注意：

（1）onClick 和 onSubmit 都是用来执行客户端脚本的；

（2）JS 脚本定义的方法用来响应客户端事件。

2.4.3　Web 项目中 JSP 页面的动态调试方法

因为 Web 项目中 JSP 页面里的程序是用 Java 语言编写的，因此，动态调试 JSP 程序的方式与 Java 程序类似。只是调试前，先要在 Eclipse 控制台选择 Tomcat 后，单击爬虫工具按钮来启动 Tomcat。

以调试模式启动 Tomcat 后，浏览 Web 项目时，将会自动定位于首个断点。此时，调试者通过按 F6 键或 F8 键可以动态查看内存里变量或对象的属性值。

注意：

（1）按快捷键 Ctrl+F2 停止 Tomcat 服务器后，需要在工具栏中单击“视图选择”按钮，才能从调试视图返回到正常视图；

（2）调试 JSP 程序，必须用调试模式来启动 Tomcat;

编者在调试项目 MemMana2 的更新页面 mUpdate.jsp（程序）时的界面，如图 2.4.3 所示。

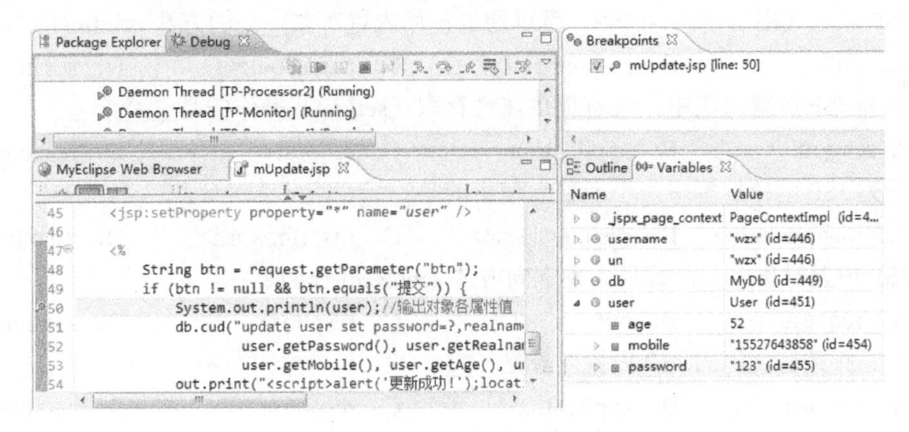

图 2.4.3　对 Tomcat 使用调试模式来运行会员更新页面 mUpdate.jsp

习题 2

一、判断题

1．JSP 页面不能包含 HTML 标签和 JavaScript 脚本。
2．request.getParameter()能获取表单提交元素值或超链接请求时传递的参数。
3．动作标签<jsp:include>和<jsp:forward>都可以向另一个页面传递参数。
4．使用动作标签<jsp:forward>会产生新的请求对象。
5．EL 表达式简化了对 JSP 内置对象属性的访问。
6．获取对象 request 或 session 的属性值时，必须强制转换类型。
7．JSP 页面调试，必须有 Web 服务器环境。
8．Cookie 信息与 session 信息一样，保存在服务器端且在访问结束后立即消失。

二、选择题

1．page 指令的____属性用于引入需要的包或类。
A．extends　　B．import　　C．isErrorPage　　D．language
2．在 Eclipse-jee 里编辑.jsp 文件时，默认使用的编辑器类型是____。
A．JSP Editor　　B．Text Editor　　C．System Editor　　D. Web Page Editor
3．JSP 表达式用法<%=exp%>，可以通过使用内置对象____的方法 println()实现。
A．out　　B．response　　C．pageContext　　D．session
4．下列 JSP 内置对象中，没有提供属性存取（set/get）操作的是____。
A. session　　B．application　　C．request　　D．response
5．下列 JSP 动作标签中，不能独立使用的是____。
A．<jsp:include>　　B．<jsp:useBean>　　C．<jsp:forward>　　D．<jsp:param>
6．JSP 内置对象____，提供了重定向方法 sendRedirect()。
A．request　　B．out　　C．response　　D．session
7．会话跟踪所使用的 JSP 内置对象是____。
A．request　　B．application　　C．response　　D．session
8．下列关于 JSP 转发与重定向的说法中，不正确的是____。
A．重定向使用 response.sendRedirect()实现
B．转发由动作标签<jsp:forward>实现
C．重定向和转发时，浏览器地址栏的内容会相应地变化
D．转发时不会产生新的请求对象，而重定向会产生新的请求对象

三、填空题

1．在 Eclipse 中设计 JSP 页面时，按快捷键 Ctrl+____可以获得代码的联机提示功能。
2．JSP 文件包含指令标签必须使用的属性是____。
3．JSP 程序在服务器端最终被转译成一个____程序。

4．若表单提交的数据中含有中文，则在接收之前，应使用 JSP 内置对象____的方法 setChraracterEncoding()设置字符编码，以避免显示或写入数据库时出现中文乱码。

5．在 JSP 页面里，与表达式<%=(String)session.getAttribute("username") %>等效的 EL 表达式为____。

6．获取 Cookie 信息是通过使用 JSP 内置对象____的方法 getCookies()实现的。

7．将 Cookie 信息写入客户端是通过使用 JSP 内置对象____的相关方法实现的。

实验 2　使用 JSP 技术开发项目

一、实验目的

1．掌握 JSP 页面的一般结构。
2．掌握 JSP 内置对象 request 和 response 的使用方法。
3．掌握 JSP 内置对象 application、session 与 Cookie 的使用特点。
4．掌握 EL 表达式和 JSTL 标签的使用方法。
5．掌握项目 MemMana 里 HTML 标签和 CSS+Div 布局的使用。
6．掌握项目 MemMana1 里使用 JS 脚本进行表单验证的用法。
7．掌握项目 MemMana1 里使用 jQuery 脚本实现后台管理菜单折叠式效果的用法。
8．掌握 JSP 页面的动态调试方法。

二、实验内容及步骤

【预备】访问本课程上机实验网站 http://www.wustwzx.com/javaee/index.html，分别下载本章实验内容的基础案例与项目源代码（含素材）并解压，得到文件夹 ch02 和 MemMana1。

1．运行小案例，掌握 JSP 基础知识

（1）在 Eclipse 中导入 Web 项目 ch02。

（2）查看 example2_1_1.jsp 里 JSP 动作标签<jsp:forward>与 Java 代码混合编写的方法。

（3）查看 example2_1_1.jsp 条件转发的页面后，运行测试，观察页面内容、地址栏内容是否有变化，体会转发标签的使用特点。

（4）查看页面 example2_2_2.jsp 及 example2_1_2.jsp，总结 JSP 动作标签<jsp:include>的使用方法。

（5）查看页面 example2_2_1.jsp 及 example2_2_1a.jsp，总结 JSP 处理含复选表单的方法。

（6）查看页面 example2_2_2.jsp 及其相关页面，总结 JSP 内置对象 session 处理用户登录与注销的方法。

（7）打开统计访问次数的页面 example2_2_3.jsp，查看其中使用 session 及 application 的代码后，在 Eclipse 中进行浏览测试。复制访问地址后，新打开另一个不同内核的浏览器对其进行访问，并观察页面访问次数的变化。

（8）查看页面 example2_2_4r.jsp 和 example2_2_4w.jsp，分别做启用 Cookie 和禁用 Cookie 的浏览测试，总结使用 Cookie 的方法，建立 Cookie 与 session 之间的关联关系。

（9）查看页面 testEL+JSTL.jsp 里 EL 表达式和 JSTL 标签的使用。

2．导入项目 MemMana1 后进行项目结构分析和运行测试

（1）在 Eclipse 中，导入项目 MemMana1。

（2）使用文本编辑软件，打开项目 MemMana1 里的 SQL 脚本文件，查看相关命令。

（3）在 SQLyog 里执行项目的 SQL 脚本文件，查验自动创建的数据库 memmana1。

（4）打开会员登录页面 mLogin.jsp，查看自处理表单的实现逻辑。

（5）查看在注册页面 mRegister.jsp 中对表单提交数据，进行客户端验证的实现方法。

（6）结合会员注册页面 mRegister.jsp 进行中文乱码试验。

（7）查看会员删除页面 WEB-INF/admin/memDelete.jsp 里，删除指定会员的实现及删除操作客户端确认的方法。

（8）查看后台管理菜单页面（位于 WebRoot/admin 文件夹）中使用 jQuery 实现折叠式菜单效果的方法。

（9）用户信息修改页面 mUpdate.jsp 的业务逻辑相对复杂些，研读其代码。

3. 动态调试 JSP 页面

（1）在 Eclipse 中，打开项目 ch02 里的 index.jsp 页面。

（2）在 Java 代码 String basePath 左边的灰色带区双击，产生一个断点。

（3）选择 Server 选项的 Tomcat 后，单击相关工具按钮，以调试模式启动 Tomcat。

（4）浏览项目 ch02 后会在断点处停下，边查看页面效果、变量值，边按 F6 键（或 F8 键）。

（5）按快捷键 Ctrl+F2 停止调试，然后切换至通常的 Eclipse 编辑状态。

三、实验小结及思考

（由学生填写，重点填写上机实验中遇到的问题。）

第 3 章 使用 Servlet 开发 Web 项目

使用纯 JSP 技术开发的 JSP 页面，其显示与业务逻辑混合在一起，不利于维护。使用 JavaBean 和 MVC 模式（Model-View-Controller，模型-视图-控制器），可使项目层次分明，特别是使用 MVC 模式，能方便地维护系统。使用 MVC 模式开发，需要掌握 JavaBean 和 Servlet 的操作方法。本章学习要点如下：

- 掌握 MV 开发模式与纯 JSP 开发模式的不同点；
- 掌握使用 JavaBean 自动接收表单提交数据的功能；
- 掌握使用 MVC 模式开发时，Servlet 接收表单提交数据和转发数据的方法；
- 掌握使用 MVC 模式开发时，转发与转向的用法区别；
- 了解 Servlet 文件上传的特点；
- 了解 Servlet 监听器的功能及使用；
- 了解 Servlet 过滤器的功能及使用。

3.1 JavaBean 与 MV 开发模式

3.1.1 JavaBean 规范与定义

先分析一个使用纯 JSP 技术编写的页面，其主体部分的代码如下：

```
<body>
    <%! class GirlFriend {
        String xm;
        int age;
        GirlFriend (String xm, int a) {
            This.xm=xm; this.age=a;
        }
        String getXm() {
            return Xm;
        }
    }
  %>
    <% GirlFriend a=new GirlFriend ("小章",28);%>
    女朋友的姓名：<%=a.getXm() %>
</body>
```

对于上面的页面，其业务逻辑和表示层混合在一起，导致可读性差、不易维护、可移植性和重用性差。

JavaBean 是一些可移植、可重用的 Java 实体类，它们可以组装到应用程序中。

JavaBean 和使用 class 定义的一般类有所区别，其定义如下：

- JavaBean（类）需打包存放，并声明为 public 类型；
- 类的访问属性声明为 private 类型；
- 具有无参数、public 类型的构造方法；
- 如果属性（成员变量）的名字是 xxxx，则相应地有用来设置属性和获得属性的两个方法。一个 JavaBean 通常包含若干属性，包含一个属性 xxxx 的 JavaBean 定义如下：

```
package packageName;
public class className{
    private dataType xxxx;
    public void setXxxx(dataType data) {
            this.xxxx=data;
    }
    public dataType getXxxx(){
          return xxxx;
    }
}
```

注意：

（1）set 和 get 后面的第一个字母一般要大写；

（2）设计 JavaBean 主要是写属性的 get/set 方法。在 Eclipse 中，快速编辑 JavaBean 的方法（见表 1.3.1）；

（3）实体类的 toString()方法不是必需的，它通常供调试程序输出对象时使用，如 System.out.println(user)将输出对象 user 的所有属性，就是调用实体类 User 的 toString()方法。

3.1.2　与 JavaBean 相关的 JSP 动作标签

在纯 JSP 中接收表单数据使用 request.getParameter()方式。显然，如果表单元素的个数较多，则在表单处理代码里会出现很多 request.getParameter()语句。

使用 JSP 提供的 JavaBean 动作标签，能实现 JavaBean 对象属性与表单元素属性的关联，即模型对象自动接收表单提交的数据。

在 JSP 页面中，使用动作标签<jsp:useBean>可以定义一个具有一定保存范围、拥有唯一 ID 的 JavaBean 实例。<jsp:useBean>的语法格式如下：

```
<jsp:useBean id="实例名" scope="保存范围" class="包名.类名">
```

其中，表示保存范围的 scope 属性值共有四种，如表 3.1.1 所示。

表 3.1.1　useBean 动作的范围选项（从小到大）

方 法 名	功 能 描 述
page	实例对象只能在当前页面中使用，加载新页面时销毁，为默认值
request	在任何执行相同请求的 JSP 文件中都可以使用指定的 JavaBean，直到页面执行完毕向客户端发出响应或者转到另一个页面为止

续表

方 法 名	功 能 描 述
session	从创建指定 JavaBean 开始，能在任何使用相同 session 的 JSP 文件中使用 JavaBean，该 JavaBean 存在于整个 session 生命周期中
application	从创建指定 JavaBean 开始，能在任何使用相同 application 的 JSP 文件中使用指定的 JavaBean，该 JavaBean 存在于整个 application 生命周期中，直到服务器重新启动

注意：会员管理项目 MemMana2 里的会员登录、注册和修改页面，都使用了 JavaBean。

3.1.3 MV 开发模式

JSP+JavaBean 是一种常用的 Web 开发模式，称为 Model1 或 MV 模式。JavaBean 可以较好地实现后台业务逻辑和前台表示逻辑的分离，使得 JSP 程序易于阅读和维护。

JSP 页面可以通过某种方式调用 JavaBean，接收到客户端提交的请求后，调用 JavaBean 组件进行数据处理。如果数据处理中含有数据库操作，则需要使用 JDBC 操作。当数据返回给 JSP 时，JSP 组织响应数据，返回给客户端。

在 Eclipse 中使用 Maven 创建、基于 MV 模式开发的 Web 项目文件系统结构，如图 3.1.1 所示。

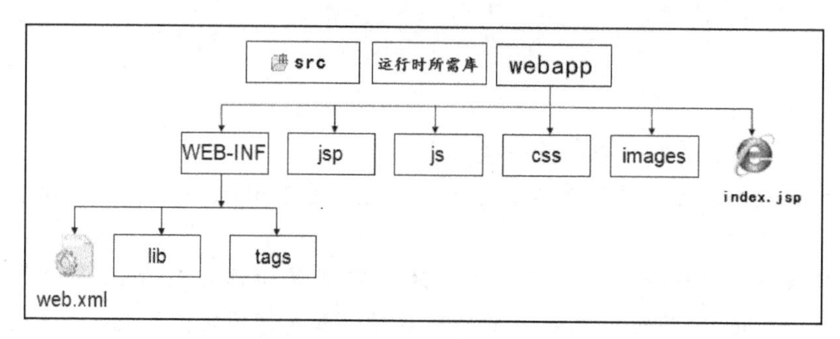

图 3.1.1 在 Eclipse 中使用 MV 模式开发的 Web 项目文件系统

注意：

（1）JSP 文件存放在项目的根目录里，与 JavaBean 组件的类文件相分离；

（2）MV 开发模式是一种过渡模式，因为此时 JSP 页面里还可能存在 Java 脚本程序。MVC 开发模式才是真正常用的。

在 Eclipse 中使用 MV 模式开发的 Web 项目，部署到 Web 服务器后的文件系统结构，如图 3.1.2 所示。

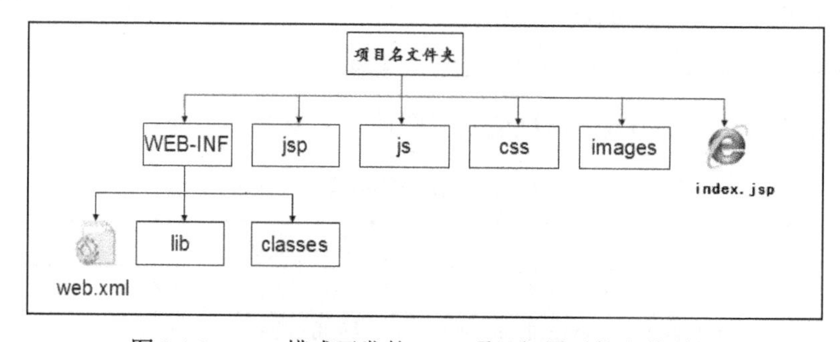

图 3.1.2 MV 模式开发的 Web 项目部署后的文件系统

注意：

（1）比较项目部署前后的文件系统可知，资源文件里 src 的 Java 程序编译后，将被存放到文件夹 classes 中；

（2）文件夹 lib 存放 jar 包文件，而文件夹 classes 存放用户开发的源程序对应的 CLASS 文件。

【例 3.1.1】使用 JavaBean 封装数据和业务逻辑，输入三条边，判断是否构成三角形。若构成三角形，则输出三角形的面积。

在 Eclipse 中，选择 New→DynamicWeb Project，创建项目 Example3_1_1 的文件系统，如图 3.1.3 所示。

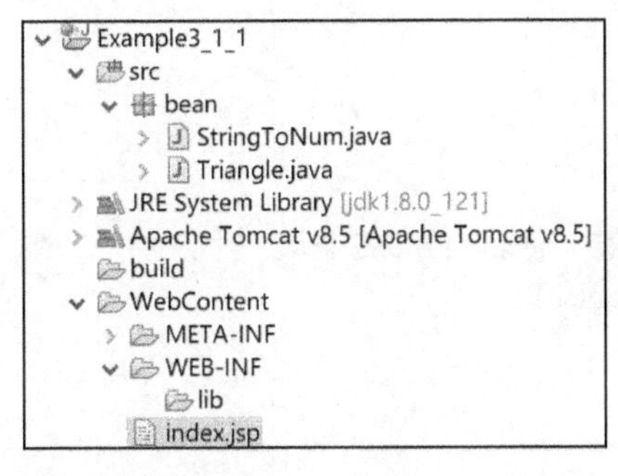

图 3.1.3　项目 Example3_1_1 文件系统

项目 Example3_1_1 的运行效果，如图 3.1.4 所示。

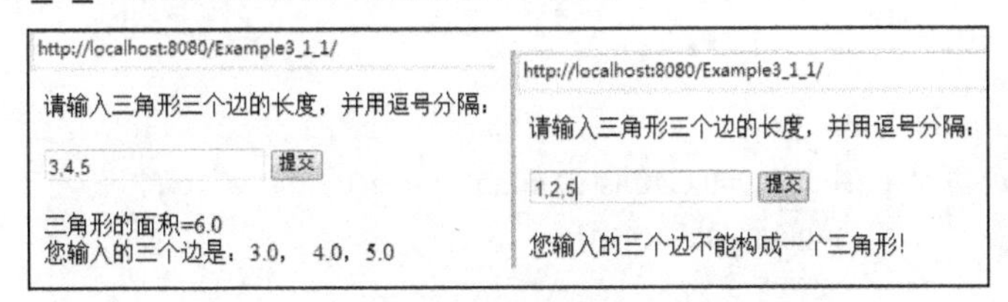

图 3.1.4　项目 Example3_1_1 运行效果

bean/StringToNum.java 是一个 JavaBean，它封装了三角形的三条边，且从一个字符串中分离出三条边；bean/Triangle.java 也是一个 JavaBean，它封装了三角形的三条边，且判断构成三角形的方法和面积计算的方法。

实体类文件 StringTonNm.java 的代码如下：

```
package bean;
public class StringToNum {
    private double num1;
    private double num2;
    private double num3;
    public StringToNum () {
        // 无参构造函数
    }
    public double getNum1() {
        return num1;
    }
    public double getNum2() {
```

```
            return num2;
        }
        public double getNum3() {
            return num3;
        }
        public void setNum1(double n) {
            num1 = n;
        }
        public void setNum2(double n) {
            num1 = n;
        }
        public void setNum3(double n) {
            num1 = n;
        }
        public boolean strToNum(String str) { //取三条边
            double a[] = new double[3];
            int i;
            if (str == null)
                return false;
            String substr = ",";
            String[] as = str.split(substr); // 字符串分割
            if (as.length != 3) {
                return false;
            } else {
                for (i = 0; i < 3; i++) {
                    // a[i]=Double.valueOf(as[i]).doubleValue();
                    a[i] = Double.valueOf(as[i]);
                }
            }
            num1 = a[0];
            num2 = a[1];
            num3 = a[2];
            if (num1 < 0.0 || num2 < 0.0 || num3 < 0.0)
                return false;
            return true;
        }
    }
```

实体类文件 Triangle.java 的代码如下：

```
package bean;
public class Triangle { //定义 JavaBean
    private double edge1;
    private double edge2;
    private double edge3;
    public Triangle() {
        // 无参构造函数
    }
```

```
    public Triangle(double e1, double e2, double e3) {
        this.edge1 = e1;
        this.edge2 = e2;
        this.edge3 = e3;
    }
    public double getEdge1() {
        return edge1;
    }
    public double getEdge2() {
        return edge2;
    }
    public double getEdge3() {
        return edge3;
    }
    public void setEdge1(double edge) {
        this.edge1 = edge;
    }
    public void setEdge2(double edge) {
        this.edge2 = edge;
    }
    public void setEdge3(double edge) {
        this.edge3 = edge;
    }
    public boolean isTriangle() { // 是否构成三角形
        if (edge1 + edge2 > edge3 && edge1 + edge3 > edge2
                && edge3 + edge2 > edge1)
            return true;
        else
            return false;
    }
    public double calArea() { // 求三角形的面积
        double p = (edge1 + edge2 + edge3) / 2;
        return Math.sqrt(p * (p - edge1) * (p - edge2) * (p - edge3));
    }
}
```

index.jsp 中使用 JSP 动作标签<jsp:useBean>创建了上述两个 JavaBean 的实例，可根据表单提交值分别调用实例的相应方法。index.jsp 的详细代码如下：

```
<%@ page language="java" import="java.util.*" pageEncoding="utf-8"%>
<jsp:useBean id="angle" class="bean.StringToNum" scope="page"/>
<jsp:useBean id="tri" class="bean.Triangle" scope="page"/>
<html>
    <head>
        <title>使用 JavaBean 封装数据和业务逻辑，输出三角形的面积</title>
    </head>
<body>
请输入三角形三条边的长度，并用逗号分隔：<br>
```

```
<form  method=post>
        <input type="text" name="boy">
        <input type="submit" value="提交">
</form>
<%
    String str=request.getParameter("boy");
    if(!angle. strToNum (str)){
        out.println("请输入三个数");
        return;
    }
    tri.setEdge1(angle.getNum1());
    tri.setEdge2(angle.getNum2());
    tri.setEdge3(angle.getNum3());
    if(!tri.isTriangle()){
         out.println("您输入的三条边不能构成一个三角形！");
         return;
    }
    out.println("三角形的面积="+tri.calArea());
%>
    <br>您输入的三条边是：<% out.print(tri.getEdge1());%>，
    <%=tri.getEdge2()%>，<%=tri.getEdge3()%>
</body>
</html>
```

3.1.4 使用 MV 模式开发的会员管理系统 MemMana2

从纯 JSP 开发到 MV 模式开发，实现了业务逻辑代码与 V 层（JSP 页面）的部分分离。在纯 JSP 开发中，可以不编写类文件，但在 MV 模式开发中需要编写类文件。

JavaBean 是一些可移植、可重用并可以组装到应用程序中的 Java 实体类。

封装访问数据库的代码至类文件 MyDb.java 中，比 JSP 文件减少了代码冗余且具有很强的通用性。此外，连接数据库的相关信息存放在类文件里，其安全性更高且能一改全改。

使用 Maven 创建的基于 MV 模式开发的项目 MemMana2 文件系统如图 3.1.5 所示。

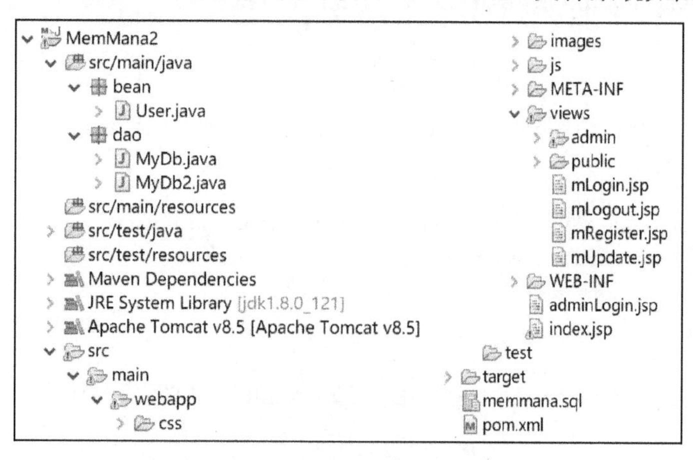

图 3.1.5　项目 MemMana2 文件系统

注意：

（1）bean/User.java 是实体类，而 dao/MyDb.java 是访问数据库的工具类。

（2）在项目 MemMana1 里，资源文件夹 src 是空的，即用户没有写任何类。

（3）为了允许用户注册时可以不输入字段 age 的值，在 User.java 中定义 age 为对象类型 Integer。

在会员登录页面 mLogin.jsp 中，实体类 bean/User 对象 user 只要建立与表单属性的关联，就能在表单提交时自动接收表单元素值，而不需要用方法 request.getParameter()，其页面主要代码如下：

```
<body>
    <form method="post">
        会员名称：<input type="text" name="username"><br />
        会员密码：<input    type="password" name="password"><br />
        <input type="submit" value="登录" />
    </form>
    <%
        request.setCharacterEncoding("utf-8");
    %>
    <jsp:useBean id="user" class="bean.User" />
    <jsp:setProperty property="*" name="user" />
    <%
        String un = user.getUsername();  //因为属性关联，所以能自动获取
        String pwd = user.getPassword();
        if (null != un && un.trim().length() > 0) {
            ResultSet rs = MyDb.getMyDb().query("select * from user
    where username=? and password=?", new Object[] { un, pwd });
            boolean isRight = rs.next();
            rs.close();
            if (isRight) {
                session.setAttribute("username", un);  //登录成功
                response.sendRedirect("index.jsp");
            } else {
                out.print("<script>alert('用户名或密码错误！');
    location.href='index.jsp'</script>");
            }
        }
    %>
</body>
```

注意：本项目里，实体类 User 的属性名称与表单元素名称一致，因此，只需要一条 jsp 动作标签<jsp:setProperty property="*" name="user"/>就可完成关联。否则，需要使用多条，且还要使用 param 属性。

使用 MV 模式开发的项目 MemMana2，其浏览效果如图 3.1.6 所示。

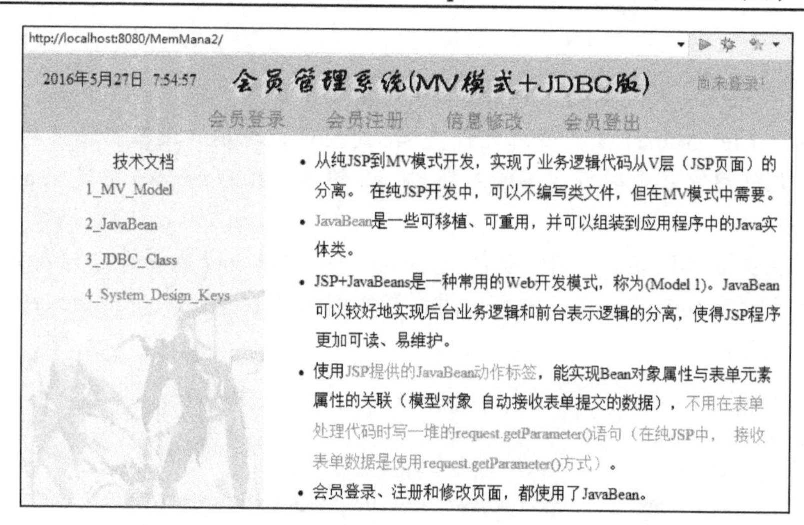

图 3.1.6　项目 MemMana2 浏览效果

3.2　Servlet 组件

3.2.1　Servlet 定义及其工作原理

前面介绍的 JavaBean 组件与纯 JSP 相比，能够分离业务逻辑，但是 JSP 页面仍然包含控制逻辑。MVC 模式能进一步从 V 层中分离出控制逻辑代码，形成 Servlet，这就是所谓的 Model 2 模式。

Servlet 是一种服务器端 Java 应用程序，能动态响应客户端请求，用以动态生成 Web 页面，从而扩展服务器的功能。Servlet 具有如下特点：

- 每个请求由一个轻量级的 Java 线程处理；
- Servlet 使用 Java 类编写，可以在不同的操作系统和不同的应用服务器中运行；
- 采用 Servlet 开发的 Web 应用程序，由于 Java 类的继承性及构造函数等特点，使其应用灵活，且可随意扩展；
- 可创建嵌入到现有 HTML 页面中的一部分 HTML 页；
- 可与其他服务器资源（包括数据库和 Java 程序）进行通信；
- 可处理多个客户机连接。

Servlet 容器必须把客户端请求和响应封装成 Servlet 请求对象和 Servlet 响应对象传给 Servlet。Servlet 使用 Servlet 请求对象获取客户端的信息，并执行特定业务逻辑；使用 Servlet 响应对象向客户端发送业务执行的结果。

在 Servlet API 中，Servlet 接口及请求/响应接口，如图 3.2.1 所示。

注意：

（1）Servlet 不是独立的应用程序，没有 main 方法；

（2）Servlet 是由 Servlet 容器（如 Tomcat）根据客户端请求来调用的；

（3）Servlet 容器可根据 Servlet 配置来查找或创建 Servlet 实例，并执行该 Servlet；

（4）Servlet 技术出现在 JSP 技术之前。

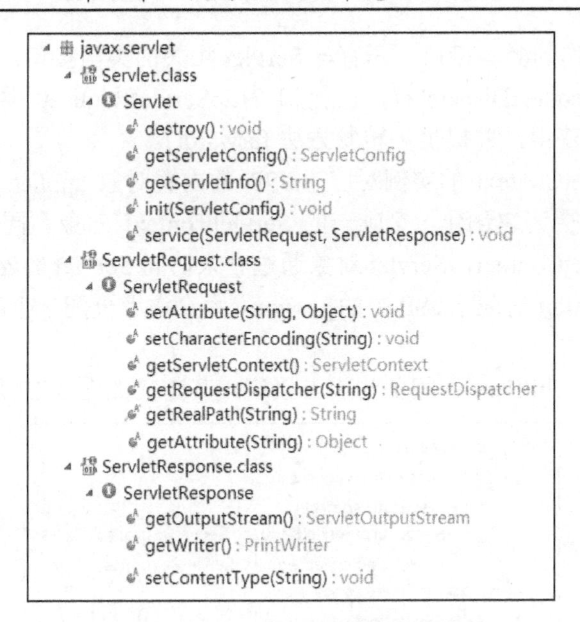

图 3.2.1　Servlet 接口及请求/响应接口

3.2.2　Servlet 协作与相关类（接口）

在 Servlet API 中，定义的 Servlet 相关类与接口如下：

- 抽象类 GenericServlet 是接口 Servlet 的实现类；
- 抽象类 HttpServlet 继承抽象类 GenericServlet；
- 接口 HttpServletRequest 继承接口 ServletRequest，接口 HttpServletResponse 继承接口 ServletResponse。

在 Servlet API 中，与 Servlet 协作的类与接口，其定义如图 3.2.2 所示。

图 3.2.2　与 Servlet 协作的类与接口

除了与 Servlet 协作的类与接口，还有与 Servlet 相关的类与接口。

请求转发接口 RequestDispatcher，由接口 HttpServletRequest 类型的请求对象的方法 getRequestDispatcher()获得，并提供了转发方法 forward()。

上下文接口 ServletContext 的实例对应于 JSP 的内置对象 application。Servlet 容器在启动一个 Web 应用时，会为它创建一个唯一的 ServletContext 对象。同一个 Web 应用的所有 Servlet 共享一个 ServletContext，Servlet 对象通过它来访问 Servlet 容器中的各种资源。

会话接口 HttpSession 对应于 JSP 中的 session，为来访者分配一个唯一标识，并存储在客户端的 Cookie 中。

在 Servlet API 中，与 Servlet 相关的类与接口，其定义如图 3.2.3 所示。

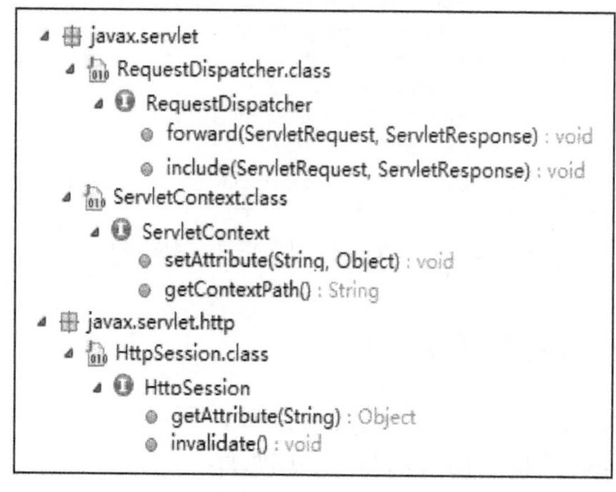

图 3.2.3　与 Servlet 相关的类与接口

3.2.3　基于 HTTP 请求的 Servlet 开发

开发 Web 项目时，基于 HTTP 请求的 Servlet 是使用最多的。在 javax.servlet.http 里，定义了 Servlet 接口的实现类 HttpServlet，它是一个抽象类（见图 3.2.2）。在 Eclipse 中创建一个继承 HttpServlet 的类 MyHttpServlet 的主要代码如下：

```
public class MyHttpServlet extends HttpServlet {
    public void doGet(HttpServletRequest request, HttpServletResponse response)
            throws ServletException, IOException {
        doPost(request, response);  //修改后，一般处理 Get 与 Post 请求的代码相同
    }
    public void doPost(HttpServletRequest request, HttpServletResponse response)
         throws ServletException, IOException {
        response.setContentType("text/html");
        PrintWriter out = response.getWriter();
        out.println("<!DOCTYPE>");
        out.println("<HTML>");
        out.println("<HEAD><TITLE>A Servlet</TITLE></HEAD>");
        out.println("<BODY>");
        out.print("This is ");
        out.print(this.getClass());
        out.println(", using the POST method");
```

```
            out.println("</BODY>");
            out.println("</HTML>");
            out.flush();
            out.close();
        }
}
```

显然，程序员可以在 doPost()方法里写自己的业务逻辑代码。

由于 Servlet 是 Java EE 的组件，因此，在 Eclipse 中创建它的子类时，会自动在 web.xml 文件里注册，其主要代码如下：

```
<servlet>
    <servlet-name>MyHttpServlet</servlet-name>
    <servlet-class>servlet.MyHttpServlet</servlet-class>
</servlet>
<servlet-mapping>
    <servlet-name>MyHttpServlet</servlet-name>
    <url-pattern>/servlet/MyHttpServlet</url-pattern>
</servlet-mapping>
```

其中，servlet.MyHttpServlet 中的 servlet 是类 MyHttpServlet 所在的包名。标签<url-pattern>用于配置该 Servlet 的访问路径及名称（可以与 Servlet 类名不相同）。如果配置为项目的根路径，则应去掉包名 servlet。

实际上，创建 Servlet 的方式不是唯一的。例如，可以通过选择 New→Class，并实现接口 javax.servlet.Servlet 的方式来创建 Servlet，如图 3.2.4 所示。

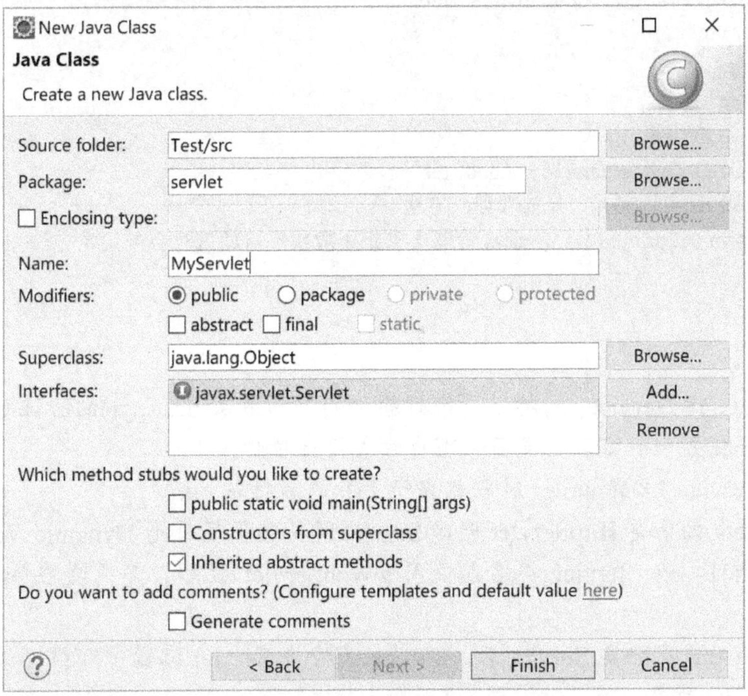

图 3.2.4　实现 Servlet 接口的对话框

使用实现接口 javax.servlet.Servlet 方式创建 Servlet 的代码如下：

```
public class MyServlet implements Servlet {
    @Override
    public void init(ServletConfig config) throws ServletException {
        // TODO Auto-generated method stub
        //初始化方法，只执行一次
        System.out.println("不会因为多次请求本 Servlet 而重复调用");
    }
    @Override
    public ServletConfig getServletConfig() {
        // TODO Auto-generated method stub
        return null;
    }
    @Override
    public void service(ServletRequest req, ServletResponse res)
            throws ServletException, IOException {
        // TODO Auto-generated method stub
        System.out.println("用于写业务逻辑，每当用户请求时调用本方法");
        res.setContentType("text/html;charset=utf-8");  //避免出现中文乱码
        PrintWriter writer = res.getWriter();
        writer.print("请观察 Tomcat 的控制台信息输出…");
    }
    @Override
    public String getServletInfo() {
        // TODO Auto-generated method stub
        return null;
    }
    @Override
    public void destroy() {
        // TODO Auto-generated method stub
        //销毁 Servlet 实例（释放内存）方法
        System.out.println("当 Tomcat 管理员重新加载或停止项目时会调用本方法");
    }
}
```

注意：

（1）方法 init()和 service()的特性是很好验证的，而方法 destroy()的验证则需要新开一个浏览器窗口，并在另一个窗口里使用管理员方式停止项目；

（2）方法 service()里的 writer 对象相当于 JSP 内置对象 out;

（3）使用继承抽象类 HttpServlet 创建 Servlet 时，如果项目是 Dynamic Web Module 3.0 及以上版本，则可以在 Servlet 类名前使用@WebServlet 注解，不需要在 web.xml 里配置 Servlet;

（4）在 web.xml 里配置 Servlet 后，Tomcat（作为 Servlet 容器）可根据该配置使用 Java 反射来创建 Servlet 对象。

3.3 Servlet 应用

3.3.1 使用 Servlet 处理表单

在项目 MemMana3 里，可使用 Servlet 程序 Admin 来处理后台管理员登录，后台管理员登录表单页面的代码如下：

```
<form method="post" action="Admin">
    请输入管理员密码：<input type="password" name="pwd" value="admin">
    <input type="submit" value="提交"><br/>
    <font color="red">${msg}</font>    <!--密码错误时提示-->
</form>
```

servlet/Admin.java 的功能是，管理员登录成功时重定向至后台主页，登录失败时转发至管理员登录页面，其代码如下：

```
public class Admin extends HttpServlet {
    @Override
    protected void doPost(HttpServletRequest req, HttpServletResponse resp)
                                                    throws ServletException, IOException {
        try {
            String pw = req.getParameter("pwd");
            if (pw.trim().length() > 0) {
                String sql = "select * from admin where    pwd=md5(?)";
                                                    ResultSet rs = MyDb.getMyDb().query(sql, pw);
                if (rs.next()) {
                  req.getSession().setAttribute("admin", rs.getString(1));
                  resp.sendRedirect("admin/adminIndex.jsp");
                } else {
                  req.setAttribute("msg", "密码错误!");
                  req.getRequestDispatcher("adminLogin.jsp").forward(req, resp);
                }
            }
        } catch (Exception e) {
            e.printStackTrace();
        }
    }
}
```

注意：

（1）Servlet 接收表单数据时，使用请求对象的 getParameter()方法；

（2）转发结果数据时，使用 RequestDispatcher 对象，该对象由请求对象的 getRequest Dispatcher()方法获得；

（3）在 MVC 模式与 MVC 框架开发的项目里，JSP 页面只做显示工作。

3.3.2 Servlet 作为 MVC 开发模式的控制器

MVC 是一种流行的软件设计模式，MVC 模式将项目划分为模型（Model）、视图（View）和控制器（Controller）三个部分，分别对应于内部数据（使用 JavaBean）、数据表示（使用 JSP 作为视图），以及输入、输出控制（使用 Servlet）。

实际上，MVC 既是一种组织代码的规范，也是一种将业务逻辑与数据显示相分离的方法，其工作流程如下：

（1）来自客户端的请求信息，首先提交给 Servlet；

（2）控制器选择相应的 Model 对象（某个 JavaBean）处理获取的数据；

（3）控制器选择相应的 View 组件，通常进行转发处理；

（4）JSP 获取 JavaBean 处理的数据；

（5）JSP 接收组织好的数据，以响应的方式返回给客户端浏览器。

当今，越来越多的 Web 应用基于 MVC 设计模式，这种设计模式提高了应用系统的可维护性、可扩展性和组件的可复用性。MVC 模式具有如下优点：

（1）将数据建模、数据显示和用户交互三者分开，使程序设计的过程更清晰，提高了可复用程度；

（2）在接口设计完成以后，可以开展并行开发，从而提高了开发效率；

（3）可以很方便地用多个视图来显示多套数据，从而使系统能方便地支持其他新的客户端类型。

注意：MVC 模式在 Web 开发中的应用，详见综合项目 MemMana3。

3.3.3 控制器程序的分层设计（DAO 模式）

在实际项目开发中，为了使程序结构松耦合、易于扩展与维护，经常使用 DAO 设计模式，其基本原理是控制层调用服务层（业务层），服务层调用数据库访问 DAO 层，控制层将处理的结果转发至表现层的视图页面呈现。其中，服务层和 DAO 层包含大量的接口与实现类，DAO 层会涉及模型层的实体类甚至 ORM 框架（参见第 4 章）。

注意：

（1）代码分层的主要目的是不在控制器里编写业务逻辑；

（2）MVC 里的 M 指主要的业务逻辑，包括实体类、接口及其实现类，还有数据访问层；

（3）分层就是让下层不知道上层在干什么，只需知道下层做什么就可以了。

DAO 模式设计原理如图 3.3.1 所示。

例如，在项目 MemMana3_ext 的文件系统中，程序文件夹就包含了 7 个 package 包。

在基于 MVC 的项目里，程序分层实现的要点如下：

- 包 mvc.servlet 用于存放 Servlet 控制器文件，与之前的 Servlet 相比，它不再包含具体的业务实现逻辑，而是调用服务接口，控制器被用户请求调用；
- 包 mvc.service 用于存放定义了若干服务接口的接口文件，而包 mvc.service.imp 则用于存放相应于接口的实现类文件，这两个包对应于服务层，它们被控制层调用；
- 包 mvc.dao 用于存放定义访问数据库的接口文件，而包 mvc.dao.imp 则存放这些接口的实现类文件，这两个包对应于数据访问层，供服务层调用；

● 包 mvc.util 存放封装了数据库访问的类文件 MyDb.java，提供了连接数据库和 CRUD 方法，供数据访问层调用。

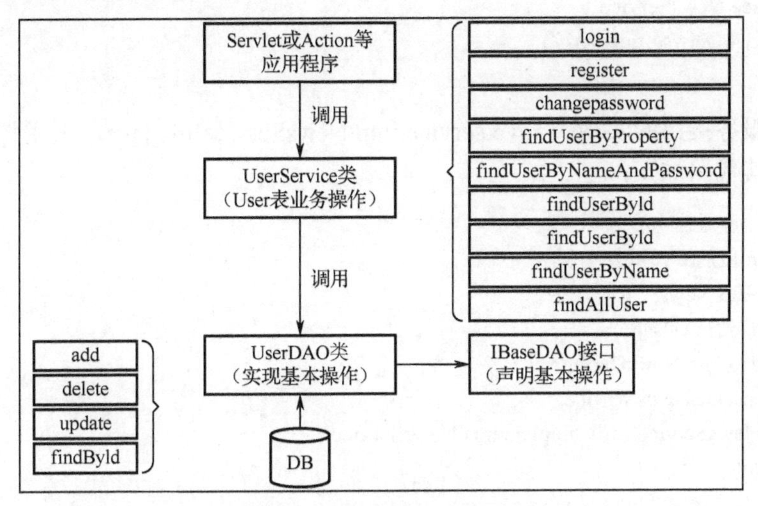

图 3.3.1　DAO 模式设计原理

下面结合主页的实现代码，说明程序分层的要点。

（1）主页控制器 mvc.servlet/HomeServlet.java 的代码如下：

```
package mvc.servlet;
import java.io.IOException;
import java.util.List;
import javax.servlet.ServletException;
import javax.servlet.http.HttpServlet;
import javax.servlet.http.HttpServletRequest;
import javax.servlet.http.HttpServletResponse;
import mvc.bean.News;
import mvc.service.NewsService;
import mvc.service.imp.NewsServiceImp;
public class HomeServlet extends HttpServlet {
    public void doGet(HttpServletRequest request, HttpServletResponse response)
    throws ServletException, IOException {
        NewsService newsServiceImp = new NewsServiceImp();   //创建接口实现类的实例
        List<News> newsList=newsServiceImp.queryAll();        //调用接口方法
        request.setAttribute("newsList",newsList);            //设置转发数据
        request.getRequestDispatcher("/index.jsp").forward(request, response);   //请求转发
    }
    public void doPost(HttpServletRequest request, HttpServletResponse response)
    throws ServletException, IOException {
        doGet(request, response);
    }
}
```

（2）新闻服务接口 mvc.service/NewsService.java 的代码如下：

```
package mvc.service;
```

```
import java.util.List;
import mvc.bean.News;
public interface NewsService {
    public List<News> queryAll();
}
```

（3）新闻服务接口的实现类 mvc.service.imp/NewsServiceImp.java，采用调用数据访问层接口的方式，其代码如下：

```
package mvc.service.imp;
import java.util.List;
import mvc.bean.News;
import mvc.dao.NewsDao;
import mvc.dao.imp.NewsDaoImp;
import mvc.service.NewsService;
public class NewsServiceImp    implements NewsService {
    @Override
    public List<News> queryAll() {
        NewsDao newsDaoImp = new NewsDaoImp();
        try {
            return newsDaoImp.queryAll();   //
        } catch (Exception e) {
            // TODO Auto-generated catch block
            e.printStackTrace();
        }
        return null;
    }
}
```

（4）新闻数据访问接口 mvc.dao/NewsDao.java 的代码如下：

```
package mvc.dao;
import java.util.List;
import mvc.bean.News;
public interface NewsDao {
    public List<News> queryAll();
}
```

（5）新闻数据访问接口的实现类 mvc.dao.imp/NewsDaoImp.java 的代码如下：

```
package mvc.dao.imp;
import java.sql.ResultSet;
import java.util.ArrayList;
import java.util.List;
import mvc.bean.News;
import mvc.dao.NewsDao;
import mvc.util.MyDb;
import org.junit.Test;
public class NewsDaoImp implements NewsDao{
```

```
    List<News>  newsList=null;
    @Override
    public List<News> queryAll(){
        // TODO Auto-generated method stub
        try {
            String sqlString="select * from news order by contentTitle asc";
            ResultSet rs;
            rs = MyDb.getMyDb().query(sqlString);
            newsList=new ArrayList<News>();  //
            while(rs.next()){
                News news = new News();
                news.setContentTitle(rs.getString("contentTitle"));
                news.setContentPage(rs.getString("contentPage"));
                newsList.add(news);
            }
            //System.out.println(newsList.size());
        } catch (Exception e) {
            // TODO Auto-generated catch block
            e.printStackTrace();
        }
        return newsList;
    }
}
```

3.3.4 使用 Servlet 实现文件上传与下载

开发音乐网站和网络论坛等资源型网站，通常需要提供文件上传与下载功能。使用 Servlet 可实现文件上传与下载的项目文件系统，如图 3.3.2 所示。

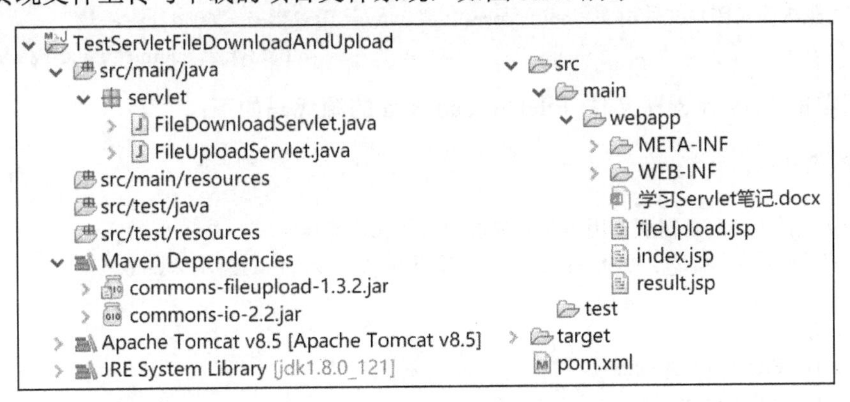

图 3.3.2 Servlet 文件上传与下载的项目文件系统

其中，项目主页 index.jsp 包含文件上传与下载 2 个超链接。文件上传表单 fileUpload.jsp 使用 Servlet 程序 FileUploadServlet 来响应；文件下载则使用 Servlet 程序 FileDownloadServlet 来响应，在 Web 服务器的项目根目录里自动创建用于存放上传文件的文件夹 upload，并在页面 result.jsp 里显示下载结果。

项目主页文件 index.jsp 的代码如下：

```
<%@ page language="java" pageEncoding="UTF-8"%>
<title>Servlet 实现文件下载</title>
<!-- 实际开发中，文件下载链接时，会传递下载文件的 id -->
<a href="fileUpload.jsp">文件上传</a><br/><br/>
<a href="FileDownloadServlet">下载 Servlet 学习笔记（Word 文档）</a>
```

注意：

（1）文件上传是从客户端向服务器端进行 I/O 流与文件操作的过程，文件下载则是它的反向操作。文件上传与下载都属于请求/响应类型，均可以使用 Servlet 实现；

（2）实现文件上传，需要添加如下依赖：

```
<dependency>
	<groupId>commons-fileupload</groupId>
	<artifactId>commons-fileupload</artifactId>
	<version>1.3.2</version>
</dependency>
```

1. Servlet 实现文件上传

文件上传表单的代码如下：

```
<%@ page language="java" pageEncoding="UTF-8"%>
<title>文件上传表单页面</title>
<form action="FileUploadServlet" enctype="multipart/form-data" method="post">
	上传者：<input type="text" name="provider"> <br />
	<!-- 下面 2 个是文件域 -->
	上传文件：<input type="file" name="file1" size="60"><br />
	文件附件（图片文件）： <input type="file" name="file2" size="60"><br />
									<input type="submit" value="提交" /></form>
```

处理表单的 Servlet 程序文件 FileUpLoad.java 的源代码如下：

```
package servlet;
/*
 * Servlet 文件上传，还需要使用第三方提供的组件（依赖包）
 * 在 Web 服务器的项目根目录中，自动创建用于存放上传文件的文件夹 upload
 */
import java.io.File;
import java.io.FileOutputStream;
import java.io.IOException;
import java.io.InputStream;
import java.io.OutputStream;
import java.util.List;
import javax.servlet.ServletException;
import javax.servlet.annotation.WebServlet;
import javax.servlet.http.HttpServlet;
import javax.servlet.http.HttpServletRequest;
```

```
import javax.servlet.http.HttpServletResponse;
import org.apache.commons.fileupload.FileItem;
import org.apache.commons.fileupload.FileUploadException;
import org.apache.commons.fileupload.disk.DiskFileItemFactory;
import org.apache.commons.fileupload.servlet.ServletFileUpload;
@WebServlet("/FileUploadServlet")
public class FileUploadServlet extends HttpServlet {
    private static final long serialVersionUID = 1L;
    protected void doGet(HttpServletRequest request, HttpServletResponse response)
                                                    throws ServletException, IOException {
        doPost(request, response);
    }
    protected void doPost(HttpServletRequest request, HttpServletResponse response)
                                                    throws ServletException, IOException {
        File filePath=new File(getServletContext().getRealPath("/upload"));
        if(!filePath.exists()) filePath.mkdirs();
            request.setCharacterEncoding("utf-8");
            DiskFileItemFactory factory = new DiskFileItemFactory();
            ServletFileUpload upload = new ServletFileUpload(factory);     //工厂模式
            try {
                List<FileItem> list = (List<FileItem>)upload.parseRequest(request);
                for (FileItem item : list) {
                    String name = item.getFieldName();
                    if (item.isFormField()) {    //普通的表单域
                        String value = item.getString("utf-8"); //设置编码
                        request.setAttribute(name, value);     //拟转发数据
                    }
                    else {        //文件域
                        String value = item.getName();   //获取文件的全路径（全局文件名）
                        //索引出全局文件名里的最后一个反斜杠
                        int start = value.lastIndexOf("\\");
                        //获取不带路径的文件名
                        String filename = value.substring(start + 1);
                        request.setAttribute(name, filename);         //拟转发数据
                        InputStream is = item.getInputStream();      //输入流
                        OutputStream os = new FileOutputStream(new File(filePath,filename));
                        int length = 0;
                        byte[] buf = new byte[1024];                 //创建字节数组
                        while ((length = is.read(buf)) != -1) {      //读到字节数组
                            os.write(buf, 0, length);
                        }
                        is.close();
                        os.close();
                    }
                }
            }
            catch (FileUploadException e) {
```

```
                e.printStackTrace();
            }
            request.getRequestDispatcher("result.jsp").forward(request, response); //转发
    }
}
```

文件上传的结果页面为 result.jsp，其代码如下：

```
<%@ page language="java" pageEncoding="utf-8"%>
<title>显示上传结果页面</title>
上传者：${requestScope.provider }<br/>
文件：${requestScope.file1 }<br/>
附件： ${requestScope.file2 }<br/>
<!-- 把上传的图片显示出来 -->
<img src="upload/<%=(String)request.getAttribute("file2")%> " />
```

注意：

（1）由于表单编码的 enctype 的属性不是通常值，所以在 Servlet 中获取请求参数不能使用 request.getParameter()方法，而是使用 FileItem 类的相关方法；

（2）处理表单域时，如果去掉方法 item.getString("utf-8")中的参数，在 result.jsp 页面中就会出现中文乱码（如上传者名字是中文）。

2. Servlet 实现文件下载

普通文件链接下载时，如使用超链接标签<a>，并将资源暴露在 href 属性里，就不能有效地保护资源。只有将 Servlet 程序作为 href 属性值，才可有效地管理资源，如用户需通过身份验证后才能下载、下载次数管理等。

Servlet 程序文件 FileDownLoadServlet.java 的代码如下：

```
package servlet;
/*
 * 实际开发中，Servlet 程序会根据超链接请求时传递的 id，找到对应的文件供下载
 * 可以添加是否具有下载权限的检测代码
 * Spring MVC 实现文件下载，比使用 Servlet 进行文件下载要简单
 */
import java.io.BufferedInputStream;
import java.io.BufferedOutputStream;
import java.io.File;
import java.io.FileInputStream;
import java.io.IOException;
import java.io.InputStream;
import java.io.OutputStream;
import java.net.URLEncoder;
import javax.servlet.ServletException;
import javax.servlet.annotation.WebServlet;
import javax.servlet.http.HttpServlet;
import javax.servlet.http.HttpServletRequest;
import javax.servlet.http.HttpServletResponse;
```

```
@WebServlet("/FileDownloadServlet")
public class FileDownloadServlet extends HttpServlet {
    private static final long serialVersionUID = 1L;
    protected void doGet(HttpServletRequest request, HttpServletResponse response)
                                                throws ServletException, IOException {
        download(request, response);
    }
    protected void doPost(HttpServletRequest request, HttpServletResponse response)
                                                throws ServletException, IOException {
        doGet(request, response);
    }
    public HttpServletResponse download(HttpServletRequest request, HttpServletResponse response) {
        try {
            File file = new File(getServletContext().getRealPath("/") + "学习 Servlet 笔记.docx");
            if (file.exists()) {
                System.out.println(getServletContext().getRealPath("/"));
                System.out.println(file);
                InputStream fis = new BufferedInputStream(new FileInputStream(file));
                byte[] buffer = new byte[fis.available()];
                fis.read(buffer);
                fis.close();
                System.out.println(file.getName());
                // 兼容中文文件名
                String fileName = URLEncoder.encode(file.getName(), "utf-8");
                response.reset();
                response.addHeader("Content-Disposition", "attachment;filename=" + fileName);
                OutputStream os = new BufferedOutputStream(response.getOutputStream());
                // 设置互联网媒体类型 MIME
                response.setContentType("application/octet-stream");
                os.write(buffer);
                os.flush();
                os.close();
            }
        }
        catch (IOException ex) {
            ex.printStackTrace();
        }
        return response;
    }
}
```

3.4　基于 MVC 模式开发的会员管理项目 MemMana3

3.4.1　项目总体设计及功能

采用 MVC 模式开发的会员管理项目 MemMana3 的文件系统，如图 3.4.1 所示。

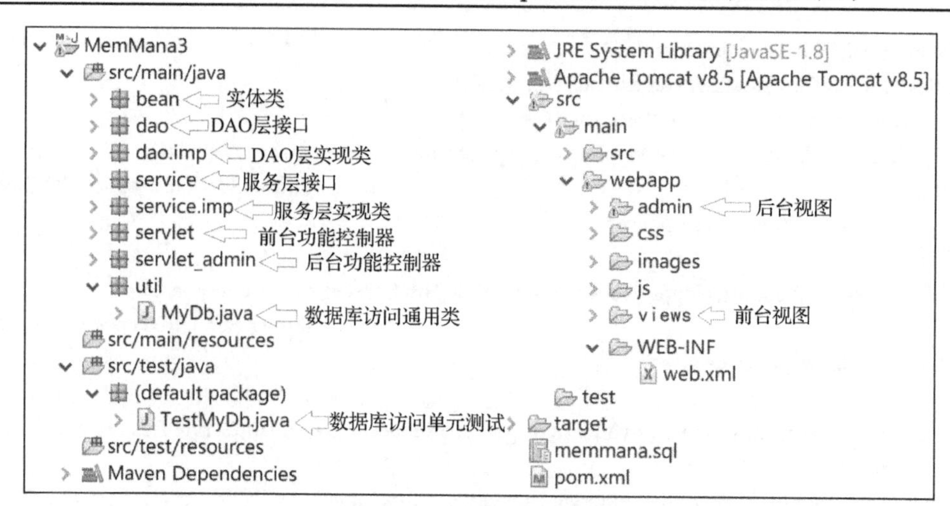

图 3.4.1　项目 MemMana3 文件系统

包 src/servlet 存放了多个 Servlet 程序，它们均使用了@WebServlet 注解，这些 Servlet 程序用来处理前台各种各样的 HTTP 请求。在包 src/servlet_admin 里存放了实现后台管理员功能的 Servlet 程序，用来处理管理员的 HTTP 请求。

许多 Servlet 程序包含了对数据库的访问，它们可分别调用类 src/dao/MyDb 和位于包 src/bean 内的相应的实体类得到结果数据，最后将结果数据转发给 JSP 页面进行显示。

3.4.2 项目若干技术要点

1．在作为视图的 JSP 页面里引入 JSTL 标签库

MVC 项目的 JSP 页面里不包含 Java 脚本程序，为了获得 Servlet 程序转发的数据，就需要在对应的 JSP 页面里使用 JSP 的标签指令 taglib 来引入 JSTL 标签库。

注意: 项目 MemMana1 及 MemMana2 的 JSP 页面里包含了 Java 脚本程序，容易与 HTML 标签混编。因此，在这两个项目的 JSP 页面里都没有使用 taglib 指令来引入 JSTL 标签库。

2．主页配置及实现

如果 MVC 项目的主页面不包含动态数据，则应按常规配置一个 JSP 页面，否则，应当配置相应的 Servlet。项目 MemMana3 与前面的项目不同，在 web.xml 中欢迎页面的配置里有用于获取新闻记录的 HomeServlet，其配置代码如下：

```
<welcome-file-list>
    <!-- 要求对 HomeServlet 使用注解@WebServlet("/HomeServlet") -->
    <welcome-file>HomeServlet</welcome-file>
</welcome-file-list>
```

注意： 按上面的方法配置后，src/main/webapp 根路径就不需要建立 index.jsp 文件了。访问 http://localhost:8080/MemMana3 与访 http://localhost:8080/MemMana3/views/index.jsp 的差别在于后者出现的页面里无数据库信息。

主页在请求 Servlet 程序 HomeServle 完成数据库查询后，转发结果数据至上一代的视图文件，HomeServle.java 文件代码如下：

```
package servlet;
import java.io.IOException;
import java.util.List;
import javax.servlet.ServletException;
import javax.servlet.annotation.WebServlet;
import javax.servlet.http.HttpServlet;
import javax.servlet.http.HttpServletRequest;
import javax.servlet.http.HttpServletResponse;
import bean.News;
import service.NewsService;
import service.imp.NewsServiceImp;
@WebServlet("/HomeServlet")
public class HomeServlet extends HttpServlet {
    private static final long serialVersionUID = 1L;
    public void doGet(HttpServletRequest request, HttpServletResponse response)
                                                        throws ServletException, IOException {
        //控制层调用服务层
        NewsService newsServiceImp = new NewsServiceImp();
        //控制层调用接口方法
        List<News> newsList = newsServiceImp.queryAll();
        //设置转发数据
        request.setAttribute("newsList", newsList);
        //请求转发，地址栏里的 url 不变
        request.getRequestDispatcher("/views/index.jsp").forward(request, response);
        }
        public void doPost(HttpServletRequest request, HttpServletResponse response)
                                                        throws ServletException, IOException {
        doGet(request, response);
    }
}
```

3. MVC 项目在请求转发页面时，静态资源文件的路径问题

为了避免 Servlet 在请求转发的页面里加载样式文件和 JS 文件可能出现路径错误，需要在视图文件里获取应用的根路径。例如：

```
<link rel="stylesheet" href="${pageContext.request.contextPath}/css/wzys.css"/>
<link rel="stylesheet" href="${pageContext.request.contextPath}/css/bootstrap.min.css" type="text/css"/>
<script src="${pageContext.request.contextPath}/js/bootstrap.min.js" type="text/javascript"></script>
```

注意：

（1）在 JSP 页面里获取应用的根路径，可以使用方法<%=request.getContextPath()%>（不推荐）；

（2）Bootstrap 是目前最受欢迎的前端框架，在本项目后台管理员页面 memInfo.jsp 里会用到。

4．公共的视图页面 message.jsp

作为控制器转发的公共视图页面 message.jsp，可接收控制器转发的消息（要求设置请求对象名为 message 的属性），并出现返回主控制器 HomeServlet 的超级链接，其主要代码如下：

```
<%@include file="header.jsp"%>
		<div class="main">
			<div class="content">${message}<br>
				<a href="HomeServlet">返回前台主页<a></div></div>
<%@include file="footer.jsp"%>
```

注意：公共消息包括用户登录时，出现“输入的用户名或密码错误”“注册成功”等提示。

5．后台功能会员信息的分页显示

在浏览网页时，如果来自数据库的内容列表过多，可能需要不停地操作鼠标的滚轮，才能看到所需要的信息。为了获得更好的用户体验，就需要引入在 Web 应用开发中十分常见的分页技术。分页实现的基本原理是，先从数据库里读取当前页面请求的那些记录，然后显示在页面里。

注意：掌握分页技术，对 Web 开发人员来说，是一个必备技能。

网站主页里技术文档的分页显示效果，如图 3.4.2 所示。

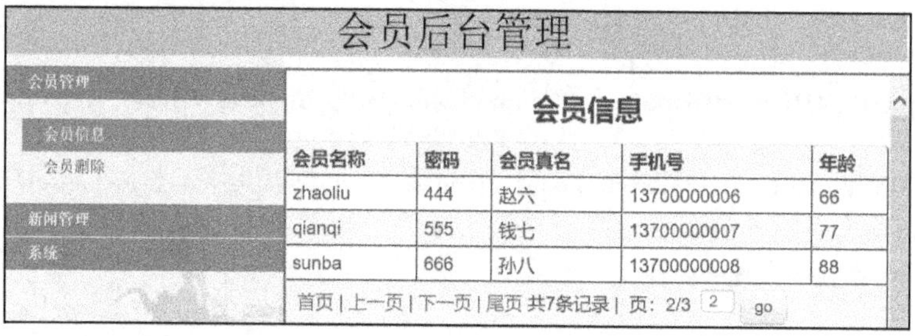
会员后台管理
会员管理
会员信息
会员删除
新闻管理
系统
会员信息
会员名称 密码 会员真名 手机号 年龄
zhaoliu 444 赵六 13700000006 66
qianqi 555 钱七 13700000007 77
sunba 666 孙八 13700000008 88
首页 | 上一页 | 下一页 | 尾页 共7条记录 | 页：2/3 2 go

图 3.4.2　项目 MemMana3 后台页面的分页显示效果

在网站后台里，显示会员信息使用了分页，其实现步骤如下。

（1）编写 JavaBean 文件 bean/Pager.java，封装分页导航的相关属性及其 getter/setter 方法，并提供获取导航字符串的业务逻辑方法。其中，属性 pageNav（其值为超长的字符串）不仅包含翻页的四个超链接，还包含了实现任意跳转的表单，其文件代码如下：

```
package bean;
package bean;
import java.sql.ResultSet;
import javax.servlet.http.HttpServletRequest;
public class Pager {
	private ResultSet rs;  // 当前页记录
	private Integer recordsNum;  //总记录数
	private int pageSize;  //每页记录数，值类型，必须指定
	private Integer page;  //当前页序号
	private Integer pages;  //总页数
	private HttpServletRequest request;  //请求对象
```

```
public Pager(ResultSet rs,Integer recordsNum,int pageSize,Integer page,
                                    HttpServletRequest request) {  //构造方法
    this.rs=rs;
    this.recordsNum=recordsNum;
    this.pageSize = pageSize;
    this.page = page;
    this.pages = recordsNum % pageSize == 0 ? recordsNum/pageSize: recordsNum/pageSize+1;
    this.request = request;
}
public String getPageNav() {        //返回导航条
    return pageNav();               //本属性与其他属性相关联
}
public String pageNav(){            //导航条实现
    return  " "+getFirstPage()+
            " | "+getUpPage()+
            " | "+getDownPage()+
            " | "+getLastPage()+
            " 共"+recordsNum +"条记录 |"+
            "  页：<font color='red'>"+page+"</font>/"+pages+
            "  <form method='get' action="+getURLinfo(page)+
            "><input type='text' style='width:30px; height:20px' name='p'/> "+
            "<input type='submit' value='go' class='btn' /></form>";
}
private String getFirstPage(){      //获取首页
    if(page<=1){
        return "首页";
    }else{
        return "<a href="+getURLinfo(1)+">首页</a>";
    }
}
private String getDownPage(){       //获取下一页
    if(page == pages){
        return "下一页";
    }else{
        return "<a href='"+getURLinfo(page+1)+"'>下一页</a>";
    }
}
private String getUpPage(){         //获取上一页
    if(page == 1){
        return "上一页";
    }else{
        return "<a href='"+getURLinfo(page-1)+"'>上一页</a>";
    }
}
private String getLastPage(){       //获取最后一页
    if(page>=pages){
        return "尾页";
```

```
        }else{
            return "<a href='"+getURLinfo(pages)+"'>尾页</a>";
        }
    }
    private String getURLinfo(Integer page){
        String contextPath = request.getRequestURI();
        System.out.println(contextPath);
        return contextPath+ "?p="+page;    //构造相对于根站点的 URL 请求信息
    }
    public ResultSet getRs() {   //当前页记录
        return rs;
    }
    public void setRs(ResultSet rs) {
        this.rs = rs;
    }
    public int getPageSize() {
        return pageSize;
    }
    public void setPageSize(int pageSize) {
        this.pageSize = pageSize;
    }
    public Integer getPage() {   //返回当前页
        return page;
    }
    public void setPage(Integer page) {
        this.page = page;
    }
    public Integer getRecordsNum() { //返回总记录数
        return recordsNum;
    }
    public void setRecordsNum(Integer recordsNum) {
        this.recordsNum = recordsNum;
    }
    public Integer getPages() {   //返回总页数
        return pages;
    }
    public void setPages(Integer pages) {
        this.pages = pages;
    }
}
```

（2）在原来的会员管理项目 MyDb.java 里，增加了返回值为 Pager 类型对象的分页方法 queryAllWithPage()，其代码如下。

```
// JDBC+Servlet 环境下的分页方法，SQL 命令里包含的占位参数个数任意
public Pager queryAllWithPage(String sql, Integer page, int pageSize,
                                        HttpServletRequest request, Object... args) {
    ResultSet rs = null;
```

```
        Integer recordsNum = 0;
        try {
            ResultSet totalRs = query(sql, args);
            totalRs.last();
            recordsNum = totalRs.getRow(); // 得到记录集 rs 的总记录数
            Object[] newArgs = new Object[args.length + 2];
            for (int i = 0; i < args.length; i++) {
                newArgs[i]= args[i];
            }
            newArgs[args.length] = (page-1)*pageSize; // 增加 2 个参数
            newArgs[args.length + 1] = pageSize;
            rs = query(sql + " limit ?,?", newArgs);   //查询指定的 page 页
            //返回分页实体对象
            return new Pager(rs, recordsNum, pageSize, page, request);
        } catch (Exception e) {
            e.printStackTrace();
        }
        return null;
    }
```

（3）在 Servlet 程序 servlet_admin/MemListServlet.java 里，调用通用类 MyDb 的分页方法，获取记录数据并生成导航信息，然后转发至存放在文件夹 views/admin 的 JSP 视图文件 memInfo.jsp 或 memDelete.jsp，其程序代码如下。

```
package servlet_admin;
import java.io.IOException;
import java.sql.ResultSet;
import java.util.ArrayList;
import java.util.List;
import javax.servlet.ServletException;
import javax.servlet.annotation.WebServlet;
import javax.servlet.http.HttpServlet;
import javax.servlet.http.HttpServletRequest;
import javax.servlet.http.HttpServletResponse;
import bean.Pager;
import bean.User;
import util.MyDb;
@WebServlet("/MemListServlet ")
public class MemListServlet extends HttpServlet {
    @Override
    protected void doPost(HttpServletRequest req, HttpServletResponse resp)
                                                throws ServletException, IOException {
        try {
            String sql = "select * from user order by password asc";
            int pageSize=3; //设定每页记录数
            String parameter=req.getParameter("p"); //导航条传来的页码
            Integer page=(parameter!=null)?Integer.valueOf(parameter):1; //初始指定第 1 页
            Pager pager=MyDb.getMyDb().queryAllWithPage(sql, page, pageSize, req);
```

```
            req.setAttribute("pageNav", pager.getPageNav());  //转发记录导航
            ResultSet rs = pager.getRs();  //记录
            List<User> users = new ArrayList<User>();
            while (rs.next()) {
                User user = new User();
                user.setUsername(rs.getString("username"));
                user.setPassword(rs.getString("password"));
                user.setRealname(rs.getString("realname"));
                user.setMobile(rs.getString("mobile"));
                String age = rs.getString("age");
                if (age != null || !"".equals(age)) {
                    user.setAge(Integer.parseInt(age));
                }
                users.add(user);
            }
            req.setAttribute("users", users); // 转发记录
            // 设置属性 delete 减少了在 MemDeleteServlet 里创建 List 类型的列表数据的代码
            Object isDeleteFlag = req.getAttribute("delete");
            if (isDeleteFlag != null) {
                //转发至会员删除视图
                req.getRequestDispatcher("views/admin/memDelete.jsp").forward(req, resp);
            } else {
                //转发至会员列表视图
                req.getRequestDispatcher("views/admin/memInfo.jsp").forward(req, resp);
            }
        } catch (Exception e) {
            e.printStackTrace();
        }
    }
    @Override
    protected void doGet(HttpServletRequest req, HttpServletResponse resp)
                                                    throws ServletException, IOException {
        this.doPost(req, resp);
    }
}
```

（4）编写视图文件 views/admin/memInfo.jsp，其代码如下。

```
<%@ page language="java" pageEncoding="UTF-8"%>
<%@ taglib prefix="c" uri="http://java.sun.com/jsp/jstl/core"%>
<title>查看会员信息</title>
<style>
    form{display:inline}  /* 表单不另行 */
</style>
<!-- 由于是在转发页面里加载样式文件和 js 文件的，因此，需要获取应用的根路径 -->
<link href="<%=request.getContextPath()%>/css/bootstrap.min.css" rel="stylesheet">
<script src="<%=application.getContextPath()%>/js/jquery-1.10.2.min.js"
type="text/javascript"></script>
```

```
<script src="${pageContext.request.contextPath}/js/bootstrap.js" type="text/javascript"></script>
<h3 class="text-center"><strong>会员信息</strong></h3>
<table border="1" width="500"
    class="table table-striped table-bordered table-hover table-condensed">
    <tr><th>会员名称</th><th>密码</th><th>会员真名</th><th>手机号</th><th>年龄</th></tr>
    <c:forEach items="${users }" var="user">
        <tr>
            <td>${user.username }</td>
            <td>${user.password }</td>
            <td>${user.realname }</td>
            <td>${user.mobile }</td>
            <td>${user.age }</td></tr>
    </c:forEach>
    <!-- 下面的一行是导航条 -->
    <tr><td colspan="5">${pageNav}</td></tr>
</table>
```

注意:

（1）本项目是在 Servlet 环境下实现的分页功能，难点在于编写作为 JavaBean 的分页类 Pager;

（2）项目 MemMana4_5 是在 MyBatis 和 Spring MVC 框架环境下，使用第三方提供的分页工具，可分别参见第 4 章和第 5 章的相关内容;

（3）在 MemDeleteServlet 里，使用了动作转发，以实现访问数据库代码的复用，其主要代码如下:

```
@WebServlet("/MemDeleteServlet ")
public class MemDeleteServlet extends HttpServlet{
    @Override
    protected void doPost(HttpServletRequest req, HttpServletResponse resp)
        throws ServletException, IOException {
        try {
            String un=(String)req.getParameter("un"); //获取 GET 请求传参
            if(un!=null){
                MyDb.getMyDb().cud("delete from user where username=?",un);
            }
            req.setAttribute("delete", "true"); //设置转发属性：显示删除链接
            //请求动作转发，即 Servlet 之间的转发，并非转发至视图
            req.getRequestDispatcher("MemListServlet").forward(req, resp);
        } catch (Exception e) {
            e.printStackTrace();
        }
    }
    @Override
    protected void doGet(HttpServletRequest req, HttpServletResponse resp)
        throws ServletException, IOException {
        this.doPost(req, resp);
    }
}
```

3.5 Servlet 监听器与过滤器

3.5.1 Servlet 监听器与过滤器概述

1. Servlet 监听器

监听器（Listener）是 Servlet 规范中定义的功能组件（一种特殊的 Java 类），用于监听 Servlet 容器（如 Tomcat）里某些对象的创建、销毁、修改及删除等，并定义了接口方法。在特定的事件发生时，服务器可自动调用监听器对象中的相应方法。

根据监听对象的类型及范围，将 Servlet 监听器划分成如下三类。

- ServletContext 监听器：在 Servlet 容器启动时，自动创建接口 ServletContext 类型的实例对象；在关闭 Servlet 容器时，将该对象销毁。
- ServletRequest 监听器：在用户请求项目时，Servlet 容器可自动创建接口 ServletRequest 的实例对象，并在请求结束时销毁。
- HttpSession 监听器：在用户请求项目时，Servlet 容器可自动创建接口 HttpSession 类型的实例对象。

注意:

（1）前面介绍的 Servlet 是在用户请求时才会被执行，而 Servlet 监听器是在特定的事件发生时自动触发某些操作，从而极大地增强了 Web 应用的事件处理能力;

（2）Servlet 监听器的实现类，需要在项目配置文件 web.xml 里注册（Servlet 注解也属于注册）。

Servlet 监听器接口还有其他类型，并有相关的事件类，如表 3.5.1 所示。

表 3.5.1 Servlet 监听器

<table>
<tr><th>监听对象</th><th>监听接口</th><th>监听事件</th></tr>
<tr><td rowspan="2">ServletContext</td><td>ServletContextListener</td><td>ServletContextEvent</td></tr>
<tr><td>ServletContextAttributeListener</td><td>ServletContextAttributeEvent</td></tr>
<tr><td rowspan="4">HttpSession</td><td>HttpSession Listener</td><td rowspan="2">HttpSessionEvent</td></tr>
<tr><td>HttpSessionActivationListener</td></tr>
<tr><td>HttpSessionAttributeListener</td><td rowspan="2">HttpSessionBindingEvent</td></tr>
<tr><td>HttpSessionBindingListener</td></tr>
<tr><td rowspan="2">ServletRequest</td><td>ServletRequestListener</td><td>ServletRequestEvent</td></tr>
<tr><td>ServletRequestAttributeListener</td><td>ServletRequestAttributeEvent</td></tr>
</table>

作为 Java EE 的常用组件，会话监听器接口的定义，如图 3.5.1 所示。

```
javax.servlet
  ServletContextListener.class
    ServletContextListener
      contextDestroyed(ServletContextEvent) : void
      contextInitialized(ServletContextEvent) : void
  ServletRequestListener.class
    ServletRequestListener
      requestDestroyed(ServletRequestEvent) : void
      requestInitialized(ServletRequestEvent) : void
javax.servlet.http
  HttpSessionListener
    sessionCreated(HttpSessionEvent) : void
    sessionDestroyed(HttpSessionEvent) : void
```

图 3.5.1　Servlet 监听器的定义

测试 ServletContext 监听器作用的示例代码如下。

```
package listener;
import javax.servlet.ServletContext;
import javax.servlet.ServletContextEvent;
import javax.servlet.ServletContextListener;
public class MyServletContextListener implements ServletContextListener {
    @Override
    public void contextInitialized(ServletContextEvent arg0) {
        ServletContext servletContext = arg0.getServletContext();
        System.out.println("Servlet 容器已经启动");
        System.out.println(servletContext.getServerInfo());
        System.out.println(servletContext.getContextPath());
    }
    @Override
    public void contextDestroyed(ServletContextEvent arg0) {
        ServletContext servletContext = arg0.getServletContext();
        System.out.println("Servlet 容器已经关闭");
    }
}
```

2．Servlet 过滤器

Servlet 过滤器是在 Java Servlet 2.3 规范中定义的，它是一种可以插入的 Web 组件，能够截获 Servlet 容器接收到的客户端请求和向客户端发出的响应对象。Servlet 过滤器支持对 Servlet 程序和 JSP 页面的基本请求处理功能，如日志、性能、安全、会话等的处理及 XSLT 转换等。Servlet 过滤器接口 Filter 含于软件包 javax.servlet 中，其包含有 init()、doFilter()和 destroy()三个方法，如图 3.5.2 所示。

Servlet 过滤器用于拦截传入的请求和传出的响应，并监视、修改或以某种方式处理正在通过的数据流。Servlet 过滤器是自包含、模块化的组件，可以将它们添加到请求/响应过滤链中，或者在不影响应用程序中其他 Web 组件的情况下删除它们。Servlet 过滤器只在改动请求和响应的运行时处理，因而不应该将它们嵌入到 Web 应用程序框架内，除非是通过 Servlet API 中的标准接口来实现的。

```
javax.servlet
  Filter.class
    Filter
      destroy() : void
      doFilter(ServletRequest, ServletResponse, FilterChain) : void
      init(FilterConfig) : void
  FilterChain.class
    FilterChain
      doFilter(ServletRequest, ServletResponse) : void
```

图 3.5.2 Servlet 过滤器接口的定义

Web 资源可以配置成没有与过滤器关联（默认情况）、与单个过滤器关联（典型情况）或与一个过滤器链关联等三种情况。它的功能与 Servlet 一样，主要是接收请求和响应对象，然后过滤器会检查请求对象，并决定是将该请求转发给链中的下一个过滤器，还是终止该请求，并直接向客户端发出一个响应。如果请求被转发了，它将被传递给过滤器链中的下一个过滤器或者 Servlet 程序（或 JSP 页面），在这个请求通过过滤器链并被服务器处理后，一个响应将以相反的顺序通过该过滤器链发送回去，这样就给每个 Servlet 过滤器提供了根据需要处理响应对象的机会。

注意：

（1）监听器和过滤器一样，不可被直接访问，它们不会动态生成页面；

（2）监听器和过滤器的使用方式与 Servlet 类似，均需要在项目配置文件中注册；

（3）Filter 可以用来更改请求和响应的数据。

3.5.2 使用接口 HttpSessionListener 统计网站在线人数

在示例项目 TestServletListener 里，使用 HttpSessionListener 完成了网站在线人数的统计，主要涉及包 listener 里的两个文件 OnlineCounter.java 和 MyHttpSessionListener.java。

网站在线人数统计类 OnlineCounter.java 的代码如下：

```
package listener;
public class OnlineCounter {
    //定义静态成员
    private static long online=0;
    public static long getOnline() {
        return online;
    }
    public static void raise() {
        online++;      //增加
    }
    public static void reduce() {
        online--;      //减少
    }
}
```

网站在线人数统计使用会话监听器 MyHttpSessionListener.java 的代码如下：

```
package listener;
/*
 * 接口 HttpSessionListener 的两个实现方法对应于会话创建和消失
 * 接口实现类需要同 Servlet 一样在 web.xml 里注册
* 当有新用户上线时，Tomcat 控制台会显示相应的 Session ID
*/
import javax.servlet.http.HttpSessionListener;
import javax.servlet.http.HttpSessionEvent;
public class OnlineCounterListener implements HttpSessionListener {
    @Override
    public void sessionCreated(HttpSessionEvent se){
        OnlineCounter.raise();
         System.out.println("A new session is created!--- "+se.getSession().getId());
    }
    @Override
    public void sessionDestroyed(HttpSessionEvent se){
        OnlineCounter.reduce();
    }
}
```

作为 Java EE 组件，会话监听器 MyHttpSessionListener.java 是需要在 web.xml 里配置的，其代码如下：

```
<listener>
    <listener-class>listener. MyHttpSessionListener</listener-class>
</listener>
```

在 JSP 页面 index.jsp 里，获取网站在线人数的方法是使用类 OnlineCounter 的静态方法 getOnline()，其代码如下：

```
当前在线人数：<%=OnlineCounter.getOnline()%>
```

3.5.3 过滤器接口 Filter 的应用

Servlet 过滤器常用于网站来访者身份认证和字符编码的统一。Servlet 过滤器的工作原理，如图 3.5.3 所示。

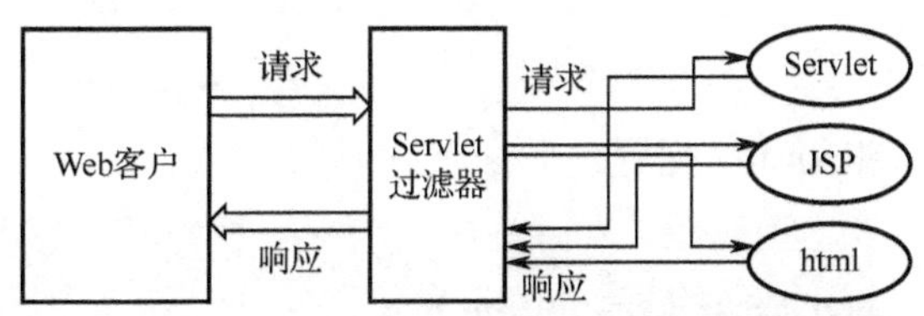

图 3.5.3 Servlet 过滤器的工作原理

注意：

（1）Servlet 过滤器同监听器一样，会在容器启动时自动加载；

（2）当使用多道过滤时，会涉及接口 FilterChain（过滤器链）；

（3）Servlet 过滤器的配置与前面的 Servlet 配置类似，分为名称和映射两个部分。其中，<url-pattern>/test/*</url-pattern>表示对项目中 test 文件夹下的所有文件进行过滤。

1. 身份认证

在多数 Web 项目里，许多功能页面在使用前都要进行身份验证（检查是否已经登录，如果已经登录，则用户名信息会保存在 Session 对象中），验证时可能会出现重复的验证代码。使用 Servlet 过滤器技术，就可以有效地解决这个代码冗余的问题。

在 web.xml 文件中，使用标签<url-pattern>指定要过滤文件的页面范围（路径），而处理代码包含在 Servlet 过滤器程序中。

在示例项目 TestServletFilter 里，文件夹 src/main/webapp/loginAfter/success.jsp 是登录成功后才能访问的页面，可使用过滤器 src/main/java/filter/LoginCheckFilter.java 实现，其代码如下。

```
public class LoginCheckFilter implements Filter {
    @Override
    public void destroy() {
        // TODO Auto-generated method stub
    }
    @Override
    public void doFilter(ServletRequest req, ServletResponse res, FilterChain chain)
                throws IOException, ServletException {
        HttpServletRequest request = (HttpServletRequest)req;   //转型
        HttpServletResponse response = (HttpServletResponse)res;
        HttpSession session = request.getSession();   //取得会话对象
        String username = (String)session.getAttribute("username");
        if(null != username && !"".equals(username.trim())){
            chain.doFilter(req, res);
        }else{
            request.getSession().setAttribute("message", "尚未登录!");
            response.sendRedirect(request.getContextPath()+"/message.jsp");
        }
    }
    @Override
    public void init(FilterConfig arg0) throws ServletException {
        // TODO Auto-generated method stub
    }
}
```

过滤器程序必须在 web.xml 里配置，其配置代码如下：

```
<filter>
    <filter-name>LoginCheckFilter</filter-name>
    <filter-class>filter.LoginCheckFilter</filter-class>
</filter>
<filter-mapping>
    <filter-name>LoginCheckFilter</filter-name>
    <!-- 拦截用户请求 -->
    <url-pattern>/loginAfter/*</url-pattern>
</filter-mapping>
```

2. 统一网站字符编码

在 Web 开发时，有很多页面（或 Servlet）需要统一请求和响应的编码，以解决出现中文乱码的问题。

与文件过滤一样，使用字符过滤器，可以减少代码的冗余（或重复）。

一个实现接口 Filter 的过滤器 SetCharacterEncodingFilter.java，其文件代码如下：

```
package filter;
import java.io.IOException;
import javax.servlet.Filter;
import javax.servlet.FilterChain;
import javax.servlet.FilterConfig; //
import javax.servlet.ServletException;
import javax.servlet.ServletRequest;
import javax.servlet.ServletResponse;
public class SetCharacterEncodingFilter implements Filter {
    private String newCharSet;   //过滤时应用的新字符集（编码）
    @Override
    public void init(FilterConfig arg0) throws ServletException {
        // TODO Auto-generated method stub
        if(arg0.getInitParameter("newcharset")!=null){
            //获取过滤器配置参数
            newCharSet=arg0.getInitParameter("newcharset");
        }else{
            newCharSet="utf-8"; //如果在 web.xml 中没有配置过滤器参数（字符编码）
        }
        System.out.println("***Filter initialing parameter="+newCharSet);
    }
    @Override
    public void doFilter(ServletRequest arg0, ServletResponse arg1,
            FilterChain arg2) throws IOException, ServletException {
        // TODO Auto-generated method stub
        arg0.setCharacterEncoding(newCharSet);   //统一请求编码
        arg1.setContentType("text/html;charset="+newCharSet); //统一响应编码
        arg2.doFilter(arg0, arg1);   //过滤链
    }
    @Override
    public void destroy() {
        // TODO Auto-generated method stub
    }
}
```

为了统一 HTTP 请求/响应编码，过滤器 SetCharacterEncodingFilter.java 在 web.xml 里通过相关标签设置过滤器参数和过滤范围，其配置代码如下：

```
    <filter>
        <filter-name>SetCharacterEncodingFilter</filter-name>
```

```
        <filter-class>filter.SetCharacterEncodingFilter</filter-class>
        <init-param>
            <param-name>newcharset</param-name>
            <param-value>utf-8</param-value>
        </init-param>
    </filter>
    <filter-mapping>
        <filter-name>SetCharacterEncodingFilter</filter-name>
        <url-pattern>/*</url-pattern>
    </filter-mapping>
```

一个测试使用过滤器统一网站页面字符编码的测试文件 TestCharacterCode.java，在 web.xml 里通过相关标签设置过滤器参数和过滤范围，其配置代码如下：

```
package servlet;
import java.io.IOException;
import java.io.PrintWriter;
import javax.servlet.ServletException;
import javax.servlet.annotation.WebServlet;
import javax.servlet.http.HttpServlet;
import javax.servlet.http.HttpServletRequest;
import javax.servlet.http.HttpServletResponse;
@WebServlet("/TestCharacterCode")
public class TestCharacterCode extends HttpServlet{
    @Override
    protected void doGet(HttpServletRequest req, HttpServletResponse resp)
                                                    throws ServletException, IOException {
        // 使用字符过滤器后，不必在每个 Servlet 里使用 resp.setCharacterEncoding("utf-8")
        PrintWriter printWriter = resp.getWriter();
        printWriter.write("中文");
    }
    @Override
    protected void doPost(HttpServletRequest req, HttpServletResponse resp)
                                                    throws ServletException, IOException {
        super.doPost(req, resp);
    }
}
```

习题 3

一、判断题

1．Eclipse 提供了快速自动生成类成员属性 get/set 方法的功能。

2．超链接请求 Servlet 时，不可以向该 Servlet 传递参数。

3．Servlet 源程序都不包含 main()方法。

4．Servlet 转发时会产生新的请求对象。

5．如果已经部署到 Tomcat 的 Servlet 项目含有配置错误，则启动 Tomcat 时会在控制器内显示相应的错误信息。

6．Servlet 及其过滤器和监听器，都必须在 web.xml 里配置。

7．过滤器与 Servlet 一样，可以被用户直接请求。

二、选择题

1．JavaBean 作用范围最小的是____。

A．request　B．session　C．application　D．page

2．在 JSP 页面里，创建 JavaBean 实例的方法是使用____。

A．new　B．<jsp:setProperty>　C．<jsp:getProperty>　D．<jsp:useBean>

3．JSP 在 MVC 模式中开发 Web 项目的作用是____。

A．视图　B．模型　C．控制器　D．B 和 C

4．在 Eclipse 中创建 Servlet 时，默认的方式是____。

A．实现接口 Servlet　B．继承抽象类 HttpServlet

C．继承抽象类 GenericServlet　D．实现接口 ActionSupport

5．Servlet 程序向客户端输出信息，需要先使用响应对象的____方法获得 PrintWriter 对象。

A．getPrint()　B．getOut()　C．getResponse()　D．getWriter()

三、填空题

1．在 Web 项目里，JavaBean 可用来封装____和实现业务逻辑的方法。

2．当变更用户设计的类文件所在的包名时，应使用快捷键____来自动导入包。

3．配置 Servlet 时，通过内嵌标签____来配置 Servlet 的访问路径及名称。

4．Servlet 程序获取含有中文的表单提交信息前，为避免出现中文乱码，需要使用请求对象的____方法来指定字符编码。

5．Servlet 程序通过请求对象的____方法获得请求转发对象。

6．使用 JSTL 标签<c:forEach>显示 List 类型的数据时，必须使用属性____和 var。

7．获取当前 Web 项目根路径的 EL 表达式为____。

8．文件上传时，应指定表单<form>的 enctype 属性值为____。

四、简答题

1．简述 JSP 与 Servlet 的关系。

2．如何在 web.xml 里配置 Servlet？

3．简述使用 Servlet 过滤器的好处。

实验 3　Servlet 组件及应用

一、实验目的

1．掌握 JavaBean 的定义规范及使用。
2．掌握 Servlet 的定义规范及使用。
3．掌握 MV 模式与 MVC 模式开发 Web 项目的步骤。
4．掌握 Servlet 监听器与过滤器的使用。
5．了解 Servlet 实现文件下载与上传的功能。

二、实验内容及步骤

【预备】访问上机实验网站 http://www.wustwzx.com/javaee/index.html，下载本章实验内容的源代码（含素材）并解压，得到文件夹 ch03。

1．掌握 JavaBean 的定义规范及使用

（1）在 Eclipse 中，导入案例项目 Example3_1_1。
（2）查看 src、bean 两个 JavaBean 文件的定义。
（3）查看在 index.jsp 页面里使用 JSP 动作标签<jsp:useBean>实例化 JavaBean 的方法。
（4）在 Eclipse 中，导入会员管理项目 MemMana2。
（5）查看 src/bean 里实体类 User 的定义。
（6）查看会员登录页面 mLogin.jsp 里使用<jsp:useBean>实例化和使用 User 的代码，掌握自动获取表单提交值的前提条件。

2．掌握 Servlet 在 MVC 开发模式中的使用

（1）在 Eclipse 中，导入项目 MemMana3。
（2）打开主页控制器文件 servlet/HomeServlet.java，通过链接跟踪打开服务层。
（3）再次使用链接跟踪，从服务层打开数据访问层。
（4）查看数据访问层的逻辑实现（调用数据访问通用类 MyDb）。
（5）查看程序 LoginServlet，掌握转发与重定向的区别。
（6）查看实现会员信息修改的相关 Servlet 程序及其 JSP 视图页面。
（7）访问 http://localhost:8080/MemMana3/views/index.jsp，验证页面不包含数据库信息，并与访问 http://localhost:8080/MemMana3 的页面效果进行比较。
（8）查看后台功能里分页显示会员信息的实现代码。
（9）复制本项目为 MemMana3a，去掉服务层，即在控制层里直接访问数据访问层，调试和运行项目。

3．了解 Servlet 实现的文件上传与下载

（1）在 Eclipse 里导入案例项目 TestServletFileDownloadAndUpload。
（2）在 pom.xml 文件里，查看 Servlet 文件上传所需要的依赖关系。
（3）打开 Servlet 程序文件 FileUploadServlet.java，查看文件上传的实现代码。
（4）打开 Servlet 程序文件 FileDownloadServlet.java，查看文件下载的实现代码。

（5）分别进行文件上传与下载的测试。

4．掌握 Servlet 监听器与过滤器的使用

（1）在 Eclipse 中，导入使用 Servlet 监听器的项目 TestServletListener。

（2）分别查看程序文件 OnlineCounter.java、MyHttpSessionListener.java 和项目配置文件 web.xml 的代码。

（3）部署项目并使用浏览器访问，可观察到当前在线人数为 1。

（4）新打开一个不同内核的浏览器后，粘贴浏览器地址后再次访问，可观察当前在线人数的变化。

（5）在 Eclipse 中，导入使用 Servlet 过滤器的项目 TestServletFilter。

（6）查看过滤器 src/filter/LoginCheckFilter.java 及其在 web.xml 里的配置。

（7）部署项目并使用浏览器进行访问测试。

（8）分别查看用于统一网站字符编码的过滤器程序 SetCharacterEncodingFilter.java 及相应 Servlet 程序 TestCharacterCode.java 的代码。

（9）访问 Servlet 程序（页面）http://localhost:8080/TestServletFilter/TestCharacterCode，观察中文是否出现乱码。

（10）在 web.xml 里注释字符过滤器 TestCharacterCode 后重启 Tomcat 服务器，再进行访问测试，观察中文是否出现乱码。

（12）查找控制台中，表明过滤器 SetCharacterEncodingFilter 在重启 Tomcat 后自动完成了初始化的信息。

（13）查找控制台中，表明监听器 MyServletContextListener 在重启 Tomcat 后自动完成了初始化的信息。

三、实验小结及思考

（由学生填写，重点填写上机实验中遇到的问题。）

第 4 章 ORM 框架 MyBatis

在使用 JDBC 输出记录集时，获取不同类型的字段值需要使用不同的方法，这是极其不方便的。MyBatis 是一个轻量级的 ORM 框架，实现了 Java 对象和表之间的映射，使 Java 程序员可以使用对象编程思维来操纵数据库，很好地解决了记录输出的问题。

MyBatis 本是 Apache 的一个开源项目 iBatis，2010 年这个项目由 Apache Software Foundation 迁移到了 Google code，并且改名为 MyBatis。

MyBatis 是一个基于 Java 的持久层框架，封装了对底层 JDBC API 的调用细节，并能自动地将简单的 Java 对象 POJO（Plain Old Java Object，实体类）映射成数据库中的记录，自动完成 Java 数据库编程中的一些重复性工作。MyBatis 把 SQL 语句从 Java 源程序中独立出来，放在单独的 XML 文件中编写，给程序的维护带来了很大便利，也能够完成复杂的数据库查询。本章学习要点如下：

- 掌握 MyBatis 框架的基本工作原理及主要 API 的作用；
- 掌握使用 MyBatis 框架的多种方式；
- 掌握 MyBatis 框架的相关依赖；
- 掌握.xml 映射文件的编写方法，特别是动态 SQL 的用法；
- 掌握 MyBatis 框架的接口式编程方法；
- 掌握 MyBatis 框架的参数处理方法；
- 掌握 MyBatis 框架配置文件的编写方法；
- 掌握分页插件 PageHelper 的基本用法；
- 了解 Hibernate 框架与 MyBatis 的区别与联系。

4.1 对象关系映射与对象持久化

4.1.1 问题的提出

面向对象是一种接近真实客观世界的开发理念，它使程序代码更易读，设计更合理。然而，在 MVC 模式开发的项目 MemMana3 里，面向对象编程与关系型数据库系统并存，为了将查询结果转发至 JSP 视图，需要手工（而不是自动地）将 JDBC 的结果集对象转换成 Java 的 List 对象，以便在视图页面里使用 JSTL 标签展示，其示例代码如图 4.1.1 所示。

针对面向对象编程与关系型数据库系统并存这种不和谐的现象，ORM 框架诞生了。ORM 框架就是对 JDBC 进行封装的持久层框架，在 POJO 对象（实体类对象）与 SQL 之间通过配置映射文件建立映射关系，将 SQL 所需的参数及返回的结果字段映射到相应的 POJO 对象。

```
 1 package dao.imp;
 2⊕import java.sql.ResultSet;
 9 public class NewsDaoImp implements NewsDao {
10
11     ResultSet rs = null;
12     List<News> newsList = null;
13
14⊖    @Override
15     public List<News> queryAll() {
16         try {
17             String sqlString = "select * from news order by contentTitle asc";
18             rs = MyDb.getMyDb().query(sqlString);
19             newsList = new ArrayList<News>(); //创建Java集合对象
20             while (rs.next()) {  //将记录集封装成Java集合对象
21                 News news = new News();
22                 news.setContentTitle(rs.getString("contentTitle"));
23                 news.setContentPage(rs.getString("contentPage"));
24                 newsList.add(news);
25             }
26         } catch (Exception e) {
27             e.printStackTrace();
28         }
29         return newsList;
30     }
31 }
```

图 4.1.1　将 JDBC 的结果集对象转换成 Java 的 List 对象

数据库的对象化一般有两个方向：一个方向是在主流关系数据库的基础上加入对象化特征，使之提供面向对象的服务，但访问语言仍基于 SQL；另一个方向就是彻底抛弃关系数据库，用面向对象的思想来设计数据库，即 ODBMS（对象数据库管理系统）。

注意：已经存储到数据库或保存到本地硬盘中的对象，称为持久化对象。

4.1.2 MyBatis 与 Hibernate

MyBatis 和 Hibernate 都是非常流行的 ORM 框架。前者对 JDBC 提供了较为完整的封装。Hibernate 的 O/R Mapping 实现了 POJO 和数据库表之间的映射，以及 SQL 的自动生成和执行；后者主要着力点在于 POJO 与 SQL 之间的映射关系，通过映射配置文件，将 SQL 所需的参数和返回的结果字段映射到指定的 POJO。

Hibernate 属于全自动的重量级框架，提供了对象—关系映射的完整解决方案，要全面掌握其功能和特性是很困难的；MyBatis 属于半自动的轻量级框架（SQL 命令由开发人员编写），入门相对容易。

Hibernate 已经封装了基本的 SQL 语句。对于一个简单的项目而言，如果没有用到复杂的查询，只是进行简单的增加、删除、修改和查询操作，选择 Hibernate 将具有很高的开发效率。但对于一个大型项目而言，复杂的 SQL 语句较多，选择 MyBatis 就会加快许多，而且语句的管理也比较方便。

Hibernate 具有自己的日志统计；MyBatis 本身不带日志统计，需要使用 Log4j 进行日志记录。

注意：MyBatis 与 Hibernate 相比，有如下不同点。

（1）使用 MyBatis 前，必须先建立数据库及表，因为它没有自动根据模型类生成表的功能。Hibernate 却可以根据实体类自动生成数据表；

（2）使用 MyBatis 时，不要求必须在实体类里设置主键；

（3）Hibernate 使用面向对象的查询语言，如 HQL（Hibernate Query Language）等。

4.1.3 MyBatis 的主要 API

MyBatis 框架不是一般的小工具，它是一套完整的数据库解决方案，主要包括加载配置文件、创建数据库会话工厂和数据库会话对象等。MyBatis 的核心接口 SqlSession 提供了操作数据库的 CRUD 方法，其定义如图 4.1.2 所示。

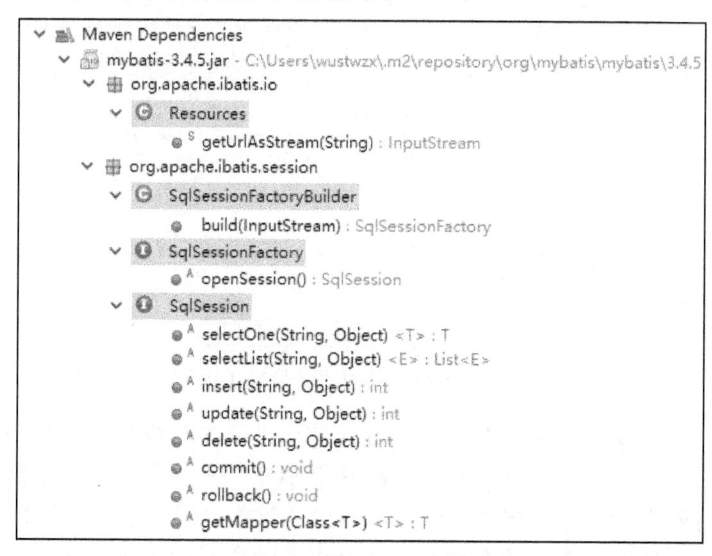

图 4.1.2 MyBatis 的相关类与接口

使用 MyBatis 的基本步骤是，加载框架配置文件，创建数据库会话工厂对象，创建数据库会话对象，直接使用 SqlSession 提供的 CRUD 方法，或者通过 Mapper 对象调用映射接口所定义的方法。

注意：

（1）在使用 SqlSession 的方法 insert()/delete()/update()时，必须使用事务提交方法 commit()。否则，不会真正完成数据库的插入、删除和更新操作；

（2）SqlSession 提供的方法 getMapper(Class<T>)是一个泛型方法，以实体类作为参数，其返回值为与实体类相关的映射器对象；

（3）MyBatis 官方推荐使用接口式编程（通过 Mapper 对象调用接口方法）代替使用 SqlSession 的 CRUD 方法；

（4）MyBatis 框架通过自动生成的代理对象，完成 DAO 层的实现。

4.2 使用 MyBatis 前的准备

4.2.1 MyBatis 相关依赖

1．核心依赖

SqlSession 是 MyBatis 框架的核心接口，它所在依赖包的 pom 坐标如下：

```
<dependency>
    <groupId>org.mybatis</groupId>
    <artifactId>mybatis</artifactId>
    <version>3.4.5</version>
</dependency>
```

2. 日志依赖

Log4j 是 Apache 的一个开源项目，通过使用 Log4j，可以控制日志信息格式及其输送目的地（控制台、文件、数据库等），方便后期查找系统运行期间出现的问题，进而便于维护系统。日志依赖的 pom 坐标如下：

```
<dependency>
    <groupId>org.slf4j</groupId>
    <artifactId>slf4j-log4j12</artifactId>
    <version>1.7.2</version>
</dependency>
```

注意： 日志依赖并不是 MyBatis 项目所必需的。

如果想在控制台显示成功执行的 SQL 命令，则需要引入日志依赖包。此时，还需要在项目文件夹 src/main/resources（逻辑视图名）的根目录里建立日志特性文件 log4j.properties，其代码如下：

```
log4j.rootLogger=info,console
log4j.appender.console = org.apache.log4j.ConsoleAppender
log4j.appender.console.Target = System.out
log4j.appender.console.layout = org.apache.log4j.PatternLayout
# mapper in below is the package name of mapping file
log4j.logger.mapper=DEBUG
```

注意： 文件最后一行代码 log4j.logger.mapper=DEBUG 中，mapper 是映射文件的包名。

4.2.2　建立.XML 映射文件

在一个.xml 映射文件中，将 POJO 对象映射成数据库里的记录，一个映射文件中可以定义多个映射语句，需要遵守如下约定。

（1）在本命名空间内，每个映射语句的 SQL id 都是唯一的。

（2）映射语句中表名及其字段应与实体类名及其属性相对应，并可使用#{}表示的占位符参数。

（3）在<select id>里，必须设置结果属性 resultType。如果在 MyBatis 配置文件里使用标签<typeAliases>设置了实体类的包名，则 resultType 属性值不用前缀“实体类包名.”。

例如，在案例项目 TestMybatis1 里，与表 user 相应的映射文件 userMapper.xml 的代码如下：

```
<?xml version="1.0" encoding="UTF-8" ?>
<!DOCTYPE mapper PUBLIC "-//mybatis.org//DTD Mapper 3.0//EN"
  "http://mybatis.org/dtd/mybatis-3-mapper.dtd">
<!-- 如果所有映射文件没有重名的 SQL id，则程序里可以不需要使用 namespace 属性值 -->
```

```
<mapper namespace="entity.user.mapper">
    <!-- 使用#{}表示的占位参数对应于实体类属性 -->
    <insert id="addUser" parameterType="User">
        insert into  user(username,password,realname,mobile,age) values(#{username},
                                    #{password},#{realname},#{mobile},#{age})
    </insert>
    <delete id="deleteUser" parameterType="String">
        delete from user where username=#{username}
    </delete>
    <update id="updateUser" parameterType="User">
        update user set   password=#{password},realname=#{realname},mobile=#{mobile},
                                    age=#{age} where username = #{username}
    </update>
    <select id="getOneUser" resultType="User">
        select * from user where username = #{username} and password=#{password}
    </select>
    <select id="getUser" parameterType="String"   resultType="User">
        select * from user where username = #{username}
    </select>
    <select id="getAllUser" resultType="User">
        select * from user order by password
    </select>
</mapper>
```

4.2.3 建立映射接口文件

1. 对接口方法使用 SQL 注解

在一个.xml 映射文件中，将 POJO 对象映射成数据库里的记录，一个映射文件里可以定义多个映射语句。其中，映射语句中可以包含用#{}表示的占位符参数。

注意：

（1）在<select id>里，可以不设置参数类型属性 parameterType;

（2）当使用 insert/delete/update 时，<select id>里不必设置结果属性 resultType; 而使用 select 查询时，<select id>里则必须设置结果属性 resultType;

（3）MyBatis 支持普通 SQL 查询、存储过程和高级映射。

2. 未对接口方法使用 SQL 注解

例如，在案例项目 TestMybatis3 里，与表 user 相对应的映射接口文件 UserMapper.java 的代码如下：

```
package mapper;
import java.util.List;
import org.apache.ibatis.annotations.Param;
import entity.User;
public interface UserMapper {
    // 查找所有用户，无参数
```

```
    public List<User> getAllUsers();
    // 按给定的多个年龄值查询（动态 SQL）
    public List<User> findByAges(List<Integer> list);
    // 必须使用@Param 注解，编译后参数名均变为 arg0,arg1…若不使用注解，.xml 文件则无法识别参数
    List<User> findByUserAge(@Param("age") Integer age);
}
```

4.2.4　编写数据源特性文件和框架配置文件

1．数据源特性文件

数据源特性文件 datasource.properties（习惯上这样命名，不是必需的）声明了 MySQL 驱动程序、数据库服务器的 URL（含数据库名）、用户名及用户密码，其示例代码如下：

```
driver=com.mysql.jdbc.Driver
url=jdbc:mysql://localhost:3306/memmana?characterEncoding=utf-8
username=root
password=root
```

2．框架配置文件

MyBatis 框架配置文件 mybatis-config.xml（习惯上这样命名，不是必需的）主要配置了数据源和映射器信息，其示例代码如下：

```
<?xml version="1.0" encoding="UTF-8"?>
<!DOCTYPE configuration PUBLIC "-//mybatis.org//DTD Config 3.0//EN"
    "http://mybatis.org/dtd/mybatis-3-config.dtd">
<configuration>
<!-- 引用数据源配置文件 -->
    <properties resource="mybatis/datasource.properties" />
    <!-- 指定后，就不用在映射文件里 resultType 属性值的类名前写包名 -->
    <typeAliases>
            <package name="entity"/>
    </typeAliases>
    <!-- development:开发模式，  work:工作模式 -->
    <environments default="development">
        <environment id="development">
            <transactionManager type="JDBC" />
            <!-- 配置数据库连接信息 -->
            <dataSource type="POOLED">
                <!-- 下面的 value 属性值，从文件 datasource.properties 里引用而来 -->
                <property name="driver" value="${driver}" />
                <property name="url" value="${url}" />
                <property name="username" value="${username}" />
                <property name="password" value="${password}" />
            </dataSource>
        </environment>
    </environments>
    <mappers>
```

```
        <!-- 项目 TestCRUD1 使用映射文件 -->
        <mapper resource="mapper/userMapper.xml" />
        <!-- 项目 TestCRUD3 使用映射接口 -->
        <!-- <mapper class="mapper.UserMapper"/> -->
    </mappers>
</configuration>
```

4.2.5 封装 MyBatis 工具类 MyBatisUtil

为了方便不同程序访问数据库，需要编写获得 SqlSession 接口类型对象的工具类，其文件 MyBatisUtil.java 的代码如下：

```
package util;      //存放在 src/main/java/util 里
import java.io.IOException;
import java.io.InputStream;
import org.apache.ibatis.io.Resources;
import org.apache.ibatis.session.SqlSession;
import org.apache.ibatis.session.SqlSessionFactory;
import org.apache.ibatis.session.SqlSessionFactoryBuilder;
public class MyBatisUtil {
    private static SqlSessionFactory factory;
    static {
        try {
            InputStream is = Resources.getResourceAsStream("mybatis/mybatis-config.xml");
            factory = new SqlSessionFactoryBuilder().build(is);
        } catch (IOException e) {
            e.printStackTrace();
        }
    }
    public static SqlSession getSqlSession() {
        return factory.openSession();
    }
    public static void closeSqlSession(SqlSession session) {
        if (null != session)
            session.close();
    }
}
```

4.3 MyBatis 的三种使用方式

4.3.1 纯映射文件方式

本方式只需编写 XML 映射文件，并存放到资源文件夹 src/main/resources/mapper 里，应用程序通过数据库会话对象调用 insert()和 selectList ()等方法时，以 XML 文件中定义的 SQL id 作为参数，其示例项目如图 4.3.1 所示。

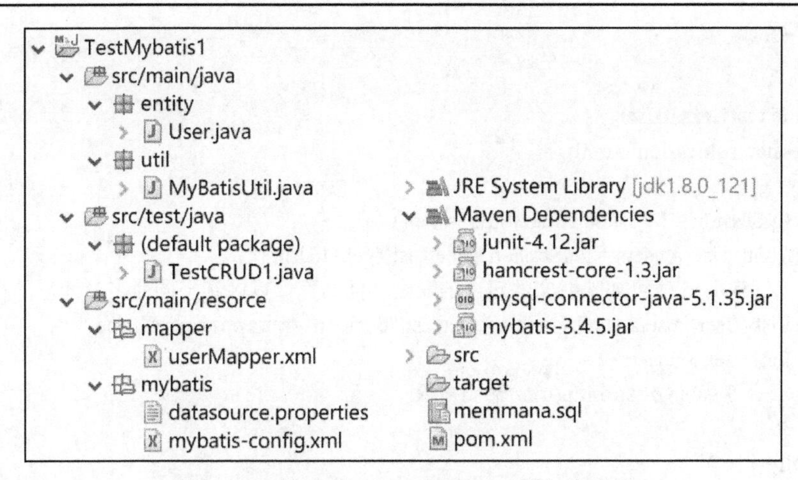

图 4.3.1　测试项目 TestMyBatis1 的文件系统

其中，XML 映射文件 userMapper.xml、数据源特性文件 datasource.properties、MyBatis 配置文件 mybatis-config.xml 和工具类 MyBatisUtil.java 如前所述（参见第 4.2 节）。

注意：MyBatis 配置文件里，只能使用<mapper resource="mapper/userMapper.xml" />标签添加 XML 映射文件。

单元测试文件 TestCRUD1.java 实现了对数据库的 CRUD 操作，其代码如下：

```
import java.util.List;
import org.apache.ibatis.session.SqlSession;
import org.junit.Test;
import entity.User;
import util.MyBatisUtil;
public class TestCRUD1 {
    @Test
    public void testAdd() {
      SqlSession sqlSession = null;
      try {
           sqlSession = MyBatisUtil.getSqlSession();   //创建访问数据库的会话对象
           //创建一个实体对象并赋值
           User user = new User();user.setUsername("www");
           user.setRealname("万维网");user.setPassword("123");
           user.setMobile("110");user.setAge(50);
           //调用会话对象的 CRUD 方法
           sqlSession.insert("addUser", user); //addUser 在映射文件 User.xml 中由 id 属性定义
           //sqlSession.insert("entity.user.mapper.addUser", user); //在 SQL id 前加命名空间
           sqlSession.commit(); //作为事务方式提交
      } catch (Exception e) {
           e.printStackTrace();
           sqlSession.rollback();//回滚
      } finally {
            testGetAllUser();   //即时验证
           MyBatisUtil.closeSqlSession(sqlSession);
      }
```

```
}
@Test
public void testGetAllUser() {
    SqlSession sqlSession = null;
    try {
        sqlSession = MyBatisUtil.getSqlSession();
        //List<User> users = sqlSession.selectList("getAllUser");
        //在 SQL id 前可加映射文件定义的命名空间名称，以区别不同命名空间里的相同 SQL id
        List<User> users = sqlSession.selectList("entity.user.mapper.getAllUser");
        for (User u : users) {
            System.out.println(u); //输出对象
        }
    } finally {
        MyBatisUtil.closeSqlSession(sqlSession);
    }
}
@Test
public void testGetUser() {    //本方法可应用于用户注册时的用户名查重
    SqlSession sqlSession = null;
    try {
        sqlSession = MyBatisUtil.getSqlSession();
        //getUser 在映射文件 User.xml 里定义
        User user = (User) sqlSession.selectOne("getUser", "wyg");
        if(user!=null)
            System.out.println(user); //输出对象
        else {
            System.out.println("无此人！ ");
        }
    } finally {
        MyBatisUtil.closeSqlSession(sqlSession);
    }
}
@Test
public void testGetOneUser() {    //本方法应用于用户根据用户名及密码的登录
    SqlSession sqlSession = null;
    try {
        sqlSession = MyBatisUtil.getSqlSession();
        // getOneUser 在映射文件 User.xml 里定义，相应的 SQL id 包含多个参数类型
        User puser=new User();
        puser.setUsername("zhangsan");
        puser.setPassword("111");
        //Object []obj={"zhangsan","111"};    //需要使用相应的实体类对象作为实参数
        User user = (User) sqlSession.selectOne("getOneUser",puser);
        if(user!=null)
            System.out.println(user); // 输出对象
        else {
            System.out.println("无此人！ ");
```

```
            }
        } finally {
            MyBatisUtil.closeSqlSession(sqlSession);
        }
    }
    @Test
    public void testdeleUser() {
        SqlSession sqlSession = null;
        try {
            sqlSession = MyBatisUtil.getSqlSession();
            // deleteUser 在映射文件 User.xml 里定义
            sqlSession.delete("deleteUser", "www");
            sqlSession.commit();   //CUD 操作需要以事务方式提交，且需要进行异常捕捉
        } finally {
            testGetAllUser();   //即时验证
            MyBatisUtil.closeSqlSession(sqlSession);
        }
    }
}
```

注意：MyBatis 数据库会话对象的所有方法的第一参数均为 SQL id，单元测试的结果均显示在 Eclipse 的 Console 控制台上。

4.3.2 映射接口+SQL 注解方式

本方式只需编写映射接口文件，并对接口方法使用 SQL 注解，而不用编写 xml 映射文件，应用程序通过映射接口类型的对象调用其接口方法实现对数据库的 CRUD 操作，其示例项目如图 4.3.2 所示。

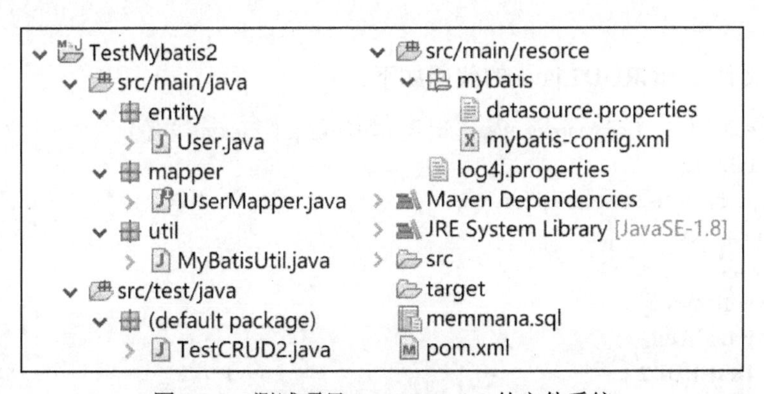

图 4.3.2　测试项目 TestMyBatis2 的文件系统

其中，数据源特性文件 datasource.properties、日志特性文件 log4j.properties、MyBatis 配置文件 mybatis-config.xml 和工具类 MyBatisUtil.java 如前所述（参见第 4.2 节）。

映射接口文件 IUserMapper.java 的代码如下：

```
package mapper;
import java.util.List;
import org.apache.ibatis.annotations.Delete;
```

```
import org.apache.ibatis.annotations.Insert;
import org.apache.ibatis.annotations.Param;
import org.apache.ibatis.annotations.Select;
import org.apache.ibatis.annotations.Update;
import entity.User;
public interface IUserMapper {
    //查找所有用户，无参数
    @Select("select * from user order by password")
    public List<User> getAllUsers();
    //根据用户名查找 （只有一个参数），应用于用户注册时的用户名查重
    @Select("select * from user where username=#{un}")
    public User getUserById(String un);
    //根据用户名及密码查找（属于多个参数的查询，为了在 SQL 命令可以使用命名参数，需要使用
                                    @param 注解参数），应用于用户根据用户名及密码登录时
    @Select("select * from user where username=#{un} and password=#{pwd}")
    public User getUserByUsernameAndPassword(@Param("un")String un,@Param("pwd")String pwd);
    /*@Select("select * from user where username=#{arg0} and password=#{arg1}")
    //@Select("select * from user where username=#{param1} and password=#{param2}")
    public User getUserByUsernameAndPassword(String un,String pwd);*/
    //下面的增加、删除、修改，均不需要注解参数
    @Insert("insert ignore into user(username,password,age)   values(#{username},#{password},#{age})")
    //关键字 ignore：忽略主键重复
    public int addUser(User user);
    @Delete("delete from user where username=#{un}")
    public int deleteUser(String username);
    @Update("update user set password=#{password},realname=#{realname}
    where username=#{username}")
    public int updateUser(User user);
}
```

单元测试文件 TestCRUD2.java 的代码如下：

```
//使用映射接口文件：IUserMapper.class，取代了写映射文件（.xml 文件）
import java.util.List;
import org.apache.ibatis.session.SqlSession;
import org.junit.Test;
import entity.User;
import mapper.IUserMapper;
import util.MyBatisUtil;
public class TestCRUD2 {
  @Test
  public void testAddUser() {
      SqlSession sqlSession = null;
      try {
            //创建访问数据库的会话对象
            sqlSession = MyBatisUtil.getSqlSession();
            //创建一个实体对象并赋值
            User user = new User();user.setUsername("www");
```

```
            user.setRealname("万维网");
            user.setPassword("123");
            user.setMobile("110");
            user.setAge(50);
            //获得映射接口类型的对象
            IUserMapper mapper = sqlSession.getMapper(IUserMapper.class);
            //调用映射接口文件定义的接口方法
            int i = mapper.addUser(user);
            if(i>0) {
                System.out.println("添加成功！");
            } else {
                System.out.println("添加失败 1！");   //重复添加
            }
            sqlSession.commit(); //作为事务方式提交
        } catch (Exception e) {
            //e.printStackTrace();
            System.out.println("添加失败 2！");
            sqlSession.rollback();   //回滚
        } finally {
            testGetAllUser();
            MyBatisUtil.closeSqlSession(sqlSession);
        }
    }
    @Test
    public void testGetAllUser() {     //查找所有用户
        SqlSession sqlSession = null;
        try {
            sqlSession = MyBatisUtil.getSqlSession();
            IUserMapper mapper = sqlSession.getMapper(IUserMapper.class);
            List<User> users=mapper.getAllUsers();
            for (User u : users) {
                System.out.println(u); // 输出对象
            }
        } finally {
            MyBatisUtil.closeSqlSession(sqlSession);
        }
    }
    @Test
    public void testGetOneUser() {     //根据用户名（密码）查找用户
        SqlSession sqlSession = null;
        try {
            sqlSession = MyBatisUtil.getSqlSession();
            IUserMapper mapper   = sqlSession.getMapper(IUserMapper.class);
            //User user = (User) mapper.getUserById("www");
            User user =   mapper.getUserByUsernameAndPassword("lisi", "222");
            if(user!=null)
                System.out.println(user); // 输出对象
```

```
                else {
                    System.out.println("无此人！");
                }
            } finally {
                MyBatisUtil.closeSqlSession(sqlSession);
            }
        }
        @Test
        public void testdeleUser() {
            SqlSession sqlSession = null;
            try {
                sqlSession = MyBatisUtil.getSqlSession();
                IUserMapper mapper = sqlSession.getMapper(IUserMapper.class);
                int i = mapper.deleteUser("www");
                if(i>0) {
                    System.out.println("删除成功！");
                }else {
                    System.out.println("操作未完成！");
                }
                sqlSession.commit();   //CUD 需要以事务方式提交
            } catch(Exception e){
                e.printStackTrace();
            }finally {
                testGetAllUser();
                MyBatisUtil.closeSqlSession(sqlSession);
            }
        }
    }
```

注意：

（1）通过对接口方法使用 SQL 注解，实现对象与关系之间的映射。由于 SQL 语句与 Java 代码出现了耦合，因此，既易于查看接口方法的功能，也易于使用。

（2）映射接口类型的对象与某个实体类相对应，是由框架实现的。

（3）本方式不便于写复杂的 SQL 语句。如依照多个字段查询时，where 关键字后面的条件就是动态的。

4.3.3 映射接口+映射文件的混合方式

本方式综合了上面两种 MyBatis 使用方式的优点，在大型项目开发中经常使用。混合使用方式除了要编写映射接口文件（未使用 SQL 注解其接口方法），还需要编写与映射接口同名的 XML 映射文件，其示例项目如图 4.3.3 所示。

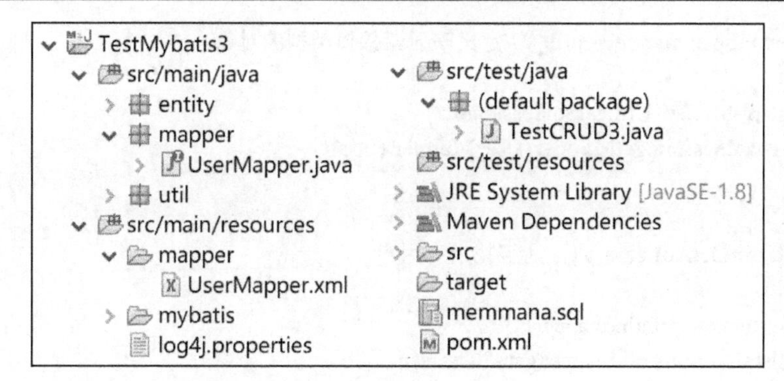

图 4.3.3　使用 MyBatis 的混合方式

映射接口文件 UserMapper 的代码如下：

```
package mapper;
/*
 * MyBatis 的混合使用方式：（写 SQL id 的）XML+（未使用 SQL 注解的）映射接口
 * 要求：接口名称与 XML 映射文件名相同
 * 使用动态 SQL（在.xml 文件里定义）完成复杂查询，详见第 4.4.1 节
 */
import java.util.List;
import org.apache.ibatis.annotations.Param;
import entity.User;
public interface UserMapper {
    public List<User> getAllUsers();   // 查找所有用户，无参数
    //下面的 3 个方法使用动态 SQL 实现
    public List<User> findByAges(List<Integer> list);   //按给定的多个年龄值查询
    //public List<User> findByAges(@Param("list")List<Integer> list);
    //必须使用@Param 注解后才能使用方法里命名的参数，否则，只能使用默认参数 arg0,arg1，…
                                                                  或 param1,param2，…
    //查询给定年龄值的用户；参数为 0 时，查询全部
    List<User> findByUserAge(@Param("age")Integer age);
     //按用户名里出现的关键字模糊查询
    public List<User> vagueQuery(@Param("un")String un);
}
```

在 MyBatis 配置文件里，映射配置的代码如下：

```
<mappers>
    <!-- 项目 TestCRUD3 使用混合方式，只需要使用下面两个配置中的任何一个 -->
    <mapper class="mapper.UserMapper"/>
    <!-- 下面的 XML 配置是可以去掉的；如果写出，则只能在接口配置之后放置 -->
    <mapper resource="mapper/UserMapper.xml"/>
</mappers>
```

单元测试文件 TestCRUD3.java 的部分代码如下：

```
//导包指令（略）
public class TestCRUD3 {
  static SqlSession sqlSession = null;   //访问数据库的会话对象
```

```
    static UserMapper mapper=null;   //定义映射器接口类型的对象
    static {
        sqlSession=MyBatisUtil.getSqlSession();
        mapper=sqlSession.getMapper(UserMapper.class);
    }
    @Test
    public void testGetAllUsers() {    //查找所有用户
        try {
                System.out.println(mapper);
                List<User> users=mapper.getAllUsers();
                for (User u : users) {
                        System.out.println(u); // 输出对象
                }
        } finally {
                MyBatisUtil.closeSqlSession(sqlSession);
        }
    }
    //其他测试方法（略）
}
```

注意:

（1）将资源文件夹 src/main/resources/mapper 的 UserMapper.xml 移动到程序文件夹 src/main/resources/mapper 中，也是可行的。此时，在 MyBatis 配置文件里，只能选择配置映射接口，而不能是 XML 映射文件;

（2）本方式的原理与 4.3.2 节所述方式相同，即接口方法的实现是由 MyBatis 框架完成的，只不过是通过 Mapper 接口类型的对象来加载 XML 映射文件的。

4.4 MyBatis 高级进阶

4.4.1 动态 SQL

使用映射接口+SQL 注解这种方式虽然方便，但难以表达复杂的业务逻辑。

复杂的业务逻辑需要拼接 SQL 语句，如按关键字的模糊查询和多字段的联合查询等。拼接时要确保不能忘了必要的空格，还要注意省掉列名、列表最后的逗号等。利用动态 SQL 可以彻底摆脱 SQL 拼接的痛苦。

OGNL（Object Graph Navigation Language）是功能强大的对象图导航语言。在 MyBatis 的.jar 包里，包含 OGNL 软件包。动态 SQL 使用 OGNL 表达式消除其他元素。

在 XML 映射文件里，可以使用的动态 SQL 标签有<if>和<foreach>等。其中，<if>标签用于实现有条件地包含 where 子句的一部分，<foreach>用于遍历 List 集合。

在示例项目 TestMyBatis3 里，XML 映射文件包含动态 SQL 的用法，其代码如下：

```
<mapper namespace="mapper.UserMapper">
    <!-- 以下是 3 个动态 SQL 示例 -->
    <select id="findByAges" resultType="User">
```

```
        select * from user
        where age in(
            <!-- 在映射接口 UserMapper.java 里定义方法 findByAges(List<Integer> list) -->
            <foreach collection="list" item="age" separator=",">
                #{age}
            </foreach>
        )
    </select>
    <select id="findByUserAge" resultType="User">
        select * from user
        <!-- 当下面的条件不成立时，where 子句不会拼接到 SQL 语句里 -->
        <where>
            <if test="age!=null and age!=0">
                age>#{age}
            </if>
        </where>
    </select>
    <select id="vagueQuery" resultType="User">
        select * from user
        <where>
            <!-- un 为接口方法 vagueQuery()里的命名参数 -->
            <if test="un!=null">
                username like concat('%',#{un}, '%')
            </if>
        </where>
    </select>
</mapper>
```

相应的单元测试程序文件的代码如下：

```
//导包指令略
public class TestCRUD3 {
  static SqlSession sqlSession = null;  //访问数据库的会话对象
  static UserMapper mapper=null;  //获得映射器对象
  static {
    sqlSession=MyBatisUtil.getSqlSession();
    mapper=sqlSession.getMapper(UserMapper.class);
  }
  /*增加、删除和修改代码，同 TestCRUD2.java，故省略*/
  @Test
  public void testDynamicSQL1() {   //查找指定年龄值的用户
    try {
        System.out.println(mapper);
        List<Integer> list=new ArrayList<Integer>();
        list.add(33);list.add(55);list.add(88);
        //list.add(333);list.add(553);list.add(888);
        List<User> users=mapper.findByAges(list); //接口方法是有参数的
        for (User u : users) {
```

```
                System.out.println(u); // 输出对象
            }
        } finally {
            MyBatisUtil.closeSqlSession(sqlSession);
        }
    }
    @Test
    public void testDynamicSQL2() {     //查找指定年龄值的用户
        Integer age=55;//查询 55 岁以上的用户
        //Integer age=null;//如果年龄为 null 或为 0，则查询所有
        List<User> users = mapper.findByUserAge(age);
        for (User user : users) {
            System.out.println(user);
        }
    }
    @Test
    public void testDynamicSQL3() {     //按用户名包含的关键字实现模糊查询
        List<User> users = mapper.vagueQuery("zh");
        //List<User> users = mapper.vagueQuery(""); //将查询所有
        //List<User> users = mapper.vagueQuery(null); //也将查询所有
        for (User user : users) {
            System.out.println(user);
        }
    }
}
```

在示例项目 TestMyBatis3 里，测试模糊查询的结果，如图 4.4.1 所示。

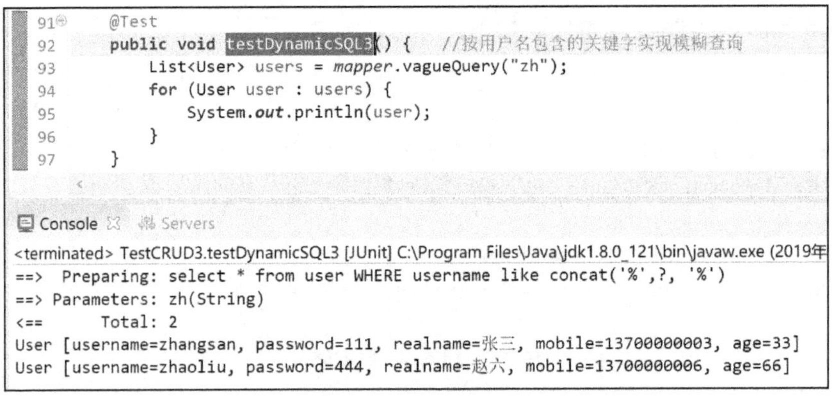

```
91    @Test
92    public void testDynamicSQL3() {    //按用户名包含的关键字实现模糊查询
93        List<User> users = mapper.vagueQuery("zh");
94        for (User user : users) {
95            System.out.println(user);
96        }
97    }

Console  Servers
<terminated> TestCRUD3.testDynamicSQL3 [JUnit] C:\Program Files\Java\jdk1.8.0_121\bin\javaw.exe (2019年
==>  Preparing: select * from user WHERE username like concat('%',?, '%')
==> Parameters: zh(String)
<==      Total: 2
User [username=zhangsan, password=111, realname=张三, mobile=13700000003, age=33]
User [username=zhaoliu, password=444, realname=赵六, mobile=13700000006, age=66]
```

图 4.4.1　模糊查询测试代码及其运行结果

4.4.2　分页插件 PageHelper 的使用

1．关于分页插件 PageHelper

在软件开发中，通常会出现组件、控件和插件三个术语。本质上，组件、控件和插件都是类，但有如下不同。

（1）插件是可以增加或增强软件功能的辅助性程序，其命名来源于电路板里可插入的器件（如主板插槽里的显示卡）。插件是指用于扩展某个软件功能的附件，它不能独立运行，只能在特定的软件里运行，如浏览器插件等。

（2）组件适用于二次开发，把别人的组件用在自己开发的软件里，如 Servlet 组件等。组件通常需要在项目配置文件里注册。

（3）控件通常与视图展示有关，用于可视化设计，如 ASP.NET 里的 GridView 控件。视图控件无须在项目配置文件里注册。

数据分页是软件中的一个必备功能。在持久层使用 MyBatis 的情况下，通常使用第三方插件 PageHelper 来实现后台分页。分页插件主要包含 PageHelper 和 PageInfo 两个类，前者提供了分页的静态方法 startPage()，后者封装了分页信息，如图 4.4.2 所示。

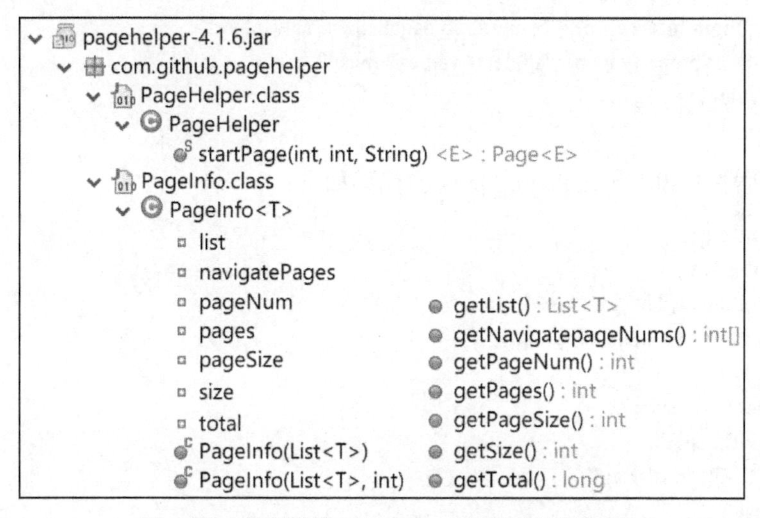

图 4.4.2　使用插件 PageHelper 来实现后台分页

注意： 泛型类 PageInfo 本质上是一个 JavaBean，它封装了数据记录列表、分页大小、当前页等属性及其相应的 getter/setter。为节约篇幅，图 4.4.2 并未列出那些 setter 方法。

2. 使用 PageHelper 的示例项目

示例项目 TestMybatisPaging 的文件系统，如图 4.4.3 所示。

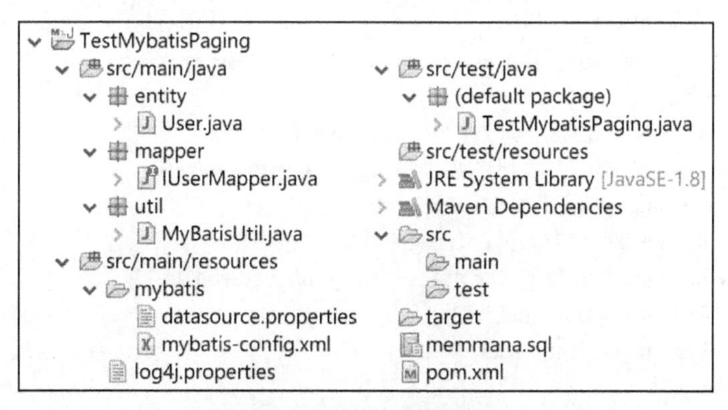

图 4.4.3　项目文件系统

PageHelper 的 pom 依赖代码如下：

```
<!-- 分页插件依赖包 pagehelper -->
    <dependency>
        <groupId>com.github.pagehelper</groupId>
        <artifactId>pagehelper</artifactId>
        <version>4.1.6</version>
</dependency>
```

在 MyBatis 配置文件 mybatis-config.xml 里，插件配置代码如下：

```
    <!-- 分页插件 PageHelper 必须使用 plugin 标签进行配置-->
    <!-- dialect 属性没有默认值，必须指定，可选值为 MySQL、Oracle 和 SQLite 等 -->
    <plugins>
        <plugin interceptor="com.github.pagehelper.PageHelper">
            <property name="dialect" value="mysql" />
        </plugin>
    </plugins>
```

分页测试程序 TestMybatisPaging.java 的代码如下：

```
import java.util.List;
import org.junit.Test;
import com.github.pagehelper.PageHelper;
import com.github.pagehelper.PageInfo;
import entity.User;
import mapper.IUserMapper;
import util.MyBatisUtil;
public class TestMybatisPaging {
        @Test
        public void testUserWithPaing() {
            int pageSize=3;  //设定每页记录数
            int pageNum=3; //当前页
            //先设置分页参数
            PageHelper.startPage(pageNum,pageSize);
            //后查询当前页，必须位于分页设置语句后
            List<User> users=MyBatisUtil.getSqlSession().getMapper(IUserMapper.class).getAllUsers();
            //创建分页对象
            PageInfo<User> pageInfo = new PageInfo<User>(users);
            //输出测试
            System.out.println("总记录数："+pageInfo.getTotal());
            System.out.println("每页记录数："+pageInfo.getPageSize());
            //System.out.println("总页数："+pageInfo.getPages());
            System.out.println("当前页："+pageInfo.getPageNum());
            System.out.println("当前页记录数："+pageInfo.getSize());
            for(User user:pageInfo.getList()) {
                System.out.println(user);
            }
        }
}
```

分页测试程序的运行效果，如图 4.4.4 所示。

```
Servers  Console ☒  JUnit
<terminated> TestMybatisPaging (1) [JUnit] C:\Program Files\Java\jdk1.8.0_121\bin\javaw.exe (2019年11月
==>  Preparing: SELECT count(0) FROM user
==> Parameters: 
<==      Total: 1
==>  Preparing: select * from user order by password limit ?,?
==> Parameters: 6(Integer), 3(Integer)
<==      Total: 1
总记录数：7
每页记录数：3
当前页：3
当前页记录数：1
User [username=chenjiu, password=777, realname=陈久, mobile=13700000009, age=99]
```

图 4.4.4　分页测试程序的运行效果

注意:

（1）项目 MemMana3 后台的会员信息显示页面的分页实现，属于原生方式。本项和项目 MemMana4 目则是使用第三方插件实现的。

（2）MySQL 查询支持范围短语 limit startRecordNum, amount。其中，开始记录号 startRecordNum 从 0 开始编号，amount 是欲取出的记录数量。

（3）如果 PageHelper 插件没有在 MyBatis 配置文件里使用标签<plugin>注册，则分页功能失效。

（4）使用本分页插件，能自动显示所执行的 SQL 命令。

（5）本方式属于后端分页。实际项目开发时，也可以使用前端分页，如创建 Vue 项目。

习题 4

一、判断题

1．使用 MyBatis 框架，一般需要先建立与数据库表对应的实体类。
2．使用 MyBatis 框架，每个实体类必须定义主键。
3．使用 MyBatis 框架，必须先建立扩展名为 XML 的映射文件。
4．使用 MyBatis 框架对数据库进行增加、删除和修改，必须使用事务提交方式。
5．MyBatis 和 Hibernate 是目前流行的 ORM 框架，前者因轻量而更加流行。
6．SqlSession 是 MyBatis 的核心接口，以工厂模式创建该接口类型的对象。

二、选择题

1．在 MyBatis 配置文件里，配置数据源信息时，未使用的标签是____。
A．environment　　B．dataSource
C．property　　D．mapper

2．使用 MyBatis 框架时，最终使用的对象类型是____。
A．Resources　　B．SqlSessionFactoryBuilder
C．SqlSessionFactory　　D．SqlSession

3．使用 MyBatis 框架时，SqlSession 的____方法不必使用事务管理方式。
A．selectList　B．insert　C．delete　D．update

三、填空题

1．在 MyBatis 配置文件的<mapper>标签里，使用____属性引用 XML 映射文件。
2．接口 SqlSession 定义的 insert()和 select()等方法的第一参数均为____。
3．MyBatis 在预编译处理#{}时，会将 SQL 字符中的#{}替换为占位符____。
4．在 MyBatis 配置文件的<mapper>标签里，使用____属性引用映射接口文件。
5．接口 SqlSession 定义的获取映射器的方法名是____。

四、简答题

1．简述使用 MyBatis 框架的主要步骤。
2．MyBatis 的 XML 映射文件中，不同的 XML 映射文件，SQL id 是否可以重复？
3．什么情况下使用注解绑定？什么情况下使用映射文件绑定？
4．如何使用 PageHelper 组件？

实验4　MyBatis框架

一、实验目的

1．掌握在pom.xml中添加MyBatis依赖的代码。

2．掌握MyBatis的主要API。

3．掌握通过XML映射文件使用MyBatis的方法。

4．掌握以“写映射接口文件+SQL注解接口”的方式使用MyBatis的方法。

5．掌握MyBatis的混合使用方式（无SQL注解的映射接口文件+同名的XML映射文件）。

二、实验内容及步骤

【预备】访问上机实验网站http://www.wustwzx.com/javaee/index.html，下载本章实验内容的源代码（含素材）并解压，得到文件夹ch04。

1．以XML映射文件方式使用MyBatis的Java项目

（1）在Eclipse中，导入案例项目TestMybatis1。

（2）查看pom.xml里定义MyBatis框架的坐标。

（3）查看映射文件src/main/resource/mapper/userMapper.xml里各SQL id的定义。

（4）查看配置文件src/main/resource/mybatis/mybatis-config.xml里数据源的配置代码（包含对数据源特性文件datasource.properties的引用）和声明映射文件的代码。

（5）结合程序文件src/main/java/util/MyBatisUtil.java，查看MyBatis的主要API。

（6）查看单元测试文件src/test/java/TestCRUD1.java里访问MySQL数据库的代码。

（7）分别对查询方法、增加方法和删除方法做单元测试。

2．以“映射接口文件+SQL注解接口”的方式使用MyBatis的Java项目

（1）在Eclipse中，导入案例项目TestMybatis2。

（2）查看映射接口文件src/main/java/mapper/userMapper.java里各方法的定义及对应的SQL注解。

（3）查看配置文件src/main/resource/mybatis/mybatis-config.xml里声明映射接口文件的代码，并与项目TestMybatis1进行对比。

（4）查看单元测试文件src/test/java/TestCRUD2.java里通过映射器访问MySQL数据库的代码，并与项目TestMybatis1进行对比。其中，单元测试方法与接口方法名称相同。

（5）对增加方法做单元测试后，编写查询方法和删除方法，然后进行两次验证。

3．以“纯映射接口文件+XML映射文件”的方式使用MyBatis的Java项目

（1）在Eclipse中，导入案例项目TestMybatis3。

（2）查看映射接口文件src/main/java/mapper/userMapper.java里各方法未使用SQL的注解。

（3）查看配置文件 src/main/resource/mybatis/mybatis-config.xml 里声明映射接口文件的代码。

（4）查验单元测试文件 src/test/java/TestCRUD3.java 里定义的方法与接口方法名称是否相同，XML 映射文件可以存放到接口文件所在的文件夹。

（5）分析 XML 文件里动态 SQL 的使用方法，并做运行测试。

4．使用 MyBatis 分页插件的示例项目 TestMybatisPaging

（1）在 Eclipse 中，导入案例项目 TestMybatisPaging。

（2）查看分页插件 PageHelper 的 pom 依赖。

（3）查看配置文件 mybatis-config.xml 里注册分页插件的代码。

（4）查看分页插件的相关 API。

（5）查看测试程序里使用分页插件的方法，并做运行测试。

三、实验小结及思考

（由学生填写，重点填写上机实验中遇到的问题。）

第 5 章

Spring MVC 框架

作为 Web 前端框架的 Spring MVC，是对 Servlet 的再封装，也是继 Struts 2 之后的一款开源产品。Spring MVC 的开发效率和性能高于 Struts 2，并且实现了各个模块代码的分离。Spring MVC 分离了控制器、模型对象、分配器和处理程序对象的角色，这种分离让它们更容易进行定制。本章学习要点如下：

- 理解 Spring MVC 是一个基于 MVC 开发模式的 Web 框架；
- 了解 Spring MVC 与 Struts 2 的区别；
- 掌握 Spring MVC 中各 jar 包、软件包及其主要类的作用；
- 掌握 Spring MVC 项目配置文件与 Spring MVC 配置文件的编写方法；
- 掌握使用 Spring MVC 实现文件上传的方法；
- 掌握使用 Spring MVC 处理 Ajax 请求的方法；
- 掌握使用 Spring MVC 开发 Web 项目的一般步骤。

5.1　Spring MVC 概述

5.1.1　问题的提出

使用 Servlet 开发项目时，存在如下几个方面的问题。

（1）每个 Servlet 控制器只能完成一个特定的功能，却不能将相关功能组合在一个控制器内，这会导致控制器的数量过多，且没有实现模块化。例如，对用户的 CRUD 操作，就需要写用户登录、注册和管理的多个不同的 Servlet 控制器。

（2）控制器接收请求参数时，也需要编写代码，不能自动接收。

（3）文件的上传与下载是 Web 开发的常用功能，使用 Servlet 实现较为复杂。

Spring MVC 框架完美地解决了上述问题。

5.1.2　Spring MVC 的主要特性

Spring MVC 是继 Struts 2 之后的一款开源产品，也是对 Servlet 的再封装，它们只是实现方式的不同而已。Struts 2 使用过滤器拦截用户请求，而 Spring MVC 则使用最传统的 Servlet 作为转发器。

Spring MVC 是基于方法的设计，一个方法对应一个请求的上下文，不同方法获取的请求数据是独立的；Struts 2 是基于类的设计，每一次请求都会实例化一个 Action。

Spring MVC 使用简单易用的 JSP 视图资源解析器，配合 JSTL 标签，可以方便地设计视图、解析控制器转发而来的动态数据。

Spring MVC 和 Spring 是无缝集成的。因此，从执行效率上来说，Spring MVC 比 Struts 2 高。

Spring MVC 支持 JSR 303 验证（Bean Validation），处理过程相对灵活、易用，而 Struts 2 的检验配置编写起来比较烦琐。

注意：

（1）因 Spring MVC 的设计特点，使零配置成为可能（Spring MVC 配置文件除外）；

（2）Spring MVC jar 包含 Spring 基本 jar 包。

5.1.3 Spring MVC 的工作原理

Spring MVC 的核心是 DispatcherServlet，它负责接收 http 的请求和协调 Spring MVC 中各个组件来完成请求处理的任务。一个 http 请求被截获后，DispatcherServlet 就会通过 HandlerMapping（处理器映射器）定位到特定的 Handler（后面编程时用 Controller），然后通过 HandlerAdapter 调用 Controller 的业务处理方法后，返回一个 ModelAndView（模型数据与逻辑视图），交给 DisparthServlet。DispatcherServlet 调用 ViewResolver（视图解析器）解析出真实的视图对象，得到这个视图对象后，再使用 Model 对其进行渲染，最终把结果返回给用户，如图 5.1.1 所示。

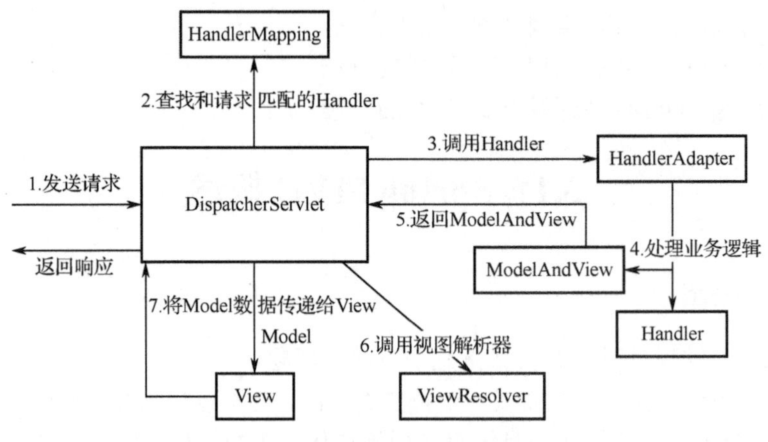

图 5.1.1 Spring MVC 的工作原理

（1）DispatcherSevlet 是 Spring 提供的前端控制器。客户端通过浏览器发出一个 http 请求后，Web 容器（如 Tomcat）将请求转交给 DispatcherServlet（控制权转移）。

（2）Spring MVC 框架对控制器程序使用@Controller 注解，对控制器及其方法做了路径映射处理。因此，DispatcherServlet 在接收请求之后，将根据请求信息查找 HandlerMapping（处理器映射）的配置信息。

（3）DispatcherServlet 根据 HandlerMapping 找到对应的处理器 Handler, 并将处理权交给 Handler。Handler 对具体的处理进行封装后，再由处理器适配器 HandlerAdapter 对 Handler 进行具体的调用。

（4）用 Handler 对数据进行处理。

（5）返回一个 ModelAndView 对象给 DispatcherServlet。

（6）Handler 返回的 ModelAndView()只是一个逻辑视图，DispatcherSevlet 通过调用视图

解析器 ViewResolver 将逻辑视图转化为真实视图。

（7）结果数据通过 Model 对象传递给 View 对象。

注意：

（1）Handler 只是一个术语，它不是类或接口。Controller 是 Handler，但 Handler 不一定是 Controller。例如，HttpRequestHandler 和 MessageHandler 等，都是 DispatcherServlet 的处理程序；

（2）Spring MVC 的方法之间基本上是独立的，可独享请求与响应数据（方法之间不共享变量）；

（3）请求数据通过 http 请求参数获取；

（4）DispatcherServlet 对控制器方法的调用，是使用 Java 反射技术实现的。

5.2　使用 Spring MVC 框架前的准备

5.2.1　Spring MVC 框架依赖

定义 Spring MVC 框架依赖的 pom 坐标如下：

```
<dependency>
    <groupId>org.springframework</groupId>
    <artifactId>spring-webmvc</artifactId>
    <version>5.0.2.RELEASE</version>
</dependency>
```

本依赖所对应的 jar 包（共 8 个），如图 5.2.1 所示。

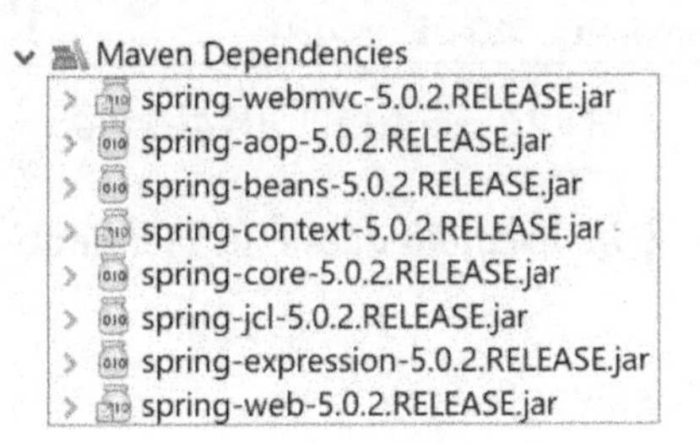

图 5.2.1　Spring MVC 框架的基本依赖包

注意：Spring MVC 与 Spring 是同一家公司的产品，Spring 被优先推出。因此，Spring 与 Spring MVC 有许多共同的 jar 包。当然，Spring MVC 也增加了一些 jar 包，如核心包 spring-webmvc-5.0.2.RELEASE.jar 等。

5.2.2　Spring MVC 的主要 API

Spring MVC 的主要 API 如下：

（1）webmvc jar 包提供了前端控制器 DispatcherServlet、内部资源视图解析器 InternalResourceViewResolver、JstlView 和控制器接口 Controller；

（2）web jar 包提供了路径请求映射注解类 requestMapping 等；

（3）context jar 包提供了控制器注解类@Controller 和模型接口 Model。

Spring MVC 的主要 API 如图 5.2.2 所示。

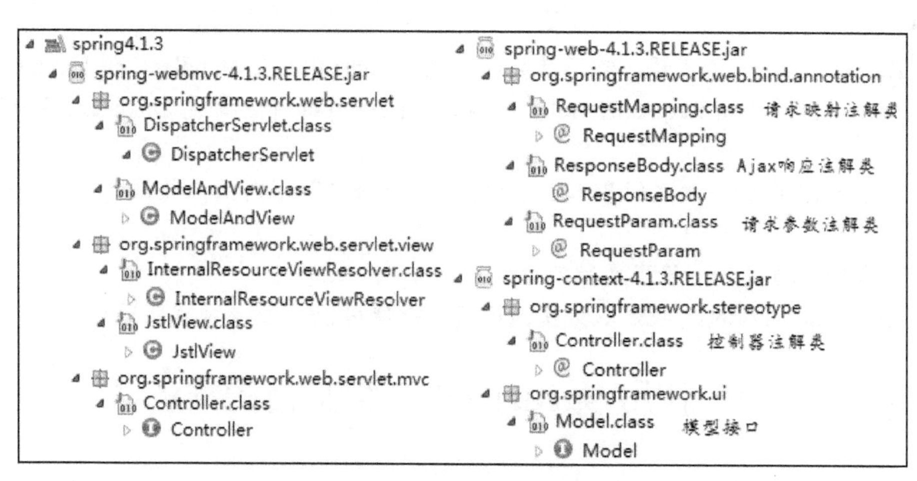

图 5.2.2　Spring MVC 的主要 API

1．模型接口 Model 与模型视图类 ModelAndView

模型接口与模型视图类如图 5.2.3 所示。

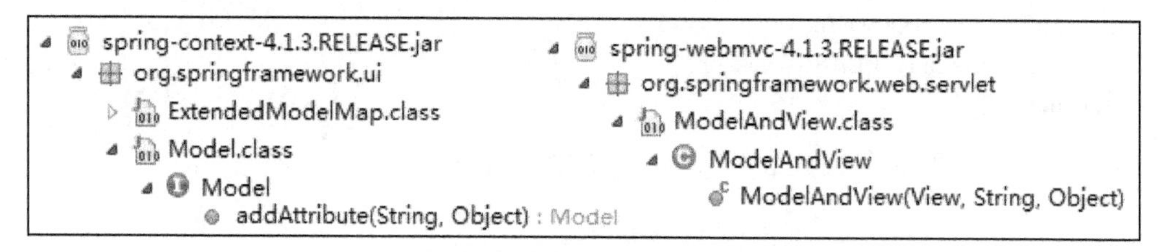

图 5.2.3　模型接口与模型视图类

注意：接口 Controller 的方法 handleRequest(HttpServletRequest,HttpServletresponse)的返回值类型是 ModelAndView。

2．视图解析器类 ViewResolver

ViewResolver（视图解析器）可以根据.xml 里配置的视图资源的路径前缀和文件格式后缀找到用户想要的具体视图文件，如.html、.jsp 等。

5.2.3　Spring MVC 项目配置

在 Spring MVC 项目配置文件 web.xml 里，主要包括 Spring MVC 框架配置文件的路径配置、核心控制器的配置，其代码如下面的粗体部分。

```
<?xml version="1.0" encoding="utf-8"?>
<web-app xmlns:xsi="http://www.w3.org/2001/XMLSchema-instance"
xmlns="http://java.sun.com/xml/ns/javaee"
xmlns:web="http://java.sun.com/xml/ns/javaee/web-app_2_5.xsd"
xsi:schemaLocation="http://java.sun.com/xml/ns/javaee
```

```
http://java.sun.com/xml/ns/javaee/web-app_2_5.xsd" id="WebApp_ID" version="2.5">
   <servlet>
       <servlet-name>springmvc</servlet-name>
       <servlet-class>org.springframework.web.servlet.DispatcherServlet</servlet-class>
       <init-param>
           <param-name>contextConfigLocation</param-name>
           <param-value>classpath:config/springmvc.xml</param-value>
       </init-param>
       <load-on-startup>1</load-on-startup>
   </servlet>
   <servlet-mapping>
      <servlet-name>springmvc</servlet-name>
      <url-pattern>/</url-pattern>
   </servlet-mapping>
   <!--下面的字符编码过滤配置与主页设置省略-->
</web-app>
```

标签<servlet-class>配置的 Web 前端核心控制器所在的位置，如图 5.2.4 所示。

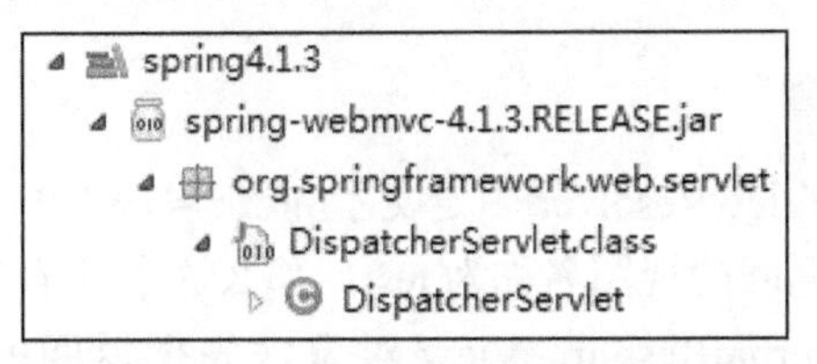

图 5.2.4　Spring MVC 框架 Web 前端的核心控制器

在 web.xml 中，加载 Spring MVC 配置文件有两种方式：一是指定加载，其配置文件一般存放在 src 的某个文件夹内，文件名称可以随意取；二是默认加载存放在 WEB-INF 的 Spring MVC 配置文件名称为“[Sprig MVC 配置的 servlet-name]-serlvet.xml”的.xml 文件，此时，在 web.xml 里不使用标签<init-param>。

注意：

（1）Spring MVC 框架的配置名称及存放路径不是固定的，文件名可随意命名。此时，在 web.xml 文件里，需要指定加载路径；

（2）此处 Spring MVC 配置文件的加载方式是指定加载，不推荐使用默认加载方式。

5.2.4　Spring MVC 框架配置

Spring MVC 框架配置包含在一个.xml 文件里，如命名为 spingmvc-config.xml。Spring MVC 配置文件被项目配置文件 web.xml 调用，其一般应包含注解驱动配置、组件扫描包配置、资源视图解析器配置和静态资源映射配置。

1．注解驱动配置

在 Spring 配置文件里，添加注解驱动实质上是加载处理注解的映射器和适配器，相当于注册了 DefaultAnnotationHandlerMapping 和 AnnotationMethodHandlerAdapter 的两个 bean，其代码如下：

```
<mvc:annotation-driven />
```

注意：注解驱动配置是在控制器文件里使用@Controller 等注解的前提。

2. 组件扫描包配置

在 Spring MVC 框架配置文件里配置了<context:component-scan>标签后，Spring 可以自动扫描其属性 base-package 指示的包（包括子包）里的 Java 文件。如果扫描到@Controller、@Service 和@Repository 等注解类，则把这些类注解为 bean。

使用控制器组件扫描的示例代码如下：

```
<context:component-scan base-package="com.memmana.controller" />
```

注意：

（1）当项目采用 DAO 模式编写程序时，其控制层组件（使用@Controller 注解）、服务层组件（使用@Service 注解）和数据访问层组件（使用@Repository 注解）均需要作为组件被扫描到。为方便扫描，这三层可放到同一包内。

（2）@Component 泛指上面三种组件注解，当组件不便归类的时候，就可以使用这个注解进行标注。

3. 资源视图解析器配置

如果在 InternalResourceViewResolver 中定义了 prefix="/WEB-INF/"和 suffix=".jsp"，然后请求的 Controller 处理器方法返回的视图名称为 test，那么这个时候 InternalResourceViewResolver 就会把 test 解析为一个 InternalResourceView 对象，先把返回的模型属性都存放到对应的 HttpServletRequest 属性中，然后利用 RequestDispatcher 在服务器端把请求（forward）放到 /WEB-INF/test.jsp 中。

JSP 资源视图解析器配置的示例代码如下：

```
<bean class="org.springframework.web.servlet.view.InternalResourceViewResolver">
    <!-- 支持 JSTL，属性注入  -->
    <property name="viewClass" value="org.springframework.web.servlet.view.JstlView"/>
    <!-- 视图文件地址后缀 -->
    <property name="suffix" value=".jsp" />
</bean>
```

注意：

（1）使用 Spring 框架的依赖注入功能，创建 InternalResourceViewResolver 对象。事实上，Spring MVC 与 Spring 两个框架的依赖 jar 包里有些是相同的；

（2）存放在/WEB-INF/下的资源不能直接通过 request 得到，出于安全性考虑，通常会把.jsp 文件存放在 WEB-INF 目录的子文件夹里，然后使用 InternalResourceViewResolver 就可以很好地解决这个问题。

4. 静态资源映射配置

由于在 Spring MVC 项目配置文件中配置的 org.springframework.web.servlet, DispatcherServlet 会处理一切 URL 对应的请求，因此，在 Spring MVC 配置文件里，可以使用标签<mvc:resources>对静态资源文件（非转发调用的视图文件）映射。

为了访问 WEB-INF 里的静态资源文件夹，需要先做映射处理。静态资源映射配置的示例代码如下：

```
<mvc:resources location="/WEB-INF/static/css/" mapping="/static/css/**"/>
<mvc:resources location="/WEB-INF/static/js/" mapping="/static/js/**"/>
<mvc:resources location="/WEB-INF/static/images/" mapping="/static/images/**"/>
<mvc:resources location="/WEB-INF/static/upload/" mapping="/static/upload/**"/>
```

在 Spring MVC 框架配置文件里有上述配置信息。例如，项目 MemMana7_ssm 的 Spring MVC 配置文件 src/config/springmvc.xml 的代码如下：

```
<beans xmlns="http://www.springframework.org/schema/beans"
xmlns:xsi=http://www.w3.org/2001/XMLSchema-instance
xmlns:mvc="http://www.springframework.org/schema/mvc"
    xmlns:context="http://www.springframework.org/schema/context"
    xmlns:aop=http://www.springframework.org/schema/aop
xmlns:tx="http://www.springframework.org/schema/tx"
    xsi:schemaLocation="http://www.springframework.org/schema/beans
        http://www.springframework.org/schema/beans/spring-beans-3.2.xsd
        http://www.springframework.org/schema/mvc
        http://www.springframework.org/schema/mvc/spring-mvc-3.2.xsd
        http://www.springframework.org/schema/context
        http://www.springframework.org/schema/context/spring-context-3.2.xsd
        http://www.springframework.org/schema/aop
        http://www.springframework.org/schema/aop/spring-aop-3.2.xsd
        http://www.springframework.org/schema/tx
        http://www.springframework.org/schema/tx/spring-tx-3.2.xsd ">
    <!-- 注解驱动配置 -->
    <mvc:annotation-driven />
    <!-- 组件扫描包设置 -->
    <context:component-scan base-package="com.memmana.controller" />
    <!-- 配置 JSP 视图解析器-->
    <bean class="org.springframework.web.servlet.view.InternalResourceViewResolver">
        <property name="viewClass" value="org.springframework.web.servlet.view.JstlView"/>
        <!-- 视图文件地址前缀 -->
        <property name="prefix" value="/WEB-INF/views/" />
        <!-- 视图文件地址后缀 -->
        <property name="suffix" value=".jsp" />
 </bean>
    <!-- 将静态文件（非动态页文件）指定到某个特殊的文件夹中统一处理 -->
    <mvc:resources location="/WEB-INF/static/css/" mapping="/static/css/**"/>
    <mvc:resources location="/WEB-INF/static/js/" mapping="/static/js/**"/>
    <mvc:resources location="/WEB-INF/static/images/" mapping="/static/images/**"/>
    <mvc:resources location="/WEB-INF/static/upload/" mapping="/static/upload/**"/>
    <!-- 设置 multipartResolver 才能完成文件上传 -->
    <bean id="multipartResolver" class="org.springframework.web.
     multipart.commons.CommonsMultipartResolver">
        <property name="maxUploadSize" value="5000000"></property>
    </bean>
 </beans>
```

启动 Tomcat 时，可以看到控制台中，有对已部署 Spring MVC 项目配置文件的解析信息。

5.3 Spring MVC 控制器

在 Spring MVC 项目开发时，可使用注解@Controller 对控制器进行注解。使用 DAO 模式进行程序的分层架构时，通过使用注解@Autowired 来注入其他层创建的对象。

5.3.1 控制器注解

Spring MVC 控制器的作用与 Servlet 控制器基本相同，即处理客户提交的请求、调用服务层处理数据、转发模型数据到视图模板显示或重定向至其他某个控制器方法。

Spring MVC 控制器需要使用@Controller 注解，并使用@RequestMapping({...})配置请求映射。注解和映射 Home 控制器的示例代码如下：

```
@Controller
@RequestMapping({"/Home",""})
public class HomeController {
    //类定义
}
```

注意：

（1）请求映射的多个路径值应放在一对花括号内，并使用逗号分隔；

（2）以上 Spring MVC 配置文件的加载方式是指定加载。

5.3.2 方法注解与返回值

在基于注解的控制器类里，可以为每个请求编写对应的处理方法，使用 org.springframework.web.bind.annotation.RequestMapping 注解类型将请求与处理方法一一对应。

1．请求路径映射@RequestMapping

注解 RequestMapping 也可用于控制器方法上，方法注解的一个示例代码如下：

```
@Controller
@RequestMapping({"", "/", "/Home" })        //多路径映射时，需要使用一对花括号{}
public class HomeController {
   @RequestMapping({"", "/", "/index" })
    public String index(){
        return "home/index";                //逻辑视图名
    }
}
```

2．Ajax 注解@ResponseBody

Spring MVC 集成了 Ajax，一般在异步获取数据时使用，使用非常方便，只需一个注解@ResponseBody 就可以实现。对控制器方法使用@Responsebody 注解后，返回结果将输出到页面，而不会被解析为跳转路径。

Spring 使用了 Jackson 类库，可在 Java 对象与 JSON（或 XML）数据之间进行转换，将控制器返回的对象直接转换成 JSON 数据，供客户端使用。客户端传送 JSON 数据到服务器，将其直接转换成 Java 对象。

使用了 Ajax 的 Spring MVC 项目，需要在 pom.xml 中添加如下依赖：

```
<dependency>
    <groupId>com.fasterxml.jackson.core</groupId>
    <artifactId>jackson-databind</artifactId>
    <version>2.5.4</version>
</dependency>
```

注意：

（1）将@ResponseBody 注解方法返回值的数据格式，默认为 json 格式；

（2）依赖包 jackson-databind 版本需要与 Spring MVC 版本相适应。Spring MVC 4.1.3 与 jackson-databind 2.5.4 相适应，而 Spring MVC 5.0.2 与 jackson-databind 2.10.0 相适应。

3．方法返回值

对于 MVC 框架，使用控制器方法执行业务逻辑，可产生模型数据。将模型数据传递给视图，是 Spring MVC 框架的一项重要工作，Spring MVC 提供了多种方式，其中常用的两种方式是：

- 使用 Model；
- 使用 ModelAndView。

接口 org.springframework.ui.Model 是一个 Spring MVC 类型，可使用 Map 对象来存储数据。控制器方法如果添加了 Model 参数，则在每次调用时，Spring MVC 都会自动创建 Model 对象，用来保存请求参数。

控制器方法如果没有使用@responsebody 注解且返回值类型为 String，则返回值会解析为转发或重定向的跳转路径。此时，需要使用 Model 类将结果数据转发至视图。

控制器方法如果没有使用@responsebody 注解且返回值类型为 ModelAndView，则需要在方法里使用 new 运算符创建 ModelAndView 对象，用来存放 Map 数据和视图名称。

注意：Model 对象是由 Spring MVC 自动创建的，而 ModelAndView 对象则需要由开发者创建。

5.3.3　请求参数类型与传值方式

Spring MVC 控制器在处理客户端请求前，通常先需要获取请求参数，Spring MVC 提供了多种传值方式，并内置了 Model 类型的对象 model 和 HttpSession 类型的对象 session 供使用。

1．属性传值

属性传值是把表单的参数写在方法的形参里，其示例代码如下：

```
@RequestMapping("/login")
public ModelAndView login(String username,String password){
    ModelAndView mv = new ModelAndView();
    User user=new User();
    user.setUsername(username);
    user.setPassword(password);
    mv.addObject("user",user);                //设置模型
```

```
        mv.setViewName("home/welcome");      //设置视图
        return mv;
    }
```

注意：

（1）Spring MVC 项目的控制器，不需要建立与表单参数相对应的类属性及其 get/set 方法，这比 Struts 框架更加简便；

（2）属性传值也适用于接收超链接传递的参数。

2．使用实体类对象接收请求参数

当表单元素名与实体类属性相同时，可以使用相应的实体类对象来接收表单提交的参数，其示例代码如下：

```
@RequestMapping(value="/Login")
public String login( User user, Model model ){
        model.addAttribute(user);
        return "login/welcome";
}
```

3．重定向时使用会话对象实现传值

与以前的 Web 项目一样，在 Spring MVC 项目中也可以建立会话信息，通过控制器方法包含 HttpSession 类型的参数，其示例代码如下：

```
@RequestMapping(value="/login",method = RequestMethod.POST)
public String login(User user, HttpSession session){
      if(user.getUsername().equals("zz")) {
          session.setAttribute("user", user);
          return "redirect:/user/welcome";
      }else {
          session.setAttribute("errorMsg", "用户名或密码错！");
          return "redirect:/user/login";              //“redirect:”是重定向标识
      }
}
```

注意：HttpSession 类型的对象 session 是由 Spring MVC 自动创建的。

【例 5.3.1】 一个简单的 Spring MVC 示例项目。

在项目 TestSpringMVC 里，只有一个控制器及其对应的视图文件，如图 5.3.1 所示。

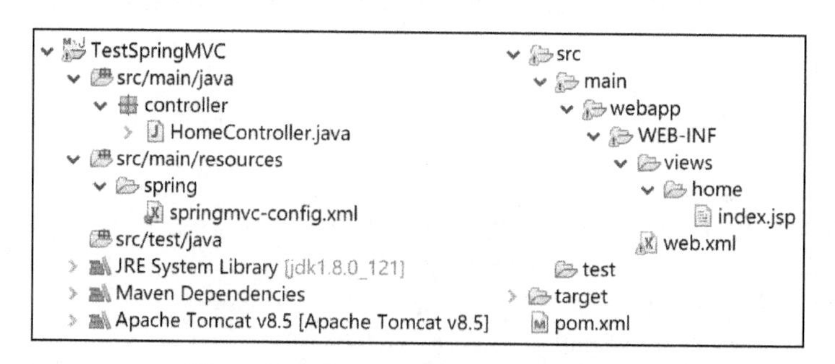

图 5.3.1　TestSpringMVC 项目文件系统

控制器只有一个方法，转发至视图时没有数据传递，其文件 HomeController.java 的代码如下：

```
package controller;
/*
 * 使用注解方式注解控制器类（是 Controller 的子类）
 * 使用注解方式注解控制器类及控制器类方法的请求映射
 * 方法返回值为字符串类型，自动转发至相应的视图
 */
import org.springframework.stereotype.Controller;
import org.springframework.web.bind.annotation.RequestMapping;
@Controller
@RequestMapping({"", "/", "/Home" })  //多路径映射时，需要使用一对花括号{}
public class HomeController {
        @RequestMapping({"", "/", "/index" })
    public String index(){
        return "home/index";    //逻辑视图名
    }
}
```

注意：本项目的视图文件保存在 WEB-INF 这个特殊的文件夹里，具有高安全性。在 Servlet 实现的 MVC 项目里，视图文件却不可存放至 WEB-INF 文件夹里。

【例 5.3.2】 包含数据接收与转发的 Spring MVC 示例项目。

在项目 TestSpringMVC2 里，只有一个控制器及其对应的视图文件，如图 5.3.2 所示。

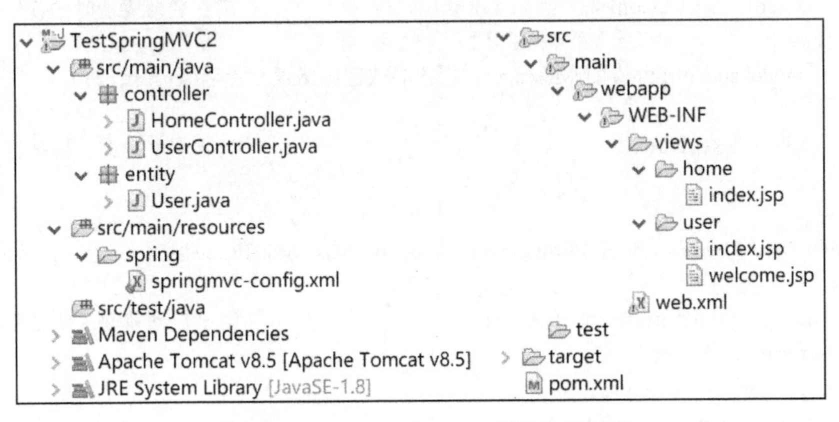

图 5.3.2　TestSpringMVC2 项目文件系统

User 控制器定义了 index()和 login(User user,Model model,HttpSession session)两个方法。其中，index()方法用于用户登录，对应的视图为表单，且以 login()方法作为表单处理程序。文件 HomeController.java 的代码如下：

```
package controller;
import javax.servlet.http.HttpSession;
/*
 * 控制器及其方法的配置，决定了访问方式
 * 访问站点默认主页：http://localhost:8080/TestSpringMVC2
```

```
 * 进入登录，需要在地址栏输入：http://localhost:8080/TestSpringMVC2/User/
 * 项目名后的/User 表示访问 UserController 控制器，再后面的/表示访问该控制器下的 index()方法
 */
import org.springframework.stereotype.Controller;
import org.springframework.ui.Model;
import org.springframework.web.bind.annotation.RequestMapping;
import org.springframework.web.servlet.ModelAndView;
import entity.User;
@Controller
@RequestMapping("/User")
public class UserController {   //登录
    @RequestMapping("/index")
    public String index(){
        return "user/index";
    }
    @RequestMapping("/login")
    public String login(User user,Model model,HttpSession session){
    //模型驱动：当实体类属性名与表单元素名相同时，可使用实体类对象作为方法参数实现自动
                                                                    接收请求数据
        System.out.println(user);
        if(user.getUsername().equals("wustzz")&&user.getPassword().equals("123")) {
            //Spring MVC 框架提供了接口 Model，用于转发到视图时携带数据
            model.addAttribute(user);                              //设置模型数据
            session.setAttribute("UserName",user.getUsername());   //建立会话信息
            return "user/welcome";                                 //设置登录成功时的视图
        }else {
            model.addAttribute("errMessage", "用户名或密码错误！使用(wustzz,123）
                                                              才能登录成功。");
            return "user/index";                                   //进入表单视图，重新登录
        }
    }
  /*public ModelAndView login(String username,String password,HttpSession session){  //方法参数与表
                                                                    单元素同名时
       System.out.println(username+password);                     //测试自动获取【属性驱动】
       User user=new User();
       user.setUsername(username);
       user.setPassword(password);
       //Spring MVC 框架提供了模型视图类 ModelAndView
       ModelAndView mv = new ModelAndView();
       if(user.getUsername().equals("wustzz")&&user.getPassword().equals("123")) {
          mv.addObject("user",user);                              //设置模型数据
          mv.setViewName("user/welcome");                         //设置登录成功时的视图
          session.setAttribute("UserName",user.getUsername());    //建立会话信息
       }else {
          mv.addObject("errMessage", "用户名或密码错误！使用（wustzz,123）才能登录成功。");
          mv.setViewName("user/index");                           //进入表单视图，重新登录
       }
```

```
        return mv;
    }*/
    /*public ModelAndView login(User user,HttpSession session){  //方法参数作为实体类成员属性
        System.out.println(user);
        //Spring MVC 框架提供了模型视图类 ModelAndView
        ModelAndView mv=new ModelAndView();
        if(user.getUsername().equals("wustzz")&&user.getPassword().equals("123")) {
            mv.addObject("user",user);                             //设置模型数据
            mv.setViewName("user/welcome");                        //设置登录成功时的视图
            session.setAttribute("UserName",user.getUsername());   //建立会话信息
        }else {
            mv.addObject("errMessage", "用户名或密码错误！使用(wustzz,123）才能登录成功。");
            mv.setViewName("user/index");                          //进入表单视图，重新登录
        }
        return mv;
    }*/
}
```

5.3.4　Spring MVC 多文件上传

1．相关 API

第 3 章中已经介绍了在 Servlet 环境下使用文件上传组件，而 Spring MVC 则做了进一步封装，使操作更加简单。Spring MVC 上传文件使用了 Commons FileUpload 类库，即 CommonsMultipartResolver，用 Commons Fileupload 来处理 Multipart File 请求，将 Commons FileUpload 对象转换成 Spring MVC 对象。

Spring MVC 提供了接口 MultipartFile，配合文件上传组件类 FileUtils，就可方便地实现文件上传，其软件包及其相关 API 如图 5.3.3 所示。

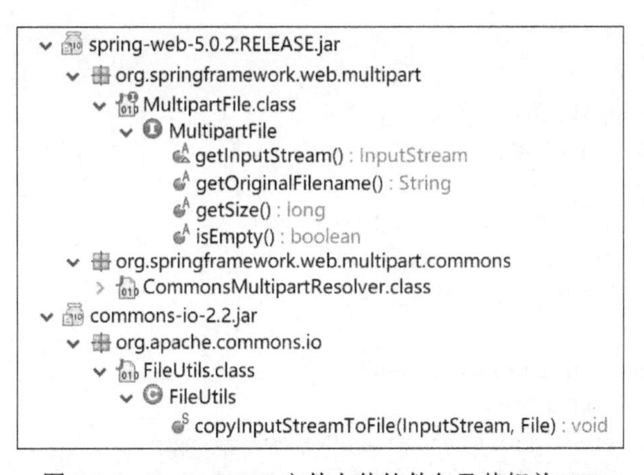

图 5.3.3　Spring MVC 文件上传软件包及其相关 API

2．Spring MVC 多文件上传示例项目

使用 Spring MVC 实现文件上传项目 SpringMVCFileUpload 的文件系统，如图 5.3.4 所示。

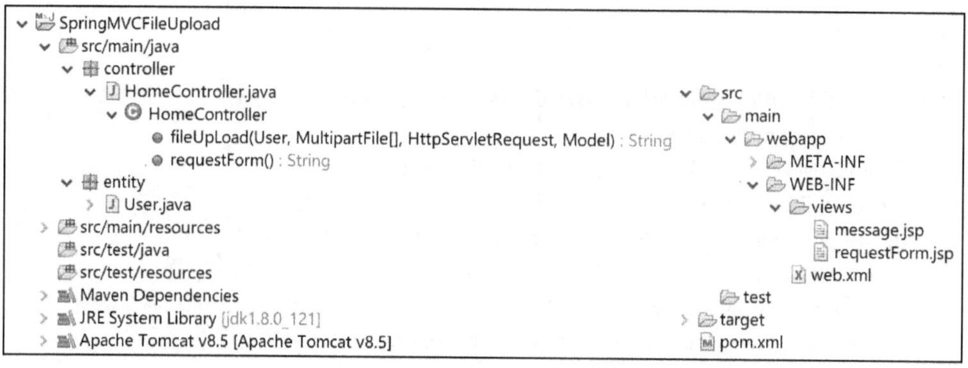

```
SpringMVCFileUpload
  src/main/java
    controller
      HomeController.java
        HomeController
          fileUpLoad(User, MultipartFile[], HttpServletRequest, Model) : String
          requestForm() : String
    entity
      User.java
  src/main/resources
  src/test/java
  src/test/resources
  Maven Dependencies
  JRE System Library [jdk1.8.0_121]
  Apache Tomcat v8.5 [Apache Tomcat v8.5]

src
  main
    webapp
      META-INF
      WEB-INF
        views
          message.jsp
          requestForm.jsp
        web.xml
  test
target
pom.xml
```

图 5.3.4　Spring MVC 文件上传示例

表单页面 requestForm.jsp 除了包含普通的文本字段，还有多个用于文件上传的 file 字段，其主要代码如下：

```
<div class="main">   <!-- 注册页面主体 -->
    <form method="post" action="fileUpLoad" enctype="multipart/form-data">
        会员名称：<input type="text" name="username"><br/>
        会员真名：<input type="text" name="realname"><br/>
        会员密码：<input type="password" name="password"><br/>
        电话号码：<input type="text" name="mobile"><br/>
        年  龄：<input type="text" name="age"><br/>
        附件 1：<input type="file" name="attachs"/><br/>
        附件 2：<input type="file" name="attachs"/><br/>
        <input type="submit" value="注册"/>
    </form>
</div>
```

该方法完整的代码如下：

```
package controller;
import java.io.File;
import javax.servlet.http.HttpServletRequest;
import org.apache.commons.io.FileUtils;
/*
 * 使用注解方式注解控制器类（是 Controller 的子类）
 * 使用注解方式注解控制器类及控制器类方法的请求映射
 * 方法返回值为字符串类型，自动转发至相应的视图
 */
import org.springframework.stereotype.Controller;
import org.springframework.ui.Model;
import org.springframework.web.bind.annotation.RequestMapping;
import org.springframework.web.bind.annotation.RequestMethod;
import org.springframework.web.bind.annotation.RequestParam;
import org.springframework.web.multipart.MultipartFile;
import entity.User;
@Controller
@RequestMapping({"/Home",""})
```

```
public class HomeController {
@RequestMapping({"/requestForm",""})
    public String requestForm(){
        return "requestForm"; //转发至视图
    }
@RequestMapping(value="/fileUpLoad",method=RequestMethod.POST)
    public String fileUpLoad(User user,@RequestParam("attachs")MultipartFile[]attachs,
                                    HttpServletRequest request,Model model) throws Exception{
        System.out.println(user);
        //构建上传文件的保存路径：项目根目录下的文件夹 upload
        String realPath=request.getServletContext().getRealPath("/upload");
        //String realPath=request.getRealPath("/upload");   //不推荐使用此方法
        System.out.println(realPath);
        for(MultipartFile attach:attachs) {                  //遍历所有文件的上传域
            if(attach.isEmpty()) continue;
            System.out.println(attach.getOriginalFilename());
            File file=new File(realPath+"/"+attach.getOriginalFilename());
            FileUtils.copyInputStreamToFile(attach.getInputStream(),file);
        }
        model.addAttribute("message","文件已上传，请进入文件夹
                                    Tomcat/webapps/本项目名/upload，查验上传的文件…");
        return "message";
    }
}
```

由于控制器程序方法 Home/fileUpload()包含了接口 MultipartFile 类型的参数，因此，在 Spring MVC 配置文件里，创建了该接口类型的实现类 CommonsMultipartResolver 的对象。Spring MVC 创建多文件上传解析器对象的代码如下：

```
<bean id="multipartResolver" class="org.springframework.web.multipart.commons.
                                                    CommonsMultipartResolver">
    <property name="maxUploadSize" value="5000000"/>
    <property name="defaultEncoding" value="UTF-8"/>
</bean>
```

注意： Spring MVC 实现多文件上传，需要在配置文件里创建多文件上传解析器 CommonsMultipartResolver 对象，并设置最大尺寸（字节为单位）和字段编码。屏蔽此代码，将导致表单提交及上传功能失效。

Spring MVC 项目注册时，含有文件（附件）的上传功能，其效果如图 5.3.5 所示。

http://localhost:8080/SpringMVCFileUpload/

会员名称：

会员真名：

会员密码：

电话号码：

年　龄：

附件1：　浏览...

附件2：　浏览...

注册

图 5.3.5　Spring MVC 文件的上传效果

5.4 综合项目 MemMana4_5

5.4.1 项目整体设计

综合项目 MemMana4_5 同时使用了 Spring MVC 框架和 MyBatis 框架，分别包含了主控制器 Home、用户控制器 User 和后台管理控制器 Admin，程序设计采用 DAO 模式，MyBatis 采用映射接口+SQL 注解方式，其文件系统如图 5.4.1 所示。

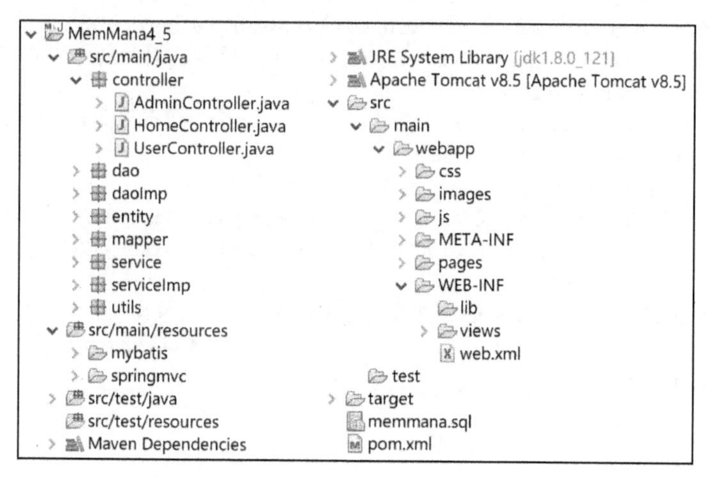

图 5.4.1 使用 Spring MVC 和 MyBatis 两种框架的项目文件系统

5.4.2 使用 Ajax 设计管理员登录页面

1. MD5 加密算法

类 java.security.MessageDigest 为应用程序提供了信息摘要算法的功能，如 MD5 算法和 SHA 算法。信息摘要是安全的单向哈希函数，它可接收任意大小的数据，输出固定长度的哈希值。例如，在项目数据库 memmana 的表 admin 里，存放的管理员登录密码是字符串"admin"的 MD5 加密编码"21232f297a57a5a743894a0e4a801fc3"。

MD5 加密算法的完整代码如下：

```
package utils;
import java.security.MessageDigest;
public class MD5Util {
    public final static String MD5(String s) {
        char hexDigits[] = { '0', '1', '2', '3', '4', '5', '6', '7', '8', '9',
                'A', 'B', 'C', 'D', 'E', 'F' };
        try {
            byte[] btInput = s.getBytes();
            //获取 MessageDigest 对象
            MessageDigest mdInst = MessageDigest.getInstance("MD5");
            //使用指定的字节更新摘要
            mdInst.update(btInput);
```

```
            //获得密文
            byte[] md = mdInst.digest();
            //把密文转换成十六进制的字符串形式
            int j = md.length;
            char str[] = new char[j * 2];
            int k = 0;
            for (int i = 0; i < j; i++) {
                byte byte0 = md[i];
                str[k++] = hexDigits[byte0 >>> 4 & 0xf];
                str[k++] = hexDigits[byte0 & 0xf];
            }
            return new String(str);  //字母小写
            //return new String(str).toUpperCase();
        } catch (Exception e) {
            e.printStackTrace();
            return null;
        }
    }
}
```

2. Ajax 实现

管理员登录页面 adminLogin.jsp 包含一个用于输入密码的文本框和一个 Button 类型的命令按钮，并使用 Ajax 定义了响应按钮的 JavaScript 脚本，其主要代码如下：

```
<div class="main">
    请输入管理员密码：
    <input type="password" id="pwd" value="admin">
    <input id="submit" type="button" value="提交"></div>
<script type="text/javascript" src="js/jquery-1.10.2.min.js"></script>
<script type="text/javascript">
    $(document).ready(function(){
  $("#submit").click(function(){                    //注册 Button 按钮的单击事件
            var pwd = $("#pwd").val();
            $.ajax({
                url: "adminLogin",                  //控制器方法
                data: {
                    pw : pwd
                },
                //dataType:"json",             //Spring MVC Ajax 返回的 JS 数据对象为 JSON 格式
                success: function(data){
                    if(data.success){
                        location.href='adminIndex';//客户端跳转，请求控制器方法
                    }else{
                        alert(data.msg);            //异步通信、弹出警告框
                    }
                }
            });
        });
    });
</script>
```

控制器方法 Admin/ adminLogin()返回结果为 Map<String, Object>类型。其中，键名 success 表示登录是否成功；键名 msg 表示存放登录失败时的提示信息，其主要代码如下：

```
package controller;
//导包指令略
@Controller
@RequestMapping("/Admin")
public class AdminController {
    @RequestMapping("/toAdminLogin")
    public String toAdminLogin() {
        return "admin/adminLogin";   //进入登录视图并请求 Ajax 登录方法 adminLogin()
    }
    @RequestMapping("/adminLogin")
    @ResponseBody     //注解 Ajax 方法
    public Map<String, Object> adminLogin(String pw, HttpSession session)throws Exception {
        System.out.println(pw);   //测试登录视图（非表单提交方式 ）Ajax 方法传递的密码
        Map<String, Object> result = new HashMap<String, Object>();
        //数据库表 admin 里存放的管理员密码使用 md5 加密了
        System.out.println(MD5Util.MD5(pw));
        Admin admin = new AdminServiceImp().queryAdminByPassword(MD5Util.MD5(pw));
        System.out.println(admin); //测试
        if(admin!=null) { //正确
                session.setAttribute("admin", admin.getUsername()); //管理员会话跟踪
                System.out.println("管理员会话信息："+(String) session.getAttribute("admin"));
                result.put("success", true);
        }else{
                result.put("msg", "密码错误!正确的密码存放在表 admin 中，密码为 admin。");
                result.put("success", false);
        }
        System.out.println(result);   //eclipse 控制台测试
        return result;   //返回 JSON 格式的数据
    }
    @RequestMapping("/adminIndex")
    public String adminIndex() {
        return "admin/adminIndex";   //登录成功后，转发至后台主页
    }
}
```

管理员在密码输入错误时，弹出警告框但不清除屏幕，其效果如图 5.4.2 所示。

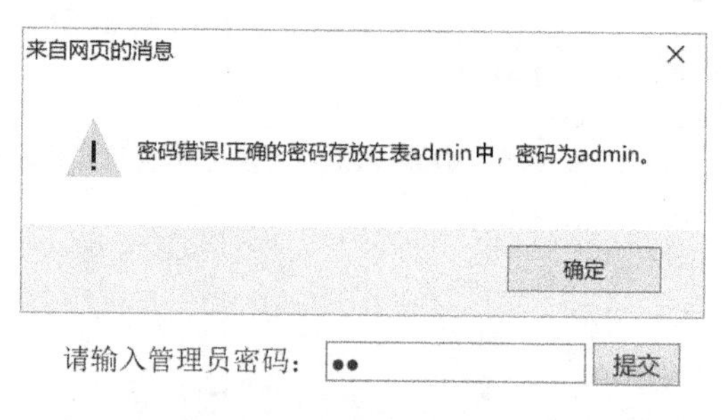

图 5.4.2　管理员密码输入错误时的浏览效果

注意：

（1）如果在 Servlet 程序里返回 JSON 格式的登录结果数据，则需要使用专门的 JSON 工具将 Map 对象转化为 JSON 格式的 JavaScript 对象；

（2）Spring MVC 方法使用@ResponseBody 注解后，返回的数据默认为 JSON 格式。例如，当输入密码时，在 Eclipse 控制台输出的 JSON 数据为：

```
{msg=密码错误!正确的密码存放在表 admin 中，密码为 admin。success=false}
```

5.4.3　在 Spring MVC+MyBatis 环境下使用分页组件 PageHelper

在第 4.4.2 节介绍了在 Java 项目里使用分页组件 PageHelper 的用法。在 Web 项目里使用分页组件 PageHelper，除了在控制器方法里实现记录分页，还需要设计视图来显示分页结果。显然，视图页面获取控制器转发的分页数据有 JSON 格式和非 JSON 格式两种。

在 Web 项目 MemMana4_5 的后台功能里，显示会员信息的效果如图 5.4.3 所示。

图 5.4.3　会员信息分页效果

控制器使用了 Ajax 方法转发 JSON 格式的分页数据，其代码如下：

```
package controller;
//导包指令（略）
@Controller
@RequestMapping("/Admin")
public class AdminController {
   @RequestMapping("toMemInfo")
   public String toMemInfo(HttpServletRequest request, HttpSession session) {
       if ((String) session.getAttribute("admin") == null) {
             //防止非管理员未经登录而直接请求本方法
             return "redirect:index";
       }
       return "admin/memInfo";
   }
   @ResponseBody
   @RequestMapping("/memInfo")
   public PageInfo<User> memInfo(@RequestParam(value = "page", defaultValue = "1")
                                                              Integer page)   throws Exception {
       PageHelper.startPage(page,3); //分页助手的第 1 参数为当前页，第 2 参数为总页数
       List<User> users=new UserServiceImp().queryAllUser();
```

```
        PageInfo<User> pageInfo = new PageInfo<User>(users);
        return pageInfo;
    }
    @RequestMapping("/memDelete")
    public String memDelete(HttpServletRequest request, String username, HttpSession session)
                                                                        throws Exception {
        //方法 memDelete()比方法 memInfo()多包含 1 个参数——欲删除的用户名
        System.out.println("管理员会话信息："+(String) session.getAttribute("admin"));
        UserService userService=new UserServiceImp();
        if (username != null) {
            User user = new User();
            user.setUsername(username);
            userService.deleteUser(user);   //删除记录
        }
        List<User> users = userService.queryAllUser();
        request.setAttribute("userList", users);
        return "admin/memDelete";
    }
    @RequestMapping("/adminLogout")
    public String adminLogout(HttpSession session) {     //出现
        session.invalidate();
        //重定向至主控制器有多种实现方式
        return "redirect:/Home/index";
        //return "redirect:/";
        //return "redirect:/index";
    }
}
```

解析 JSON 格式分页数据的代码如下：

```
<%@ page language="java" pageEncoding="UTF-8"%>
<title>以分页形式查看会员信息</title>
<script type="text/javascript" src="${pageContext.request.contextPath}/js/jquery-1.10.2.min.js"></script>
<script src="${pageContext.request.contextPath }/js/bootstrap.min.js" type="text/javascript"></script>
<link rel="stylesheet" href="${pageContext.request.contextPath }/css/bootstrap.min.css" type="text/css" />
<style type="text/css">
* {
    margin: 0; padding: 0;box-sizing:border-box;
}
a{ text-decoration:none;}
a:hover{
    text-decoration: none;
}
li {
    display: inline-block;
    height: 20px;
    list-style: none;
}
```

```
.disabled a {    /* 链接失效 */
        pointer-events: none;
        color: black;
}
form {
        display: inline; /*表单不另行*/
}
</style>
<table border="1"    width="500" class="table table-striped table-bordered table-hover table-condensed">
        <caption><H3>会员信息</H3></caption>
        <tr><th>会员名</th><th>密码</th><th>会员真名</th><th>手机号</th><th>年龄</th></tr>
</table>
<script type="text/javascript">
    var pages;   //变量声明
    $(function() {
        to_page(1);   //显示第一页数据
    });
    function to_page(pn) {
        $.ajax({
                "url" : "memInfo",
                "type" : "post",
                "data" : "page=" + pn,
                "dataType" : "json",
                "success" : function(result) {
                        //console.log(result)
                        build_users_table(result);
                }
        });
    }
    function build_users_table(result) {
        //清除原来内容，以响应导航
        $("table").html("<table border='1'    width='500' class='table table-striped table-bordered
                                        table-hover table-condensed'><caption><H3>会员信息</H3></caption>
                                                        <tr><th>会员名</th><th>密码</th><th>会员真名</th>
                                                                <th>手机号</th><th>年龄</th></tr></table>");
        var users = result.list; //得到 list 中所有的用户数据
        $.each(users, function(index, item) {
            //alert(item.username);
            var username = "<td>"+item.username+"</td>";
            //var username = $("<td></td>").append(item.username);    //与上等效
            var password = "<td>"+item.password+"</td>";
            var realname = "<td>"+item.realname+"</td>";
            var mobile = "<td>"+item.mobile+"</td>";
            var age = "<td>"+item.age+"</td>";
            $("<tr></tr>").append(username).append(password).append(realname).append(mobile)
                                                                        .append(age).appendTo("table");
        });
```

```
        var li = $("<ul id='page_nav_area'><li></li></ul>")
        $("table").append("<tr><td colspan='5' align='center'>
                                        <ul id='page_nav_area'><li></li></ul></td></tr>");
        var firstPageLi = $("<li></li>").append($("<a></a>").append("首页|").attr("href", "#"));
        var prePageLi = $("<li></li>").append($("<a></a>").append("上一页|").attr("href", "#"));
        var nextPageLi = $("<li></li>").append($("<a></a>").append("下一页|").attr("href","#"));
        var lastPageLi = $("<li></li>").append($("<a></a>").append("尾页  ").attr("href", "#"));
        if (result.hasPreviousPage == false) {
            firstPageLi.addClass("disabled"); //失效
            prePageLi.addClass("disabled");
        } else {
            firstPageLi.click(function() {
                to_page(1);
            });
            prePageLi.click(function() {
                to_page(result.pageNum - 1);
            });
        }
        if (result.hasNextPage == false) {
            nextPageLi.addClass("disabled");
            lastPageLi.addClass("disabled");
        } else {
            nextPageLi.click(function() {
                to_page(result.pageNum + 1);
            });
            lastPageLi.click(function() {
                to_page(result.pages);
            });
        }
        $("ul").append(firstPageLi).append(prePageLi);
        $("ul").append(nextPageLi).append(lastPageLi);
        pages = result.pages;  //给全局变量（总页数）赋值，前面不能加 var
        var total = result.total;
        var pageNum = result.pageNum;
        $("ul").append("  共"+ total+ "条记录|页：<font color='red'>"+ pageNum+ "</font>/"+ pages
                    + "<input type='text'id='jump_text' style='width:30px; height:20px' name='p'/> "
                    +"<input type='button' id='btn_1' class='btn' value='go' onclick='jump()' />");
    }
    function jump() {
        var page = $("#jump_text").val();
        //alert(page);
        if (page > pages || isNaN(page)) {
            alert("输入的数值超过范围或不是数字，则跳到首页")
            page = 1;
        }
        to_page(page);
    }
</script>
```

习题 5

一、判断题

1．Spring MVC 是对 Servlet 的再封装。

2．@Controller 用于控制器注解。

3．Spring MVC 控制器方法的返回值必须是 String 类型。

4．Spring MVC 框架提供的 Model 和 ModelAndView 都是接口。

5．Spring MVC 项目的配置文件 web.xml 包含了对 Spring MVC 配置文件的调用。

6．在 Maven 项目里，pom.xml 的一个依赖只对应一个 JAR 文件。

7．Spring MVC 控制器及其方法，都要使用@ RequestMapping 注解。

二、选择题

1．为了实现异步获取数据，对 Controller 方法应使用____注解。

A．@RequestBody　　B．@ResponseBody

C．@RequestParam　　D．@Controller

2．在 Spring MVC API 里，下列设计为接口的选项是____。

A．ModelAndView　　B．DispatcherServlet

C．JstlView　　D．Model

3．设 index 为转发的逻辑视图名，下列用法正确的是____。

A．return　new ModelAndView("newsList","index",news);

B．return　new ModelAndView("index","newsList",news);

C．return　new ModelAndView("newsList",news",index");

D．return　new ModelAndView("index",news,"newsList");

4．Spring MVC 项目使用的核心控制器是____。

A．RequestBody　　B．Controller

C．DispatcherServlet　　D．RequestMapping

5．下列标签中，不出现在 Spring MVC 项目配置文件里的选项是____。

A．context:component-scan　　B．mvc:annotation-driven

C．bean　　D．servlet

三、填空题

1．在 Spring MVC 项目里，控制器名称习惯上使用的后缀是____。

2．控制器方法的返回值类型通常为 String 或____。

3．当控制器方法返回值为 String 类型且包含数据转发时，该方法中需要有____类型的对象。

4．Spring 控制器默认后缀____。

5．分页组件 PageHelper 需要在 MyBatis 配置文件里使用____标签注册。

四、简答题

1．简述 Spring MVC 的工作原理。
2．简述使用 Spring MVC 框架的一般步骤。
3．比较 MVC 模式开发与 MVC 框架开发的异同点。
4．简述 Spring MVC 配置文件的主要内容。
5．简述在 Spring MVC 项目里使用 Ajax 的一般步骤。
6．简述使用分页组件 PageHelper 的一般步骤。

实验 5　Spring MVC 框架

一、实验目的

1．理解前端框架 Spring MVC 的作用。

2．掌握在 pom.xml 里添加 Spring MVC 依赖包和框架配置文件的编写方法。

3．掌握 Spring MVC 主要 API 的用法。

4．掌握使用 Spring MVC 框架的 Web 项目配置文件 web.xml 的编写方法。

5．掌握 Spring MVC 控制器注解及其方法注解、注解驱动、组件扫描包设置、视图解析和静态资源映射设置的用法。

6．掌握 Spring MVC 处理表单提交（模型驱动）的使用。

7．掌握 Spring MVC 的文件上传方法。

8．掌握 Spring MVC 项目中 Ajax 的使用方法。

二、实验内容及步骤

【预备】访问上机实验网站 http://www.wustwzx.com/javaee/index.html，下载本章实验内容的案例，得到文件夹 ch05。

1．简单的 Spring MVC 示例项目 TestSpringMVC

（1）在 Eclipse 中，导入案例项目 TestSpringMVC。

（2）查看 pom.xml 里定义 Spring MVC 框架依赖的坐标及对应的.jar 包。

（3）查看控制器文件 src/main/java/controller/HomeController.java 的相关注解。

（4）查看文件 src/main/resource/spring/springmvc-config.xml 里注解驱动、控制器组件扫描、视图解析和静态资源映射的相关配置信息。

（5）对项目做运行测试。

2．包含数据接收与转发的 Spring MVC 示例项目 TestSpringMVC2

（1）在 Eclipse 中，导入案例项目 TestSpringMVC2。

（2）查看 Home 控制器对应的视图文件里对 User 控制器的调用代码。

（3）查看控制器方法 User/login()对应的视图代码（使用控制器方法处理表单）。

（4）查看控制器方法 User/login()里接收请求数据的多种方式和转发数据至视图的两种实现方式的代码。

（5）对项目做运行测试。

3．Spring MVC 文件上传示例项目 SpringMVCFileUpload

（1）在 Eclipse 中，导入案例项目 SpringMVCFileUpload。

（2）查看 pom.xml 里所包含的三种依赖，分别是 Spring MVC 框架依赖、JSTL 依赖和文件上传组件依赖。

（3）查看控制器方法 Home/fileUpload()的第 3 个参数的类型，并结合 requestForm.jsp 表

单文件和 SpringMVC 配置文件中的相关代码加以理解。

（4）先查看 Home 控制器及其两个方法的映射配置后，再查看 web.xml 里主页的配置，验证在浏览器里输入 http://localhost:8080/SpringMVCFileUpload/Home/requestForm 或 http://localhost:8080/SpringMVCFileUpload/的效果相同。

（5）在文件夹 Tomcat/webapps/SpringMVCFileUpload/upload 里，查看上传的文件；在 Eclipse 控制台中，观察项目运行时的信息。

（6）验证在 SpringMVC 配置文件中，注释了创建多文件上传对象的代码后，对项目运行没有影响，但文件上传功能和表单提交数据功能失效。

4．Spring MVC+MyBatis 两种框架的综合项目 MemMana4_5（非整合）

（1）在 Eclipse 中，导入案例项目 MemMana4_5。

（2）查看 pom.xml 里所包含的多种依赖，特别是 Ajax 依赖和分页组件依赖。

（3）查验 src/main/java/mapper/IUserMapper.java 映射接口文件使用了 SQL 注解。

（4）验证在 pom.xml 中不添加 Ajax 依赖时，控制器方法 Admin/adminLogin()的返回值为 null，因而无法正常登录。

（5）验证 pom.xml 中添加分页组件依赖是控制器 Admin 的依赖，MyBatis 配置文件里的 PageHelper 插件配置也是必需的。

（6）查看控制器方法 Admin/memInfo()的定义（Ajax 返回）。

（7）查看控制器方法 Admin/memInfo()对应的视图文件里解析 JSON 数据的代码。

（8）对项目做运行测试。

（9）完成项目的用户注册功能。

三、实验小结及思考

（由学生填写，重点填写上机实验中遇到的问题。）

第 6 章 Spring 框架

在项目 MemMana4_5 里，使用的 MyBatis 框架和 Spring MVC 框架是独立配置的，它们各自使用自己创建的对象。Spring 是为了解决企业应用开发的复杂性，于 2003 年兴起的一个轻量级的 Java 开源框架，由 Rod Johnson 在其著作 *Expert One-On-One J2EE Development and Design* 中阐述的部分理念和原型衍生而来，它使用基本的 JavaBean 来完成以前只可能由 EJB 完成的事情。Spring 不仅限于服务器端的开发，从简单性、可测试性和松耦合的角度而言，任何 Java 应用都可以从 Spring 中受益。简单地说，Spring 是一个轻量级的控制反转（IoC）和面向切面（AOP）的容器框架。

Spring 主要用于 Java EE 程序的分层架构和框架整合，使用对象依赖注入方式来降低所集成的 Web 组件之间的耦合度。本章学习要点如下：

- 掌握 Spring 框架的工作原理；
- 掌握在 Spring 项目里添加 Spring 依赖的 pom 坐标；
- 掌握 Spring 的 DI 功能；
- 掌握 Spring 的 AOP 功能；
- 掌握使用 Spring 整合 MyBatis 框架的方法。

6.1 Spring 框架概述

6.1.1 问题的提出

在传统的程序设计中，当一个类需要另外一个类协助的时候，通常由调用者使用关键字 new 来创建被调用者的实例。

在 Spring MVC 项目里，为了对业务逻辑代码使用分层架构，也为了专注于业务逻辑和系统维护的方便，能否把对象的创建交给某个容器，以消除对象之间的强耦合关系。

在 Spring MVC 项目里，能否在不修改源代码的情况下给程序动态添加功能，以实现主要业务与次要的代码分离呢？

Spring 框架可以完美地满足上述要求。

注意：在第 5 章编写 Spring MVC 框架的配置文件时，资源视图解析器对象的创建就使用了 Spring 框架的依赖注入功能。

6.1.2 Spring 主要特性

1．Spring 是 IoC 容器

Spring 将在 Java 应用中各实例之间的调用关系称为依赖（Dependency）。如果实例 A 调用实例 B 的方法，则称 A 依赖 B。

Spring 将创建被调用者不再由调用者完成而是由 Spring 容器完成的方式称为依赖注入（Dependency Injection，DI）或控制反转（Inversion of Controll，IoC）。

在 Spring 容器实例化对象的时候，会主动地将被调用者（或者说它的依赖对象）注入给调用对象。控制反转本质是使用 Java 反射技术实现的，Java 使用 XML 文件+反射实现的主要步骤如下。

（1）编写 config.xml 文件，其代码如下：

```
<?xml version="1.0"?>
<config>
    <className>factory_method.HaierTVFactory</className>
</config>
```

（2）工具类 XMLUtil 先解析 XML 文件获得目标类名 HaierTVFactory，然后使用 Java 反射技术创建并返回目标类 HaierTVFactory 对象，其代码如下：

```
package factory_method;
import javax.xml.parsers.*;
import org.w3c.dom.*;
import java.io.*;
public class XMLUtil {
    //从 XML 配置文件中获取类名，并返回一个实例对象，但可能会产生异常（因配置文件错误）
    public static Object getBean() {
        try {
            //创建文档对象
            DocumentBuilderFactory dFactory = DocumentBuilderFactory.newInstance();
            DocumentBuilder builder = dFactory.newDocumentBuilder();
            Document doc;
            doc = builder.parse(new File("src/factory_method/config.xml"));//Java 项目
            //获取包含类名的文本节点
            NodeList nl = doc.getElementsByTagName("className");
            Node classNode = nl.item(0).getFirstChild();             //对应类 HaierTVFactory
            String cName = classNode.getNodeValue();                 //获取类名
            //通过类名生成实例对象并将其返回
            Class<?> c = Class.forName(cName);
            return c.newInstance();
        } catch (Exception e) {
            e.printStackTrace();
            return null;
        }
    }
}
```

（3）使用工厂方法模式和 Java 反射技术的测试类程序 Test.java 的代码如下：

```
package factory_method;
interface TV {   //抽象产品接口
    public void play();
}
class HaierTV implements TV{
    public void play() {
        System.out.println("海尔电视机播放中…");
    }
}
interface TVFactory {   //抽象工厂接口
     public TV produceTV();   //电视机工厂生产电视机
}
class HaierTVFactory implements TVFactory {
    public TV produceTV() {
        System.out.println("海尔电视机工厂生产海尔电视机。");
        return new HaierTV();
    }
}
public class Client {
    static TVFactory factory;
    static TV tv;
    public static void main(String[] args) {
        try {
            //创建具体工厂类对象
            factory = (TVFactory) XMLUtil.getBean();
            //以工厂模式创建对象（封装了对象创建的细节）
            TV tv = factory.produceTV();
            tv.play();   //使用产品对象的方法
        } catch (Exception e) {
            System.out.println(e.getMessage());
        }
        //下面的实现方式是不推荐的，尽管作用相同
        /*factory=new HaierTVFactory();
        tv=factory.produceTV();
        tv.play();*/
    }
}
```

注意：

（1）依赖注入和控制反转是对同一件事情的不同描述，前者是后者的一种实现；

（2）使用“XML 配置文件+Java 反射”方式，体现了对象创建的灵活性，使用新增的工厂类不用修改客户端代码，只需修改配置文件 config.xml 即可。

2．Spring 支持面向切面的编程

面向切面（Aspect Oriented Programming，AOP）将业务逻辑从应用服务（如事务管理）

中分离出来，实现了高内聚开发，应用对象只关注业务逻辑，不再负责其他系统问题（如日志、事务等）。

AOP 是 OOP（Object Oriented Programming，面向对象程序设计）的有力补充。OOP 将程序分成各个层次的对象，是静态的抽象；AOP 是动态的抽象，是从运行程序的角度考虑程序的结构，将运行过程分解成各个切面。AOP 对应用执行过程的步骤进行抽象，从而获得步骤之间的逻辑划分。

总之，Spring 是一个轻量级的控制反转和面向切面的容器框架。未使用 Spring 时，耦合程度高，如业务层进行数据库访问时需要引入相关包并创建对象；使用 Spring 后，就实现了程序间的解耦，因为所用的对象不是由应用程序主动创建的。使用 Spring 的优点如下：

- 将对象之间的依赖关系交给 Spring 统一管理，能降低组件之间的耦合性，以便开发人员专注于业务逻辑的处理；
- Spring DI 机制降低了业务对象替换的复杂性；
- 具有低侵入、代码污染极低的特点；
- AOP 具有很好的支持功能，可方便面向切面编程；
- 提供众多服务，如事务管理、WS 等；
- 对主流框架提供了很好的集成支持，如 Hibernate、Struts 2、JPA 等；
- Spring 的高度可开放性，并不强制依赖于 Spring，开发者可以自由选择使用 Spring 的部分或全部。

6.2 使用 Spring 框架前的准备

6.2.1 Spring 依赖

1. 核心依赖

定义 Spring 框架核心依赖的 pom 坐标如下：

```
<dependency>
    <groupId>org.springframework</groupId>
    <artifactId>spring-context</artifactId>
    <version>5.0.2.RELEASE</version>
</dependency>
```

本依赖所对应的.jar 包（共 6 个），如图 6.2.1 所示。

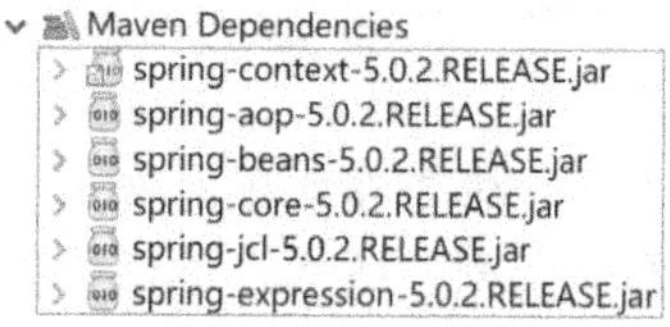

Maven Dependencies
spring-context-5.0.2.RELEASE.jar
spring-aop-5.0.2.RELEASE.jar
spring-beans-5.0.2.RELEASE.jar
spring-core-5.0.2.RELEASE.jar
spring-jcl-5.0.2.RELEASE.jar
spring-expression-5.0.2.RELEASE.jar

图 6.2.1　Spring 框架的基本依赖包

注意： 比较 Spring 与 Spring MVC 两个框架的依赖包可知，Spring MVC 框架多了 2 个 web 包。

2. Spring 单元测试依赖

为了对 Spring 项目以注解方式加载 Spring 配置文件并做单元测试，则需要添加如下 2 个依赖。

```
<dependency>
      <groupId>org.springframework</groupId>
      <artifactId>spring-test</artifactId>
      <version>4.2.4.RELEASE</version>
</dependency>
<dependency>
      <groupId>junit</groupId>
      <artifactId>junit</artifactId>
      <version>4.12</version>
      <scope>test</scope>
 </dependency>
```

3. 日志依赖

如果不想将 Spring 的启动及配置文件的加载信息显示在 Eclipse 控制台，可添加如下 log4j 日志管理依赖。

```
<dependency>
        <groupId>org.slf4j</groupId>
        <artifactId>slf4j-log4j12</artifactId>
        <version>1.6.4</version>
  </dependency>
```

6.2.2 Spring 主要 API

Spring 框架的主要类与接口，如图 6.2.2 所示。

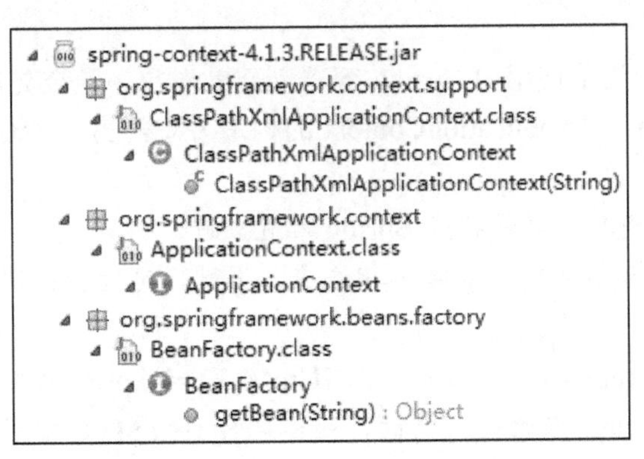

图 6.2.2　Spring 框架的类与接口

相关要点如下：

- 类 ClassPathXmlApplicationContext 继承抽象类 AbstractXmlApplicationContext，用于创建实体 Bean 的工厂；

● BeanFactory 是管理 Bean 的最基本接口，提供了获取 Bean 的方法。

6.2.3 Spring 配置文件

Spring 配置文件是用于指导 Spring 工厂进行 Bean 生产、依赖关系注入及 Bean 实例分发的图纸。Java EE 程序员必须学会并灵活应用这份图纸准确地表达自己的生产意图。Spring 配置文件是一个或多个标准的 XML 文档，applicationContext.xml 是 Spring 的默认配置文件，当容器启动找不到指定的配置文件时，就会尝试加载这个默认的配置文件。

加载 Spring 配置文件，需要将测试对象注入到测试类中，并在测试方法中直接使用对象即可。

Spring 配置文件由一个根标签<beans>内嵌若干<bean>标签组成。<bean>标签用于定义对象，并通过属性 class 来指定要创建的对象的类型。在<bean>标签内，还可以内嵌若干<property>标签，用来给对象注入属性。

Spring 配置的示例代码如下：

```
<?xml version="1.0" encoding="utf-8"?>
<beans
    xmlns="http://www.springframework.org/schema/beans"
    xmlns:xsi="http://www.w3.org/2001/XMLSchema-instance"
    xmlns:p="http://www.springframework.org/schema/p"
    xsi:schemaLocation="http://www.springframework.org/schema/beans
        http://www.springframework.org/schema/beans/spring-beans-3.0.xsd">
    <bean id="user1" class="test.Woman">
          <property name="username" value="张莉"></property>
    </bean>
    <bean id="user2" class="test.Man">
        <property name="username" value="李波"></property>
    </bean>
</beans>
```

在 Spring 项目里，为了使用由 Spring 容器创建的对象，需要先加载 Spring 配置文件。一种是使用类 ClassPathXmlApplicationContext 的构造方式，另一种是使用注解方式。

注意：

（1）Spring 容器创建对象的依据是 Spring 配置文件；

（2）使用 JUnit 版本要与 Spring 版本相适应，否则，可能会出现没有测试结果但又不报错的情况；

（3）JUnit 4.8 与 Spring 4.1.3 不匹配，而 JUnit 4.12 与 Spring 4.1.3 匹配；

（4）标签<bean>的 class 属性是必需的，可参见 Spring MVC 配置文件中视图资源解析器配置的相关内容。

6.2.4 Spring 单元测试

Spring 单元测试使用了专用的测试机，需要以注解方式加载 Spring 配置文件，其代码如下：

```
@ContextConfiguration(locations = "classpath:spring-config.xml")
```

使用 Spring 测试机的代码如下：

```
@RunWith(JUnit4ClassRunner.class)
```

Spring 单元测试以 JUnit 为基础，使用方法与 JUnit 相同，即在要测试的方法前加上注解@Test。

6.3　Spring 项目开发

Spring 整合 Struts 框架时，动作控制器程序不使用 new 来创建所需要的对象，而是由 Spring 容器根据其配置文件创建。

在 Spring 配置文件中，Bean 默认是单例模式，应用服务器启动后就会立即创建 Bean，以后可以重复使用。这就带来一个问题，Bean 的全局变量被赋值以后，在下一次使用时会把值带过去。也就是说，Bean 是有状态的。

在 Web 状态下，请求是多线程的，全局变量可能会被不同的线程修改，尤其在并发时会带来意想不到的 Bug。但在开发时，访问量很小，不存在并发、多线程的问题，因此程序员极有可能会忽视这个问题。

所以在配置 Action Bean 时，应使用 scope="prototype"，为每一次 Request 创建一个新的 Action 实例。这符合 Struts 2 的要求，Struts 2 会为每一个 Request 创建一个新的 Action 实例。当 Request 结束，Bean 就会被 JVM 销毁，并作为垃圾收回。

此外，设置 scope="session"，也能避免 Web 中 Action 的并发问题，只为当前用户创建一次 Bean，直至 Session 消失。

注意：

（1）Spring 整合 Struts，需要 Struts 2 的包 struts2-spring-plugin-2.3.20.jar 的支持；

（2）默认情况下，Spring IoC 容器创建的对象是单例的，而 Struts 2 应是多例的（不然会引起逻辑错误）。因此，在 Spring 整合 Struts 2 注入动作对象时要特别注意这一点。

6.3.1　Spring 项目开发的主要步骤

开发 Spring 应用的一般步骤如下。

（1）在 pom.xml 文件里引入定义 Spring 框架的核心依赖及任选依赖。

（2）编写 Spring 配置文件，定义应用程序里要使用的对象及其依赖的注入关系、切面与切点配置等。

（3）在应用程序里以注解方式加载 Spring 配置文件。如果是 Web 项目，则在 web.xml 或 Spring MVC 配置文件里加载 Spring 配置文件。

（4）使用注解@Autowired 获取 Spring 容器创建和管理的对象。

6.3.2　测试 Spring IoC 功能的简明示例

下面介绍一个在 Java 里测试 Spring DI 功能的项目。

【例 6.3.1】　一个测试 Spring DI 功能的案例项目 TestSpringDI。

案例项目 TestSpringDI 里，测试类 Test 未使用 DI 功能，需要在程序里使用 new 运算符创建对象；测试类 Test1 以非注解方式使用 DI 功能，通过调用接口 ApplicationContext 方法 getBean()从 IoC 容器获取对象；测试类 Test2 以注解方式使用 DI 功能，通过使用注解 @Autowired 从 IoC 容器获取对象。

完成项目后，其文件系统，如图 6.3.1 所示。

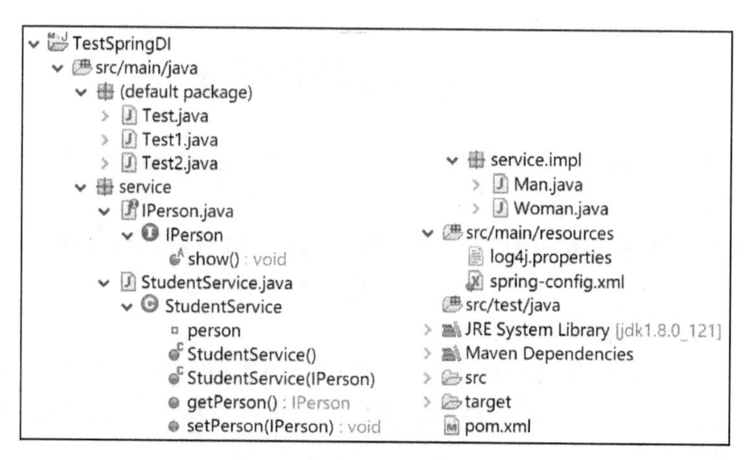

图 6.3.1　案例项目文件系统

其中，类 Man 和 Women 分别是接口 IPerson 的两个实现类，spring-config.xml 是 Spring 的配置文件，测试类 Test1 和 Test2 通过上下文环境类 StudentService 对象使用 Man 或 Woman 类对象。

类文件 StudentService.java 的代码如下：

```
package service;
import service.impl.*;
public class StudentService {   //策略模式的环境类
        private IPerson person;   //抽象策略接口 IPerson
        //构造器注入——定义成员的 get/set 方法
        public IPerson getPerson() {
            return person;
        }
        public void setPerson(IPerson person) {
            this.person=person;
        }
        //定义类的无参（默认）构造方法
        public StudentService() {
            person=new Man();   //男生
        }
        //定义类的有参构造方法
        public StudentService(IPerson person) {
            this.person=person;
        }
}
```

测试类文件 Test.java 的代码如下：

```
/*
 * 本测试类使用服务层对象
 * 不使用 Spring 时，需要使用 Java 运算符 new 主动创建对象，属于强耦合
 */
import service.StudentService;
import service.impl.*;
public class Test {
  public static void main(String[] args) {
       StudentService ss1 = new StudentService();
       ss1.getPerson().show();  //输出：我是男生
       /* Test：若要输出女生，则需要程序员修改程序
        * Test：我好累，需要负责对象的创建
        * Spring：都交给我！
        */
       StudentService ss2 = new StudentService(new Woman());
       ss2.getPerson().show();  //输出：我是女生
   }
}
```

使用 Spring 框架，需要建立配置文件，spring-config.xml 的代码如下：

```
<?xml version="1.0" encoding="UTF-8"?>
<beans xmlns="http://www.springframework.org/schema/beans"
     xmlns:xsi="http://www.w3.org/2001/XMLSchema-instance"
     xsi:schemaLocation="http://www.springframework.org/schema/beans
     http://www.springframework.org/schema/beans/spring-beans.xsd">
     <!-- 声明 Spring 容器管理的对象 -->
     <bean id="man" class="service.impl.Man"/>
     <bean id="woman" class="service.impl.Woman"/>
     <!-- <bean id="studentService" class="service.StudentService"/> -->
     <bean id="studentService" class="service.StudentService">
     <!-- <bean id="studentService" class="service.StudentService" scope="prototype"> -->
            <!-- person 是类 service.StudentService 的属性 -->
            <!-- 对 studentService 对象，使用 ref 完成依赖注入 -->
            <property name="person" ref="woman"/>
     </bean>
</beans>
```

测试类文件 Test1.java 代码如下：

```
/*
 * ApplicationContext 是接口，ClassPathXmlApplicationContext 是其间接实现类
 * 要用 AbstractApplicationContext。用完以后应调用 ctx.close()关闭容器
 * 如果不记得关闭容器，最典型的问题就是数据库连接不能释放
 */
import org.springframework.context.ApplicationContext;
import org.springframework.context.support.ClassPathXmlApplicationContext;
```

```
import service.StudentService;
public class Test1 {
    public static void main(String[] args) {
        //Spring 出场，加载 Spring 配置文件的方式一
        @SuppressWarnings("resource")
        ApplicationContext context = new ClassPathXmlApplicationContext("spring-config.xml");
       //BeanFactory context=new ClassPathXmlApplicationContext("spring-config.xml");
        //获得 Spring 容器创建的对象
        StudentService ss3 = (StudentService) context.getBean("studentService");
        //调用接口方法 show()
        ss3.getPerson().show();
    }
}
```

测试类文件 Test2.java 代码如下：

```
import org.junit.Test;
import org.junit.runner.RunWith;
import org.springframework.beans.factory.annotation.Autowired;
import org.springframework.test.context.ContextConfiguration;
import org.springframework.test.context.junit4.SpringJUnit4ClassRunner;
import service.IPerson;
import service.StudentService;
/*
 * 使用注解@ContextConfiguration，加载 Spring 配置文件的方式二
 * 定义类属性时使用注解@Autowired
 */
@RunWith(SpringJUnit4ClassRunner.class)   //Spring 单元测试
@ContextConfiguration(locations="classpath:spring-config.xml")
public class Test2 {
    @Autowired
    private   StudentService ss3;   //注入由 Spring 容器创建的对象
    @Test
    public void mm() {
        //System.out.println(ss3);//测试
        IPerson person = ss3.getPerson();   //参见类 StudentService 的定义
        person.show();   //参见接口 IPerson 的定义
    }
    @Autowired
    StudentService hello1;
    @Autowired
    StudentService hello2;
    @Test
    public void testSingleOrPrototype() {   //测试结果依赖于 Spring 配置文件
        if (hello1 == hello2) {
                System.out.println("当前实例为单实例…");
        } else {
                System.out.println("当前实例为多实例…");
```

```
        }
    }
}
```

注意：

（1）将测试类 Test1 里的 ApplicationContext 换成 BeanFactory，重新导包后也能正常运行；

（2）如在 Spring 配置文件里通过 value 注入不同的属性值，并不需要修改程序 TestSpring.Java；

（3）Spring 是轻量级框架，这表现在它构建的应用程序易于进行单元测试，并不是必须运行于 Web 服务器上的。Servlet 程序必须在 Tomcat 等容器里进行测试和运行；

（4）在程序里，获取使用 Spring 框架创建的对象，除了对 BeanFactory 类型的对象使用 getBean()方法，还可以使用注解方式。此外，加载 Spring 配置文件也可以使用注解的方式。

6.3.3　Bean 作用域

Spring 容器不仅可以完成 Bean 的实例化，还可以通过 scope 属性或用相关注解指定其作用域为 Bean 指定的作用域。scope 属性通常的取值是 singleton 或 prototype，其含义如下。

（1）singleton 表示单实例，是默认值。这个作用域标识的对象具备全局唯一性。

当把一个 Bean 定义设置 scope 为 singleton 作用域时，那么 Spring IoC 容器只会创建该 bean 定义的唯一实例。也就是说，整个 Spring IoC 容器中只会创建当前类的唯一一个对象。

这个单一实例会被存储到单例缓存中，并且所有针对该 Bean 的后续请求和引用都将返回被缓存的、唯一的这个对象实例。

（2）prototype 表示多实例。这个作用域标识的对象每次获取都会创建新的对象。

当把一个 bean 定义设置 scope 为 prototype 作用域时，Spring IoC 容器就会在每一次获取当前 Bean 时，都产生一个新的 Bean 实例（相当于 new 操作）。

在没有线程安全问题的前提下，为节省 CPU 和内存的容量，没有必要为每个请求都创建一个对象，应选用单实例。

为了防止并发问题，应选用多实例。一个请求改变了对象的状态（如可改变的成员属性），此时该对象又处理另一个请求，如果选用单实例，则会出现之前请求对象状态的改变，导致该对象对另一个请求做错误的处理。

用单例和多例的标准只有一个：当对象含有可改变的状态时（在实际应用中该状态会改变），使用多实例，否则用单实例。

注意：

（1）测试 Spring 创建的 bean 对象是单实例还是多实例的代码，可参见例 6.3.1 类 Test2 定义的方法 testSingleOrPrototype()；

（2）scope 设置为 singleton 时，Spring 容器负责该对象的创建、初始化、销毁；scope 设置为 prototype 时，Spring 容器只负责对象的创建和初始化，不负责销毁；

（3）在使用 Spring 整合的 Web 项目开发中，有些对象（如会话对象）一般应设置为多实例。

6.4 Spring 高级特性 AOP

6.4.1 问题的提出

在实际开发过程中，可能会同时需要编写权限校验、业务核心代码和日志记录等代码，通常的做法如下：

```
@Service
public class MyService{
  @Resource
  private CoreService coreService;
  @Resource
  private LogService logService;
  @Resource
  private PropertyService propertyService;
  //权限校验方法定义
  //核心业务层方法定义
  //记录日志方法定义
}
```

这种将核心业务模块与其他非核心的代码交织在一起，不利于代码的维护，影响了代码的模块独立性能。实际上，权限校验、异常处理和日志记录可以独立在一个模块里，可给所有的服务公用，写在一起会导致代码的分散和冗余。因此，面向切面的编程技术 AOP（Aspect Oriented Programming）便应运而生。

6.4.2 AOP 工作原理及依赖定义

AOP 是通过预编译方式和运行期动态代理实现程序功能统一维护的一种技术，是函数式编程的一种衍生范型。AOP 可将复杂的需求分解出不同方面，并将散布在系统中的公共功能集中解决。它可采用代理机制组装起来运行，在不改变原程序的基础上对代码段进行增强处理，增加新的功能。

利用 AOP 可以对业务逻辑的各个部分进行隔离，从而使得业务逻辑各部分之间的耦合度降低，提高程序的可重用性，同时提高开发的效率。

如将核心业务代码过程看成主体，其他的日志记录、权限校验等就是横切核心业务的面，这些面可完成一些非核心的业务。

把日志看成是一个切面，所有需要日志记录的方法都要经过这个切面。这样就可以把日志记录的代码封装，当方法经过切面的时候执行，也就实现了代码重用。

切面（Aspect）是从对象中抽取出来的横切性功能模块，它是 OOP 中的一个类，由通知和切入点两部分组成。

通知（Adivice）是切面的具体实现，如具体的日志操作代码，一般是指切面中的某个方法。

连接点（JoinPoint）是目标对象中插入通知的地方，即 Advice 的应用位置。

切入点（PointCut）是切面的一部分，对应一个表达式，定义了 Advice 应该被插入到什么样的 JoinPoint 点上，即 Advice 的应用范围。

目标对象（Target）是指被通知的对象，也就是将被切入切面的对象。

除了 Spring 的基本依赖，还要添加如下注解 AOP 的依赖：

```
<dependency>
    <groupId>org.springframework</groupId>
    <artifactId>spring-aspects</artifactId>
    <version>4.2.4.RELEASE</version>
</dependency>
```

6.4.3　AOP 功能简明示例

在实际开发过程中，可能会同时需要编写权限校验、业务核心代码和日志记录等代码，通常的做法如下。

【例 6.4.1】 Spring AOP 功能的案例项目 TestSpringAOP1。

案例项目 Example6_2_1 文件系统，如图 6.4.1 所示。

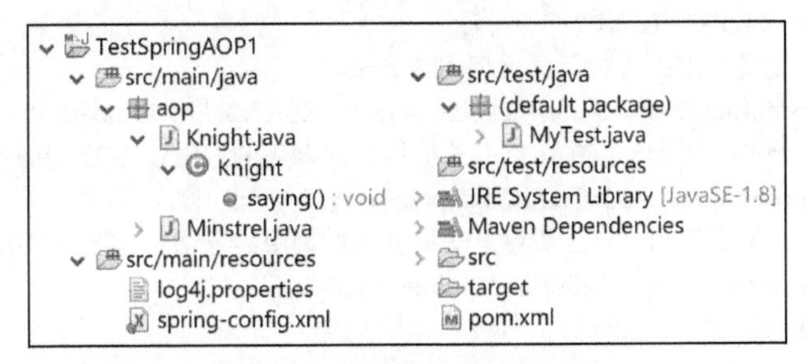

图 6.4.1　案例项目的文件系统

目标类文件 Knight.java 的代码如下：

```
package aop;
public class Knight {
  public void saying() {
     System.out.println("我是骑士");
  }
}
```

切面类文件 Minstrel.java 定义了扩展原有类功能的两个方法，其代码如下：

```
package aop;
public class Minstrel {
    public void beforSay(){
        System.out.println("前置通知");
    }
    public void afterSay(){
        System.out.println("后置通知");
    }
}
```

在 Spring 配置文件 spring-config.xml 里，定义了 Bean 对象、切面、切点、前置通知和后置通知等，其代码如下：

```
<?xml version="1.0" encoding="UTF-8"?>
<beans xmlns="http://www.springframework.org/schema/beans"
    xmlns:xsi="http://www.w3.org/2001/XMLSchema-instance"
    xmlns:aop="http://www.springframework.org/schema/aop"
    xsi:schemaLocation="http://www.springframework.org/schema/beans
    http://www.springframework.org/schema/beans/spring-beans.xsd
    http://www.springframework.org/schema/aop
    http://www.springframework.org/schema/aop/spring-aop-4.3.xsd">
    <!-- 目标对象 -->
    <bean id="knight" class="aop.Knight"/>
    <!-- 切面 bean -->
    <bean id="mistrel" class="aop.Minstrel"/>
    <!-- 切面配置 -->
    <aop:config>
        <aop:aspect ref="mistrel">
            <!-- 定义切点：目标对象所使用的方法-->
            <aop:pointcut expression="execution(* *.saying(..))" id="embark"/>
            <!-- 声明前置通知 (在切点方法被执行前调用的方法)，它在切面类文件里定义-->
            <aop:before method="beforSay" pointcut-ref="embark"/>
            <!-- 声明后置通知 (在切点方法被执行后调用的方法)，它在切面类文件里定义-->
            <aop:after method="afterSay" pointcut-ref="embark"/>
        </aop:aspect>
    </aop:config>
</beans>
```

测试类文件 MyTest.java 的代码如下：

```
import org.junit.Test;
import org.junit.runner.RunWith;
import org.springframework.beans.factory.annotation.Autowired;
import org.springframework.test.context.ContextConfiguration;
import org.springframework.test.context.junit4.SpringJUnit4ClassRunner;
import aop.Knight;
@RunWith(SpringJUnit4ClassRunner.class)   //Spring 单元测试
@ContextConfiguration(locations="classpath:spring-config.xml")
public class MyTest {
    @Autowired
    Knight knight;
    @Test
    public void testAOP() {
        knight.saying();
    }
}
/* 前置通知
 * 我是骑士
```

```
 * 后置通知
*/
```

【例 6.4.2】 以注解方式编写切面拦截器，使用 Spring AOP 功能的案例项目 TestSpringAOP2。案例项目 TestSpringAOP2 文件系统，如图 6.4.2 所示。

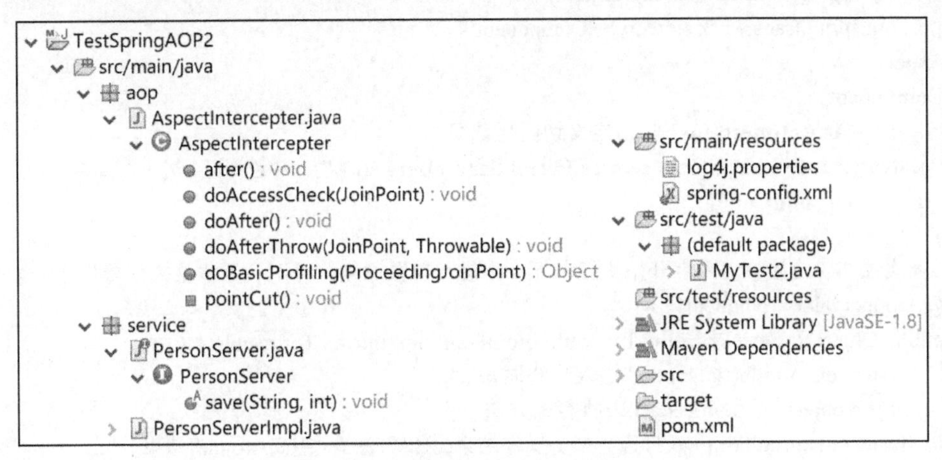

图 6.4.2　测试项目的文件系统

目标接口文件 PersonServer.java 的代码如下：

```
package service;
public interface PersonServer {   //定义接口
   public void save(String uname, int age);
}
```

目标接口实现类文件 PersonServerImpl.java 的代码如下：

```
package service;
public class PersonServerImpl implements PersonServer{   //接口实现类

   @Override
   public void save(String uname, int age){
       /*int a = 0;
       age = age/a; //打开上面两行报错，可触发异常通知*/
       System.out.println("come in PersonServerImpl save method...");
   }
}
```

切面类文件 AspectIntercepter.java 使用注解方式，定义了扩展原有类功能的两个方法，其代码如下：

```
package aop;
import java.util.Arrays;
import org.aspectj.lang.JoinPoint;
import org.aspectj.lang.ProceedingJoinPoint;
import org.aspectj.lang.annotation.After;
```

```
import org.aspectj.lang.annotation.AfterReturning;
import org.aspectj.lang.annotation.AfterThrowing;
import org.aspectj.lang.annotation.Around;
import org.aspectj.lang.annotation.Aspect;
import org.aspectj.lang.annotation.Before;
import org.aspectj.lang.annotation.Pointcut;
import org.springframework.stereotype.Component;
@Aspect
@Component
public class AspectIntercepter {   //定义切面拦截器
@Pointcut(value="execution(* service.PersonServerImpl.*(..))")   //定义切点
   private void pointCut(){
   }
   //环绕通知（连接到切入点开始执行，下一步进入前置通知，再下一步才是执行操作方法）
   @Around(value="pointCut()")
   public Object doBasicProfiling(ProceedingJoinPoint pjp) throws Throwable {
      System.out.println("@Around 进入环绕通知...");
      Object object = pjp.proceed();// 执行该方法
      System.out.println(pjp.getThis() + "   操作结束,退出方法;环绕[@Around]结束！ ");
      return object;
   }
   //前置通知（进入环绕后执行，下一步执行方法）
   @Before(value="pointCut()")
   public void doAccessCheck(JoinPoint joinPoint) {
      System.out.println("@Before 前置通知:" + Arrays.toString(joinPoint.getArgs()));
   }
   //异常通知（出错时执行）
   @AfterThrowing(value="pointCut()",throwing="ex")
   public void doAfterThrow(JoinPoint joinPoint, Throwable ex) {
      System.out.println("@AfterThrowing 例外通知(异常通知)" +
                                                   Arrays.toString(joinPoint.getArgs()));
      System.out.println("@AfterThrowing 异常信息：" + ex);
   }
   //后置通知(返回之前执行)
   @After(value="pointCut()")
   public void after() {
      System.out.println("@After 后置通知…");
   }
   //最终通知（正常返回通知，最后执行）
   @AfterReturning(value = "pointCut()")
   public void doAfter(){
      System.out.println("@AfterReturning 最终通知…End!");
   }
}
```

在 Spring 配置文件 spring-config.xml 里，配置了切面注解驱动、目标对象和切面拦截器对象，其代码如下：

```
<?xml version="1.0" encoding="UTF-8"?>
<beans xmlns="http://www.springframework.org/schema/beans"
    xmlns:xsi="http://www.w3.org/2001/XMLSchema-instance"
    xmlns:aop="http://www.springframework.org/schema/aop"
    xsi:schemaLocation="http://www.springframework.org/schema/beans
    http://www.springframework.org/schema/beans/spring-beans.xsd
    http://www.springframework.org/schema/aop
    http://www.springframework.org/schema/aop/spring-aop-4.3.xsd">
    <!-- 使 AspectJ 的注解起作用 -->
    <aop:aspectj-autoproxy/>
    <!-- 目标对象 -->
    <bean id="personServiceBean" class="service.personServerImpl"/>
    <!-- 切面拦截器对象  -->
    <bean id="myInterceptor" class="aop.AspectIntercepter"/>
</beans>
```

测试类文件 MyTest2.java 的代码如下：

```
import org.junit.Test;
import org.junit.runner.RunWith;
import org.springframework.beans.factory.annotation.Autowired;
import org.springframework.test.context.ContextConfiguration;
import org.springframework.test.context.junit4.SpringJUnit4ClassRunner;
import service.PersonServer;
import service.PersonServerImpl;
@RunWith(SpringJUnit4ClassRunner.class)  //Spring 单元测试
@ContextConfiguration(locations="classpath:spring-config.xml")
public class MyTest2 {
  @Autowired
  PersonServer personServiceBean; //注入由 Spring 容器创建的对象
  @Test
  public void inteceptorTest() {
      personServiceBean.save("badMonkey", 23);  //调用接口方法
      /*PersonServer p = new PersonServerImpl();  //通过 new 对象是不会触发 AOP
      p.save("zhangsan", 22);*/
  }
}
```

测试类的运行效果，如图 6.4.3 所示。

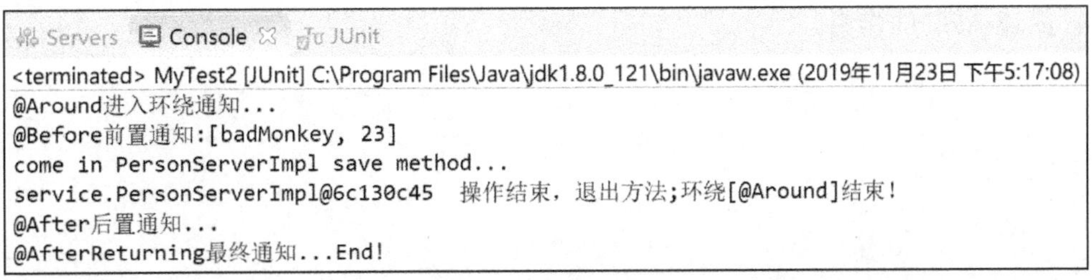

```
Servers  Console  JUnit
<terminated> MyTest2 [JUnit] C:\Program Files\Java\jdk1.8.0_121\bin\javaw.exe (2019年11月23日 下午5:17:08)
@Around进入环绕通知...
@Before前置通知:[badMonkey, 23]
come in PersonServerImpl save method...
service.PersonServerImpl@6c130c45  操作结束，退出方法;环绕[@Around]结束!
@After后置通知...
@AfterReturning最终通知...End!
```

图 6.4.3　测试类的运行效果

习题 6

一、判断题

1．Spring 配置文件名是固定的。

2．Spring 配置文件里标签<bean>必须同时使用 id 和 class 两个属性。

3．Spring 创建的对象，有多种获取方式。

4．Spring 单元测试除了 JUnit 依赖，还需要 Spring 提供的单元测试依赖包。

5．Spring 容器管理的 Bean 默认是多实例的。

二、选择题

1．在 Spring 配置文件里，下列不是使用标签<bean>创建对象的属性是____。

A．class　　B．id　　C．property　　D．scope

2．下列关于 Spring 框架使用的说法中，不正确的是____。

A．具有对象的依赖注入功能 DI

B．具有面向切面的编程功能 AOP

C．IoC 和 DI 是 Spring 的两个不同功能

D．简化 Java 企业级的应用开发

3．下列选项中，是 Spring 应用项目必选的依赖是____。

A．junit　　B．slf4j-log4j12

C．spring-jdbc　　D．spring-context

三、填空题

1．如果 Spring 配置文件只有一个，通常命名为____。

2．Spring DI 功能本质上使用了 Java 的____机制。

3．Spring 接口 ApplicationContext 定义了获取容器创建对象的方法是____。

4．Spring 使用注解方式获取容器创建对象的关键字是____。

四、简答题

1．简述 DI 与 IoC 的关系。

2．简述 Spring 框架的两种使用方式。

3．比较 JUnit 与 Spring 单元测试的异同点。

4．简述 AOP 的作用。

实验 6 Spring 框架

一、实验目的

1．掌握 Spring 在 pom.xml 里的依赖坐标。

2．掌握 Spring 作为 IoC 容器的用法（DI 功能）。

3．了解 Spring 单实例与多实例的创建。

4．了解 Spring 的 AOP 功能。

二、实验内容及步骤

【预备】访问上机实验网站 http://www.wustwzx.com/javaee/index.html，下载本章实验内容的源代码（含素材）并解压，得到文件夹 ch06。

1．测试 Spring 的 DI 功能

（1）在 Eclipse 中，导入案例项目 TestSpringDI。

（2）查验未使用 Spring 框架的程序 Test.java 里，用 new 运算符创建的对象。

（3）查看 Spring 配置文件里定义的对象及其依赖注入关系。

（4）查看使用了 Spring 框架的程序 Test1.java 里，用非注解方式加载 Spring 配置文件和获取容器创建对象的方法。

（5）查看使用了 Spring 框架的程序 Test2.java 里，用注解方式加载 Spring 配置文件和获取容器创建对象的方法。

（6）查看程序 Test2.java 里，测试单例与多例的方法 testSingleOrPrototype()。

（7）通过项目测试，验证运行结果与 Spring 配置文件相关。

2．测试 Spring 的 AOP 功能

（1）在 Eclipse 中，导入案例项目 TestSpringAOP1。

（2）查看 Spring 配置文件里目标对象、切面对象的配置。

（3）查看 Spring 配置文件里切点的配置，定义了目标对象的方法为切点。

（4）查看切面类文件 Minstrel.java 里定义的前置方法和后置方法。

（5）对项目做单元测试。

（6）导入案例项目 TestSpringAOP2 进行类似的代码分析与测试。

三、实验小结及思考

（由学生填写，重点填写上机实验中遇到的问题。）

第 7 章 SSM 架构

前面几章分别介绍了 MyBatis、Spring MVC 和 Spring 框架的使用。为了发挥 Spring 在 Web 项目开发中的作用，考虑到 Spring 与 Spring MVC 是同一个公司的产品故可做到无缝集成。因此，上述三大框架的整合就变成了 Spring 对 MyBatis 的整合。它的学习要点如下：

- 掌握在 Spring 配置文件里定义数据源对象的方法；
- 掌握 MyBatis 对 Spring 支持包的使用；
- 掌握在整合项目里使用 MyBatis 分页插件 PageInfo 的方法；
- 掌握使用 Spring 整合 MyBatis 及 Spring MVC 开发 Web 项目的一般步骤。

7.1 SSM 架构概述

SSM 架构是指在 Spring MVC 框架的基础上，使用 Spring 框架管理项目对象的创建及其依赖注入关系，其关键是如何加载整合了 MyBatis 的 Spring 配置文件。

Spring 整合 MyBatis 的实质，就是要将两个框架的配置文件合并为一个，即 Spring 配置文件要集成 MyBatis 的相关配置代码，如数据源特性文件、映射扫描等。

与前面使用 MyBatis 的 Web 项目 MemMana4_5 不同的是，整合文件里创建了数据源对象，以方便使用 Spring 的 DI 功能。

实体层、DAO 层和服务层组件都可能使用注解，为方便组件扫描的定义，可将它们对应的子包放置在同一个包里。

7.2 数据源

7.2.1 Spring 框架自带的数据源及其 pom 坐标

前面使用 MyBatis 框架时，并未创建数据源对象。在使用 Spring 整合的框架里，则必须创建数据源对象。

在 Spring 框架里，创建数据源对象有多种方式，但性能各有差异。Spring 框架本身提供了数据源，且简单易用。它是对 JDBC 的再封装，其依赖 spring-jdbc 及其对应的.jar 包如图 7.2.1 所示。

```
<dependency>
  <groupId>org.springframework</groupId>
  <artifactId>spring-jdbc</artifactId>
  <version>4.1.7.RELEASE</version>
</dependency>
```

```
> spring-jdbc-4.1.7.RELEASE.jar
> spring-beans-4.1.7.RELEASE.jar
> spring-core-4.1.7.RELEASE.jar
> commons-logging-1.2.jar
> spring-tx-4.1.7.RELEASE.jar
```

图 7.2.1　Spring 自带的数据源依赖

7.2.2　DBCP 数据源

Apache 项目 DBCP（DataBase Connection Pool）提供的数据源有连接池功能，其依赖 commons-dbcp 及其对应的.jar 包如图 7.2.2 所示。

```
<dependency>
    <groupId>commons-dbcp</groupId>
    <artifactId>commons-dbcp</artifactId>
    <version>1.4</version>
</dependency>
```

```
> commons-dbcp-1.4.jar
> commons-pool-1.5.4.jar
```

图 7.2.2　DBCP 数据源依赖

数据库连接池技术的思想非常简单，将数据库连接作为对象存储在一个 Vector 对象中，一旦数据库连接建立后，不同的数据库访问请求就可以共享这些连接。连接池可极大地改善 Java 应用程序的性能，同时减少全部资源的使用。如果用户不使用连接池，而是每当线程需要时就创建一个新的连接，那么用户的应用程序的资源使用会产生非常大的浪费，并且可能会导致高负载下的异常发生。

注意：

（1）实际使用 DBCP 数据源时，也要添加依赖 sping-jdbc;

（2）C3P0 是一个开源、具有连接池功能的数据源，它实现了数据源和 JNDI 绑定，具有自动回收空闲连接功能，常用于 Hibernate 等项目。

7.3　SSM 架构

7.3.1　Spring 整合 MyBatis 的依赖

由于在 MyBatis 3 问世之前，Spring 的开发工作就完成了。因此，Spring 没有提供对 MyBatis 3 的支持。MyBatis 社区自己开发了一个中间件 mybatis-spring 用来满足 SSM 架构的需求，其依赖包坐标如下：

```
<dependency>
    <groupId>org.mybatis</groupId>
    <artifactId>mybatis-spring</artifactId>
    <version>1.3.2</version>   <!--与 Spring 4.1.7 相适应-->
</dependency>
```

7.3.2 Spring 对 MyBatis 的整合

1. Spring 对 MyBatis 的整合配置

Spring 整合 MyBatis 的关键：一是定义数据源对象；二是定义数据库会话对象，并注入数据源对象；三是定义映射扫描配置对象，并注意数据库会话对象。Spring 整合 MyBatis 的示例代码如下：

```
<?xml version="1.0" encoding="UTF-8"?>
<beans xmlns="http://www.springframework.org/schema/beans"
      xmlns:xsi=http://www.w3.org/2001/XMLSchema-instance
      xmlns:mvc="http://www.springframework.org/schema/mvc"
      xmlns:context="http://www.springframework.org/schema/context"
      xmlns:aop="http://www.springframework.org/schema/aop"
      xmlns:tx="http://www.springframework.org/schema/tx"
      xsi:schemaLocation="http://www.springframework.org/schema/beans
      http://www.springframework.org/schema/beans/spring-beans-3.2.xsd
      http://www.springframework.org/schema/mvc
      http://www.springframework.org/schema/mvc/spring-mvc-3.2.xsd
      http://www.springframework.org/schema/context
      http://www.springframework.org/schema/context/spring-context-3.2.xsd
      http://www.springframework.org/schema/aop
      http://www.springframework.org/schema/aop/spring-aop-3.2.xsd
      http://www.springframework.org/schema/tx
      http://www.springframework.org/schema/tx/spring-tx-3.2.xsd ">
      <!-- 配置组件扫描 -->
      <context:component-scan base-package="com.sm" />
      <!-- 加载数据源特性文件 -->
      <context:property-placeholder location="classpath:datasource.properties" />
      <!-- 创建数据源对象，有多种选择方式；Spring 自带的较为简单，但没有连接池功能-->
      <!-- <bean id="dataSource" class=
                        "org.springframework.jdbc.datasource.DriverManagerDataSource"> -->
      <bean id="dataSource" class="org.apache.commons.dbcp.BasicDataSource"
                                                            destroy-method="close">
         <property name="driverClassName" value="${jdbc.driver}"/>
         <property name="url" value="${jdbc.url}" />
         <property name="username" value="${jdbc.username}" />
         <property name="password" value="${jdbc.password}" />
   </bean>
   <!--定义数据库会话层对象，用到 Spring 对 Mybatis 的整合包 -->
   <!--本处定义的数据库会话层对象，MyBatis 框架会自动应用到 DAO 层实现-->
   <bean id="sqlSession" class="org.mybatis.spring.SqlSessionFactoryBean">
      <!-- 下面使用 ref 而不是 value，因为 name 属性值 dataSource 表示对象（bean）-->
      <property name="dataSource" ref="dataSource" />
      <!-- 定义映射文件结果类型的别名 -->
      <property name="typeAliasesPackage" value="com.sm.entity" />
   </bean>
```

```
    <!-- 映射扫描配置 -->
    <bean class="org.mybatis.spring.mapper.MapperScannerConfigurer">
        <property name="basePackage" value="com.sm.mapper" />
        <!-- 下面使用 value 而不是 ref，因为 name 属性值 sqlSessionFactoryBeanName 不是 bean-->
        <property name="sqlSessionFactoryBeanName" value="sqlSession" />
    </bean>
</beans>
```

注意：创建 Bean 对象注入属性时，ref 表示引用，而 value 表示值。，

2．Spring 整合 MyBatis 的示例项目

Spring 整合 MyBatis 示例项目 SpringIntegratedMybatis 文件系统，如图 7.3.1 所示。

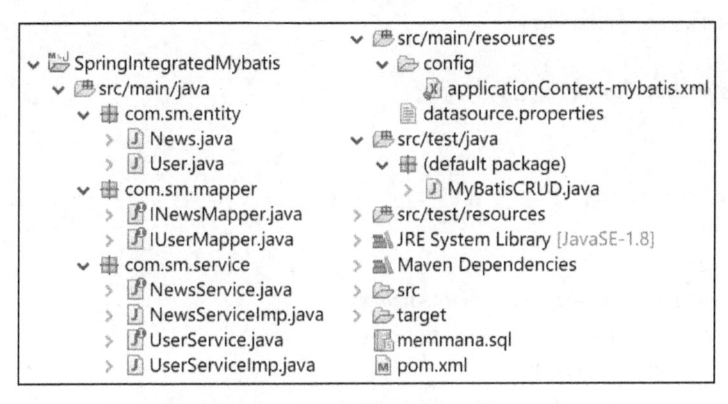

图 7.3.1　Spring 整合 MyBatis 示例项目

测试类文件 MyBatisCRUD.java 代码如下：

```
import java.util.List;
import org.junit.Test;
import org.junit.runner.RunWith;
import org.springframework.beans.factory.annotation.Autowired;
import org.springframework.test.context.ContextConfiguration;
import org.springframework.test.context.junit4.SpringJUnit4ClassRunner;
import com.sm.entity.News;
import com.sm.entity.User;
import com.sm.service.NewsService;
import com.sm.service.UserService;
/*
 * 本类使用了 Spring 的单元测试框架，不同于传统的 JUnit
 * 使用注解@ContextConfiguration 加载 Spring 配置文件
 * 定义类属性时使用注解@Autowired，要求在整合文件里配置组件扫描！
 */
@RunWith(SpringJUnit4ClassRunner.class)    //Spring 单元测试
@ContextConfiguration(locations="classpath:config/applicationContext-mybatis.xml")
public class MyBatisCRUD {
    @Autowired
    private    UserService userService;    //注入由 Spring 容器创建的对象
```

```
    @Test
    public void m1() {
        System.out.println(userService);    //测试
        List<User> users = userService.getAllUser();
        for (User user:users) {
            System.out.println(user);
        }
    }
    @Test
    public void m1a() {
        User user = userService.queryUserByUserNameAndPassword("zhangsan", "111");
        if(user!=null)
            System.out.println(user);
        else
            System.out.println("查无此人！ ");
    }
    @Autowired
    NewsService newsService;
    @Test
    public void m2() {
        List<News> newss=newsService.queryAllNews();
        for(News news:newss) {
            System.out.println(news);
        }
    }
    //其他测试方法，请读者自行完成
}
```

7.3.3 SSM 架构的实现

在未使用 Spring 框架整合的 Web 项目 MemMana4_5 里，Spring MVC 核心控制器是在 web.xml 里配置的，并加载了 Spring MVC 框架的配置文件。对于 SSM 架构，还需要加载整合了 MyBatis 的 Spring 配置文件，它有如下两种解决方案。

1．在 Spring MVC 配置文件里加载 Spring 整合配置文件

对于 SSM 架构，如果不在 web.xml 里定义启动 Spring 容器，并加载 Spring 整合配置文件的代码，则应在 Spring MVC 框架配置文件里定义，其示例代码如下：

```
<?xml version="1.0" encoding="UTF-8"?>
<beans xmlns="http://www.springframework.org/schema/beans"
    xmlns:xsi="http://www.w3.org/2001/XMLSchema-instance"
    xmlns:p="http://www.springframework.org/schema/p"
    xmlns:mvc="http://www.springframework.org/schema/mvc"
    xmlns:context="http://www.springframework.org/schema/context"
    xsi:schemaLocation="http://www.springframework.org/schema/beans
                        http://www.springframework.org/schema/beans/spring-beans.xsd
                        http://www.springframework.org/schema/mvc
```

```
                    http://www.springframework.org/schema/mvc/spring-mvc.xsd
                    http://www.springframework.org/schema/context
                    http://www.springframework.org/schema/context/spring-context.xsd">
    <!-- 在 Spring MVC 里引入 Spring（整合）配置文件-->
    <import resource="classpath:config/applicationContext-mybatis.xml" />
    <!-- 定义组件扫描包 -->
    <context:component-scan base-package="com.memmana" />
    <!-- 注解驱动，实质上是加载处理注解的映射器和适配器 -->
    <mvc:annotation-driven />
    <!-- 映射静态资源文件（非动态页文件）在特定的路径里查找 -->
    <mvc:resources  mapping="/css/**" location="/css/"/>
    <mvc:resources  mapping="/js/**" location="/js/"/>
    <mvc:resources  mapping="/images/**" location="/images/"/>
    <mvc:resources  mapping="/upload/**" location="/upload/"/>
    <!-- 页内框架初始加载的页面也属于静态资源 -->
    <mvc:resources  mapping="/pages/**" location="/pages/"/>
    <!-- 配置 JSP 视图解析器 -->
    <bean
        class="org.springframework.web.servlet.view.InternalResourceViewResolver">
        <property name="viewClass" value="org.springframework.web.servlet.view.JstlView" />
        <!-- 视图文件地址前缀 -->
        <property name="prefix" value="/WEB-INF/views/" />
        <!-- 视图文件地址后缀 -->
        <property name="suffix" value=".jsp" />
    </bean>
</beans>
```

2. 在 web.xml 里加载 Spring 整合配置文件

对于 SSM 架构，在 web.xml 里，除了定义 Spring MVC 核心控制器、加载 Spring MVC 配置文件，还可通过 ContextLoaderListener 方式启动 Spring 容器并加载 Spring 整合了 MyBatis 的配置文件，其示例代码如下：

```
<?xml version="1.0" encoding="UTF-8"?>
<web-app xmlns:xsi="http://www.w3.org/2001/XMLSchema-instance"
    xmlns="http://java.sun.com/xml/ns/javaee"
    xsi:schemaLocation="http://java.sun.com/xml/ns/javaee
    http://java.sun.com/xml/ns/javaee/web-app_2_5.xsd" version="2.5">
    <display-name>MemMana5p</display-name>
    <!-- 定义 Spring MVC 核心控制器，加载 Spring MVC 配置文件 -->
    <servlet>
        <servlet-name>springmvc</servlet-name>
        <servlet-class>org.springframework.web.servlet.DispatcherServlet</servlet-class>
        <init-param>
            <param-name>contextConfigLocation</param-name>
            <param-value>classpath:config/springmvc-config.xml</param-value>
        </init-param>
        <load-on-startup>1</load-on-startup>
```

```
    </servlet>
    <servlet-mapping>
        <servlet-name>springmvc</servlet-name>
        <url-pattern>/</url-pattern>
    </servlet-mapping>
    <filter>
        <filter-name>CharacterFilter</filter-name>
        <filter-class>org.springframework.web.filter.CharacterEncodingFilter
        </filter-class>
        <init-param>
            <param-name>encoding</param-name>
            <param-value>UTF-8</param-value>
        </init-param>
    </filter>
    <filter-mapping>
        <filter-name>CharacterFilter</filter-name>
        <url-pattern>/*</url-pattern>
    </filter-mapping>
    <!-- 指定以 ContextLoaderListener 方式启动 Spring 容器，加载 Spring 配置文件 -->
    <listener>
        <listener-class>org.springframework.web.context.ContextLoaderListener</listener-class>
    </listener>
    <context-param>
        <param-name>contextConfigLocation</param-name>
        <param-value>classpath:config/applicationContext-mybatis.xml</param-value>
    </context-param>
    <welcome-file-list>
        <!-- 配置主控制器的方法，不是通常的.jsp 页面 -->
        <welcome-file>/index</welcome-file>
    </welcome-file-list>
</web-app>
```

3．关于@Mapper 注解

对于 SSM 架构，如果 DAO 层接口未使用 SQL 注解，则应使用@Mapper 注解，因为 Spring 将所有被@Mapper 注解的接口自动装配为 MyBatis 映射接口。

注意：在 SSM 架构 MemMana5 里，DAO 层接口均使用了 SQL 注解。因此，该接口不必使用@Mapper 注解。

7.4 SSM 架构的会员管理项目 MemMana5

7.4.1 项目整体设计

1．项目文件系统

使用 SSM 架构项目 MemMana5，其文件系统如图 7.4.1 所示。

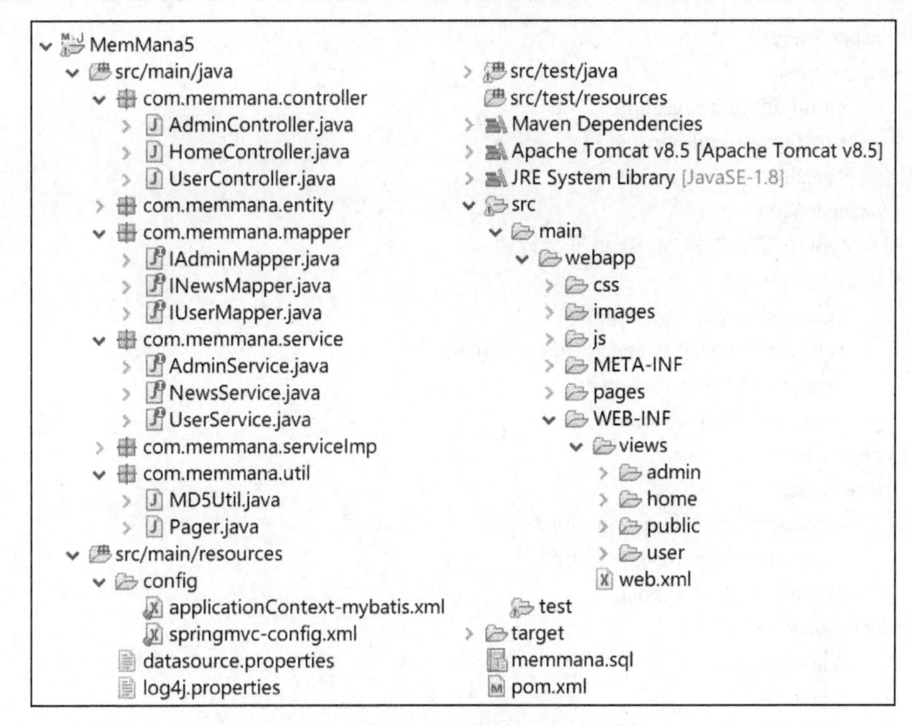

图 7.4.1　Spring 整合 MyBatis 示例项目

显然，对系统代码进行了分层架构。程序文件分布在 6 个 package 包里，其作用如下。

（1）com.memmana.util：存放工具类，如通用的数据库访问类。

（2）com.memmana.entity：存放项目的实体类。

（3）com.memmana.mapper：存放数据访问层接口。

（4）com.memmana.service：存放业务层接口。

（5）com.memmana.serviceImp：存放服务接口实现类。

（6）com.memmana.controller：存放项目控制器类。

视图文件已根据控制器分类存放在 WEB-INF/views 里。其中，views/public 内存放的视图是可供所有控制器使用的公共视图。

2．项目依赖配置文件

项目依赖配置文件 pom.xml 里引入的依赖代码如下：

```
<dependencies>
    <!-- Spring MVC 核心依赖及单元测试依赖 -->
    <dependency>
        <groupId>org.springframework</groupId>
        <artifactId>spring-webmvc</artifactId>
        <version>4.1.7.RELEASE</version>
    </dependency>
    <dependency>
        <groupId>org.springframework</groupId>
        <artifactId>spring-test</artifactId>
        <version>4.1.7.RELEASE</version>
```

```
</dependency>
<dependency>
    <groupId>junit</groupId>
    <artifactId>junit</artifactId>
    <version>4.12</version>
</dependency>
<!-- MySQL 驱动包和 MyBatis 框架依赖 -->
<dependency>
    <groupId>mysql</groupId>
    <artifactId>mysql-connector-java</artifactId>
    <version>5.1.37</version>
    <scope>runtime</scope>
</dependency>
<dependency>
    <groupId>org.mybatis</groupId>
    <artifactId>mybatis</artifactId>
    <version>3.3.0</version>
</dependency>
<!-- 数据源依赖 -->
<dependency>
    <groupId>commons-dbcp</groupId>
    <artifactId>commons-dbcp</artifactId>
    <version>1.4</version>
</dependency>
<dependency>
    <groupId>org.springframework</groupId>
    <artifactId>spring-jdbc</artifactId>
    <version>4.1.7.RELEASE</version>
</dependency>
<!-- Spring 对 MyBatis 的整合包 -->
<dependency>
    <groupId>org.mybatis</groupId>
    <artifactId>mybatis-spring</artifactId>
    <version>1.2.3</version>
</dependency>
<!-- 分页插件依赖包 pagehelper -->
<dependency>
    <groupId>com.github.pagehelper</groupId>
    <artifactId>pagehelper</artifactId>
    <version>4.1.6</version>
</dependency>
<!-- 使用 JSTL 标签的 2 个依赖 -->
<dependency>
    <groupId>taglibs</groupId>
    <artifactId>standard</artifactId>
    <version>1.1.2</version>
</dependency>
```

```
    <dependency>
        <groupId>jstl</groupId>
        <artifactId>jstl</artifactId>
        <version>1.2</version>
    </dependency>
    <!-- 使用 JSTL 标签的 1 个依赖 -->
    <!-- <dependency> <groupId>javax.servlet</groupId> <artifactId>jstl</artifactId>
        <version>1.2</version> </dependency> -->
    <!-- Ajax 依赖 -->
    <dependency>
        <groupId>com.fasterxml.jackson.core</groupId>
        <artifactId>jackson-databind</artifactId>
        <version>2.5.4</version>
    </dependency>
    <!-- 日志，使用 log4j 来管理，可去除 -->
    <dependency>
        <groupId>org.slf4j</groupId>
        <artifactId>slf4j-log4j12</artifactId>
        <version>1.7.2</version>
    </dependency>
</dependencies>
```

3．项目配置与框架配置

项目配置文件 WEB-INF/web.xml 加载了 Spring MVC 配置文件，Spring MVC 配置文件加载了 Spring 对 MyBatis 整合的配置文件。

web.xml 里的关键代码如下：

```
<!-- 定义 Spring MVC 核心控制器，加载 Spring MVC 配置文件 -->
<servlet>
    <servlet-name>springmvc</servlet-name>
    <!-- 定义 Spring MVC 核心控制器-->
    <servlet-class>org.springframework.web.servlet.DispatcherServlet</servlet-class>
    <init-param>
        <param-name>contextConfigLocation</param-name>
        <!--加载 Spring MVC 配置文件 -->
        <param-value>classpath:config/springmvc-config.xml</param-value>
    </init-param>
    <load-on-startup>1</load-on-startup>
</servlet>
<servlet-mapping>
    <servlet-name>springmvc</servlet-name>
    <url-pattern>/</url-pattern>
</servlet-mapping>
<filter>
    <filter-name>CharacterFilter</filter-name>
    <filter-class>org.springframework.web.filter.CharacterEncodingFilter
    </filter-class>
```

```
        <init-param>
            <param-name>encoding</param-name>
            <param-value>UTF-8</param-value>
        </init-param>
</filter>
<filter-mapping>
        <filter-name>CharacterFilter</filter-name>
        <url-pattern>/*</url-pattern>
</filter-mapping>
<welcome-file-list>
        <!-- 配置主控制器的方法，不是通常的.jsp 页面 -->
        <welcome-file>/index</welcome-file>
</welcome-file-list>
```

Spring MVC 配置文件 springmvc-config.xml 里的关键代码如下：

```
<!-- 在 Spring MVC 里引入 Spring（整合）配置文件，也可以在 web.xml 里使用监听器加载 -->
<import resource="classpath:config/applicationContext-mybatis.xml" />
<!-- 定义扫描组件的基础包 -->
<context:component-scan base-package="com.memmana" />
<!-- 注解驱动 -->
<mvc:annotation-driven />
<!-- 映射静态资源文件（非动态页文件）在特定的路径里查找 -->
<mvc:resources  mapping="/css/**" location="/css/"/>
<mvc:resources  mapping="/js/**" location="/js/"/>
<mvc:resources  mapping="/images/**" location="/images/"/>
<mvc:resources  mapping="/upload/**" location="/upload/"/>
<!-- 页内框架初始加载的页面也属于静态资源 -->
<mvc:resources  mapping="/pages/**" location="/pages/"/>
<!-- 配置 JSP 视图解析器 -->
<bean
        class="org.springframework.web.servlet.view.InternalResourceViewResolver">
        <property name="viewClass" value="org.springframework.web.servlet.view.JstlView" />
        <!-- 视图文件地址前缀 -->
        <property name="prefix" value="/WEB-INF/views/" />
        <!-- 视图文件地址后缀 -->
        <property name="suffix" value=".jsp" />
</bean>
```

Spring 整合配置文件 applicationContext-mybatis.xml 里的关键代码如下：

```
<!-- 加载数据源特性文件 -->
<context:property-placeholder location="classpath:datasource.properties"/>
<!-- 创建数据源对象 -->
<bean id="dataSource" class="org.apache.commons.dbcp.BasicDataSource" destroy-method="close">
        <property name="driverClassName" value="${jdbc.driver}" />
        <property name="url" value="${jdbc.url}" />
        <property name="username" value="${jdbc.username}" />
        <property name="password" value="${jdbc.password}" />
```

```
</bean>
<!--定义数据库会话对象，用到 Spring 对 MyBatis 的整合包-->
<bean id="sqlSession" class="org.mybatis.spring.SqlSessionFactoryBean">
    <property name="dataSource" ref="dataSource" />
    <property name="typeAliasesPackage" value="com.memmana.entity"/>
    <!-- 分页插件 PageHelper -->
    <property name="plugins">
        <array>
            <bean class="com.github.pagehelper.PageHelper">
                <property name="properties">
                    <value>
                        dialect=mysql
                    </value>
                </property>
            </bean>
        </array>
    </property>
</bean>
<bean class="org.mybatis.spring.mapper.MapperScannerConfigurer">  <!-- 映射扫描配置 -->
   <!-- 要求映射接口方法名与 DAO 接口方法名一致-->
    <property name="basePackage" value="com.memmana.mapper" />
    <!-- Spring 创建 DAO 对象时注入数据库会话对象特性 -->
    <property name="sqlSessionFactoryBeanName" value="sqlSession"/>
</bean>
```

7.4.2　项目主页设计

项目主页对应的控制器 HomeAction，使用注解方式注入了一个服务层对象，其对应的文件 HomeController.java 的代码如下：

```
package com.memmana.controller;
import java.util.List;
import org.springframework.beans.factory.annotation.Autowired;
import org.springframework.stereotype.Controller;
import org.springframework.ui.Model;
import org.springframework.web.bind.annotation.RequestMapping;
import com.memmana.entity.News;
import com.memmana.service.NewsService;
@Controller
@RequestMapping({"/Home", "/", "" })
public class HomeController {
  @Autowired
  private NewsService newsService;   //注解注入服务层对象
 @RequestMapping({"", "/", "/index" })
 public String index(Model model) {
     List<News> news = newsService.queryAllNews();
     model.addAttribute("newsList", news);
```

```
        return "home/index";
    }
}
```

服务接口 NewsService.java 的代码如下：

```
package com.memmana.service;
import java.util.List;
import com.memmana.bean.News;
public interface NewsService{
  List<News> queryAllNews();   //查询所有新闻
}
```

服务层对象 newsService 对应的实现类文件 NewsServiceImp.java 的代码如下：

```
package com.memmana.serviceImp;
import java.util.List;
import org.springframework.beans.factory.annotation.Autowired;
import org.springframework.stereotype.Service;
import com.memmana.bean.News;
import com.memmana.dao.NewsDao;
import com.memmana.service.NewsService;
@Service
public class NewsServiceImpl implements NewsService {
     @Autowired
     private NewsDao newsDao; // 注解注入
     @Override
     public List<News> queryAllNews() {
          return newsDao.queryAllNews();
     }
}
```

注意：服务层实现类使用@Service 注解，也可以使用通用注解@Component 代替。

DAO 层接口文件 INewsMapper.java 的代码如下：

```
package com.memmana.mapper;
/*
 * 定义 DAO 接口，未写实现类（不同于 Service 层）
 * DAO 层实现是由 Mybatis 框架自动建立接口方法与 SQL id 之间的映射完成的
 */
import java.util.List;
import org.apache.ibatis.annotations.Select;
import com.memmana.entity.News;
public interface INewsMapper {
   @Select("select * from news") /* 查找所有新闻记录 */
   public List<News> queryAllNews();
}
```

控制器方法 Home/index 转发的视图文件 WEB-INF/views/home/index.jsp 的主要代码如下：

```
<%@ include file="/WEB-INF/views/public/header.jsp" %>
    <div class="main">
        <div class="left"><br>
        <center class="bt">技术文档</center>
        <ul>   <!-- 新闻列表，静态 HTML 代码与 JSTL 标签混编-->
            <c:forEach items="${newsList}" var="row">
                <li><a href="${row.contentPage}" target="iframeName">
                                                    ${row.contentTitle}</a></li>
            </c:forEach>
        </ul>
        </div>
        <div class="right">
            <!-- 页内框架引入静态资源，要求在 Spring MVC 配置文件里做映射 -->
            <iframe name="iframeName" width="550px" height="480px" src=
                "${pageContext.request.contextPath}/pages/index0.html" frameborder="no" >
                                                    </iframe></div></div>
    <%@ include file="/WEB-INF/views/public/footer.jsp" %>
```

注意：

（1）未使用 Spring 框架整合的 Web 项目里，服务层实现类是使用 new 运算法创建 DAO 层实现类对象，进而调用 DAO 层接口的方法；

（2）本项目只使用了 Spring 的 DI 功能 ，并未使用 AOP 功能。

7.4.3　项目后台会员信息的分页实现

1．后台控制器 Admin

实现管理员功能使用的控制器是 AdminContoller，它定义了 adminLogin、memInfo 和 memDelete 三个方法。其中，会员登录方法 adminLogin 为 Ajax 方法，会员信息显示方法 memInfo 使用了 PageHelper 插件实现分页功能。

管理员控制器文件 AdminController.java 的代码如下：

```
package controller;
import java.util.HashMap;
import java.util.List;
import java.util.Map;
import javax.servlet.http.HttpServletRequest;
import javax.servlet.http.HttpSession;
import org.springframework.stereotype.Controller;
import org.springframework.web.bind.annotation.RequestMapping;
import org.springframework.web.bind.annotation.RequestParam;
import org.springframework.web.bind.annotation.ResponseBody;
import com.github.pagehelper.PageHelper;
import com.github.pagehelper.PageInfo;
import entity.Admin;
import entity.User;
import service.UserService;
```

```
import serviceImp.AdminServiceImp;
import serviceImp.UserServiceImp;
import utils.MD5Util;
@Controller
@RequestMapping("/Admin")
public class AdminController {
@RequestMapping("/toAdminLogin")
    public String toAdminLogin() {
        return "admin/adminLogin";   //进入登录视图并请求 Ajax 登录方法 adminLogin()
    }
    @RequestMapping("/adminLogin")
    @ResponseBody     //注解 Ajax 方法
    public Map<String, Object> adminLogin(String pw, HttpSession session)throws Exception {
        System.out.println(pw);   //测试登录视图（非表单提交方式  ）Ajax 方法传递的密码
        Map<String, Object> result = new HashMap<String, Object>();
        //数据库表 admin 里存放的管理员密码使用 md5 加密了
        System.out.println(MD5Util.MD5(pw));
        Admin admin = new AdminServiceImp().queryAdminByPassword(MD5Util.MD5(pw));
        System.out.println(admin); //测试
        if(admin!=null) { //  正确
                session.setAttribute("admin", admin.getUsername()); //管理员会话跟踪
                System.out.println("管理员会话信息："+(String) session.getAttribute("admin"));
                result.put("success", true);
        }else{
                result.put("msg", "密码错误!正确的密码存放在表 admin，密码为 admin。");
                result.put("success", false);
        }
        System.out.println(result); //测试
        return result; //  返回键值对数据
    }
    @RequestMapping("/adminIndex")
    public String adminIndex() {     //在管理员登录表单页面里的 ajax()调用，用于登录成功后
        return "admin/adminIndex";   //转发至后台主页
    }
    @RequestMapping("toMemInfo")
    public String toMemInfo(HttpServletRequest request, HttpSession session) {
        if ((String) session.getAttribute("admin") == null) {
                //  防止非管理员未经登录而直接使用
                return "redirect:index";
        }
        return "admin/memInfo";
    }
    @ResponseBody
    @RequestMapping("/memInfo")
    public PageInfo<User> memInfo(@RequestParam(value ="page", defaultValue="1") Integer page)
                                                                                      throws Exception {
        PageHelper.startPage(page,3); //分页助手的第 1 个参数为当前页，第 2 个参数为总页数
```

```
        List<User> users=new UserServiceImp().queryAllUser();
        PageInfo<User> pageInfo = new PageInfo<User>(users);
        return pageInfo;
    }
    @RequestMapping("/memDelete")
    public String memDelete(HttpServletRequest request, String username, HttpSession session)
                                                                              throws Exception {
        System.out.println("管理员会话信息："+(String) session.getAttribute("admin"));
        UserService userService=new UserServiceImp();
        if (username != null) {
            User user = new User();
            user.setUsername(username);
            //删除记录
            userService.deleteUser(user);
        }
        List<User> users = userService.queryAllUser();
        request.setAttribute("userList", users);
        return "admin/memDelete";
    }
    @RequestMapping("/adminLogout")
  public String adminLogout(HttpSession session) {    //在管理员登录表单页面里的 ajax()调用
        session.invalidate();
        return "redirect:/Home/index";
        //return "redirect:/";
        //return "redirect:/index";
    }
}
```

注意：上面程序里所使用的类 Pager 是一个封装了若干属性和方法（除了 get/set）的实体类。

2. 后台会员分页实现

类 Pager 提供了获取导航信息的静态方法 getPageNav()，返回值为泛型（对应于某个实体类的分页信息），其代码如下：

```
package com.memmana.util;
import com.github.pagehelper.PageInfo;
public class Pager {
    //获取导航信息的静态方法包含 4 个参数，其中一个参数是泛型
    public static <T>String getPageNav(int page,int pageSize,PageInfo<T> pageInfo, StringBuffer URL){
        String pageNav="";
        if(page==1){  //此时，下页和尾页链接可用
            pageNav ="首页"+
                " | 上一页"+
                " | <a href='"+URL+"?p="+pageInfo.getNextPage()
                                        +"' style='text-decoration:none;'>下一页</a>"+
```

```
                " | <a href='"+URL+"?p="+pageInfo.getPages()+
                                                        "' style='text-decoration:none;'>尾页</a>"+
                " | 共"+pageInfo.getTotal()+"条记录"+" | 当前页:"+
                                            "<font color='red'>"+page+"</font>/"+pageInfo.getPages()+
                "  <form method='get' action='"+URL+"'>"+
                "<input type='text' style='width:30px; height:20px;' name='p'/> "+
                "<input type='submit' value='go' class='btn' /></form>";}
        else if(page==pageInfo.getLastPage()){  //此时，下页和尾页链接不可用
            pageNav ="<a href='"+URL+"?p="+1+"' style='text-decoration:none;'>首页</a>"+
                " | <a href='"+URL+"?p="+pageInfo.getPrePage()+
                                    "' style='text-decoration:none;'>上一页</a>"+" | 下一页"+
                                " | 尾页"+" | 共"+pageInfo.getTotal()+"条记录"+
                                        " | 当前页:"+"<font color='red'>"+page+"</font>/"+
                                    pageInfo.getPages()+"  <form method='get' action='"+URL+"'>"+
                "<input type='text' style='width:30px; height:20px;' name='p'/> "+
                "<input type='submit' value='go' class='btn' /></form>";}
        else {  //此时，首页、上页、下页和尾页链接均可用
            pageNav ="<a href='"+URL+"?p="+1+"' style='text-decoration:none;'>首页</a>"+
                                        " | <a href='"+URL+"?p="+pageInfo.getPrePage()+
                                                        "' style='text-decoration:none;'>上一页</a>"+
                    " | <a href='"+URL+"?p="+pageInfo.getNextPage()+
                                                        "' style='text-decoration:none;'>下一页</a>"+
                    " | <a href='"+URL+"?p="+pageInfo.getPages()+
                                                        "' style='text-decoration:none;'>尾页</a>"+
                    " | 共"+pageInfo.getTotal()+"条记录"+
                    " | 当前页:"+
                                        "<font color='red'>"+page+"</font>/"+pageInfo.getPages()+
                    "  <form method='get' action='"+URL+"'>"+
                                    "<input type='text' style='width:30px; height:20px;' name='p'/> "+
                    "<input type='submit' value='go' class='btn' /></form>";
        }
        return pageNav;
    }
}
```

注意：泛型类 PageInfo<T>封装了上一页、下一页和总页数等方法。

习题 7

一、选择题

1．假定 Spring 整合 MyBatis 的项目使用 MySQL，下列不是必须定义的依赖是____。

A．spring-webmvc　　B．mysql-connector-java

C．spring-jdbc　　D．spring-context

2．在 SSM 框架整合的项目里，下列不是必须定义的依赖是____。

A．mybatis-spring　　B．spring-webmvc

C．slf4j-log4j12　　D．spring-jdbc

3．下列关于 SSM 整合的说法中，正确的是____。

A．Spring 对 MyBatis 的整合文件只能在 web.xml 文件里调用

B．Spring 对 MyBatis 的整合文件只能在 Spring MVC 配置文件里调用

C．Spring 对 MyBatis 的整合文件只能在 pom.xml 里调用

D．在 web.xml 或 Spring MVC 配置文件里，均可调用整合文件

二、Spring 整合 MyBatis 配置代码填空题

```
<bean id="dataSource" class="org.apache.commons.dbcp.BasicDataSource" destroy-method="close">
    <property name="driverClassName" value="${jdbc.driver}"/>
    <property name="url" value="${jdbc.url}" />
    <property name="username" value="${jdbc.username}" />
    <property name="password" value="${jdbc.password}" />
</bean>
<bean id="sqlSession" class="org.mybatis.spring.SqlSessionFactoryBean">
    <property name="dataSource" ____="dataSource" />
    <property name="typeAliasesPackage" value="com.sm.entity" />
</bean>
<bean class="org.mybatis.spring.mapper.MapperScannerConfigurer">
    <property name="basePackage" value="com.sm.mapper" />
    <property name="sqlSessionFactoryBeanName" ____="sqlSession" />
</bean>
```

三、简答题

1．简述使用 Spring 整合的 Java 项目与 Web 项目在配置文件上的区别。

2．简述 SSM 架构开发的一般步骤。

3．比较使用 SSM 架构开发与非 SSM 架构开发的区别。

实验 7 SSM 架构开发

一、实验目的

1. 掌握数据源的使用。
2. 掌握 Spring 整合 MyBatis 配置文件的编写。
3. 掌握 Spring 配置文件里单实例与多实例的使用。
4. 掌握使用 SSM 架构开发 Web 项目的一般步骤。

二、实验内容及步骤

【预备】访问上机实验网站 http://www.wustwzx.com/javaee/index.html，下载本章实验内容的源代码（含素材）并解压，得到文件夹 ch07。

1. Spring 整合 MyBatis

（1）在 Eclipse 中，导入 Java 案例项目 SpringIntegratedMybatis。

（2）打开 Spring 整合配置文件 applicationContext-mybatis.xml，通过链接跟踪和注释 pom.xml 里整合依赖坐标的方式，验证整合依赖。

（3）查看整合配置文件里定义的数据源对象、数据库会话对象和映射扫描配置对象及其依赖注入关系。

（4）分别查看组件扫描包和映射扫描包的设置。

（5）查看单元测试类文件后，做单元测试。

2. SSM 架构

（1）在 Eclipse 中，导入 Web 项目 MemMana5。

（2）查看 pom.xml 文件里定义的依赖。

（3）分别查看 web.xml 及框架配置代码。

（4）查看项目主页的实现代码，包括控制层、服务层、DAO 层和视图。

（5）查看后台分页的实现，并与项目 MemMana4_5 的实现方式进行比较。

三、实验小结及思考

（由学生填写，重点填写上机实验中遇到的问题。）

第 8 章

Spring Boot 项目开发

SSM 架构不仅需要在多种配置文件里输入较多烦琐的配置信息，还需要手工在 pom.xml 中添加较多的依赖。此外，还可能存在版本冲突的问题。然而使用 IntelliJ IDEA 提供的向导 Spring Initializer 开发 Spring Boot 项目，只要勾选所需功能，就能在 pom.xml 文件里自动添加相应的依赖。本章学习要点如下：

- 掌握 Spring Boot 各种起步器依赖的使用；
- 了解 Spring Boot 项目的工作原理；
- 掌握 IntelliJ IDEA 的安装及使用；
- 掌握 Lombok 插件的安装及使用；
- 掌握 Thymeleaf 模板在 Spring Boot Web 项目中的使用。

8.1　Spring Boot 概述

Spring Boot 是由 Pivotal 团队最新提供的 Java Web 开发的集成框架，其设计目的是用来简化新 Spring 应用的初始搭建及开发过程，不再需要定义样板化的配置，以便开发人员能有更多的时间和精力专注于业务逻辑。

Spring Boot 并不是一个全新的框架，它默认配置了之前的很多框架的使用方式。在 IntelliJ IDEA 中使用向导创建 Spring Boot 项目时，选择某种所需功能后，系统就会自动引入相关依赖。Spring Boot 项目遵循“约定优先于配置”的思想，以摆脱 Spring 框架中各类繁复纷杂的配置，用于快速创建基于 Spring 框架的应用。

像 Maven 整合了所有的 jar 包一样，Spring Boot 整合了所有的框架。

注意：

（1）从本质上讲，Spring Boot 并不是一种新的开发框架，它是一些库的集合；

（2）使用项目构建工具 maven 导入相应的依赖，就可使用 Spring Boot（Boot 系初始化、引导之意），且无须自行管理这些依赖的版本；

（3）Spring Boot 项目可以实现零配置，表现为没有 Spring 及 Spring MVC 配置文件。Web 项目没有 web.xml 文件。

8.2 Spring Boot 工作原理

8.2.1 Spring Boot 项目的父项目起步器 spring-boot-starter-parent

1. 起步器

Spring Boot 项目中，需要在 pom.xml 文件里定义相应于特定功能的起步器（starter）依赖，它是以自动化进行为目的的程序。

起步依赖本质上是一个 Maven 项目对象模型（Project Object Model，POM），定义了对其他库的传递依赖，将这些内容加在一起即可支持某项功能。起步器依赖是将具备某种功能的坐标打包到一起，并提供一些默认功能。

2. 起步器 spring-boot-starter-parent

当 IDEA 使用 Spring Initializer 创建 Spring Boot 项目时，在自动生成的 pom.xml 文件里，使用标签<parent>定义了当前项目继承父项目 spring-boot-starter-parent，其代码如下。

```
<parent>
        <groupId>org.springframework.boot</groupId>
        <artifactId>spring-boot-starter-parent</artifactId>
        <!-- 统一的版本控制 -->
        <version>2.1.9.RELEASE</version>
        <relativePath/>
</parent>
```

在 spring-boot-starter-parent 中提供了很多默认的配置，这些配置可以大大简化开发过程。

注意：

（1）在 IDEA 里，通过（按住 Ctrl 键）链接跟踪可知，spring-boot-starter-parent 的父项目依赖是 spring-boot-dependencies;

（2）在项目 spring-boot-dependencies 的<properties>标签里，定义了各种框架的默认版本，这使得在导入依赖时不必指定其版本;

（3）常规的.jar 包依赖使用标签<dependency>，它不同于项目的继承依赖。

8.2.2 Spring Boot 项目的核心起步器依赖 spring-boot-starter

IDEA 使用 Spring Initializer 创建 Spring Boot 项目，自动生成 pom.xml 文件，引入了如下两个依赖。

```
<dependencies>
        <dependency>
                <groupId>org.springframework.boot</groupId>
                <artifactId>spring-boot-starter</artifactId>
        </dependency>
        <dependency>
                <groupId>org.springframework.boot</groupId>
```

```
            <artifactId>spring-boot-starter-test</artifactId>
            <scope>test</scope>
        </dependency>
    </dependencies>
```

其中，spring-boot-starter 是 Spring Boot 项目的起步器依赖。使用 IDEA 右上侧的 Maven 工具，可以查看到该起步器相关的起步器和依赖包，如图 8.2.1 所示。

```
Dependencies
  org.springframework.boot:spring-boot-starter:2.1.9.RELEASE
    org.springframework.boot:spring-boot:2.1.9.RELEASE
      org.springframework:spring-core:5.1.10.RELEASE (omitted for duplicate)
      org.springframework:spring-context:5.1.10.RELEASE
        org.springframework:spring-aop:5.1.10.RELEASE
        org.springframework:spring-beans:5.1.10.RELEASE
        org.springframework:spring-core:5.1.10.RELEASE (omitted for duplicate)
        org.springframework:spring-expression:5.1.10.RELEASE
    org.springframework.boot:spring-boot-autoconfigure:2.1.9.RELEASE
      org.springframework.boot:spring-boot:2.1.9.RELEASE (omitted for duplicate)
    org.springframework.boot:spring-boot-starter-logging:2.1.9.RELEASE
    javax.annotation:javax.annotation-api:1.3.2
    org.springframework:spring-core:5.1.10.RELEASE
    org.yaml:snakeyaml:1.23 (runtime)
```

图 8.2.1　起步器 spring-boot-starter 对应的依赖包及其相关起步器

显然，起步器 spring-boot-starter 包含了 Spring 的常用功能依赖包和自动配置依赖包等，而 spring-boot-starter-logging 是它的相关起步器。

注意：起步器依赖 spring-boot-starter 及其相关的功能依赖，在项目的 External Libraries 里，是以平行的.jar 文件显示的。

8.2.3　使用 Maven 作为项目构建工具

使用 Maven 构建 Spring Boot 项目必须依赖于 spring-boot-maven-plugin 组件。spring-boot-maven-plugin 能够以 Maven 的方式为应用提供 Spring Boot 的支持，即为 Spring Boot 应用提供了执行 Maven 操作的可能。spring-boot-maven-plugin 能够将 Spring Boot 应用打包为可执行的 jar 或 war 文件，然后以简单的方式运行 Spring Boot 应用。

Spring Boot 的 Maven 插件（spring-boot-maven-plugin）能够以 Maven 命令行的方式为应用提供 Spring Boot 的支持，即为 Spring Boot 应用提供执行 Maven 操作的可能。

在 IDEA 的 Terminal 控制台中，执行命令 mvn spring-boot:run 后，可依次执行依赖包下载、编译、模块安装（如果本项目包含了多个模块的话）、项目打包、部署等，最后启动 Tomcat 服务器并运行 Spring Boot Web 项目，等待用户打开浏览器访问。

在 Spring Boot 项目里，可自动生成文件夹 target，其内可以查看到编译生成的.class 文件和生成的打包文件等。

在 IDEA 的 Terminal 控制台中，执行命令 mvn clean 后，将删除文件夹 target。

在 spring boot 里，很吸引人的一个特性是可以直接把 Web 应用打包成为一个 jar/war，这个 jar/war 是可以直接启动的，不需要另外配置一个 Web Server。

8.2.4 Spring Boot 项目的主程序入口

使用 IDEA 创建 Spring Boot 项目时，自动生成项目的 Java 程序，并可使用注解来标注它为项目的入口，其代码如下。

```
package com.example.demo;
import org.springframework.boot.SpringApplication;
import org.springframework.boot.autoconfigure.SpringBootApplication;
@SpringBootApplication
public class TestspringbootApplication {
    public static void main(String[] args) {
        SpringApplication.run(TestspringbootApplication.class, args);
        System.out.println("Hello,Spring Boot.");
    }
}
```

8.2.5 关于 Spring Boot Web 项目

1. 起步器 spring-boot-starter-web

Spring Boot Web 项目是指包含了 Web 模块的 Spring Boot 项目，在 pom.xml 里定义了对起步器 spring-boot-starter-web 的依赖，其代码如下。

```
<dependency>
    <groupId>org.springframework.boot</groupId>
    <artifactId>spring-boot-starter-web</artifactId><!--Spring Boot Web 功能的起步依赖-->
</dependency>
```

与起步器依赖 spring-boot-starter-web 相关的起步器依赖或依赖包有：

- spring-boot-starter 起步器；
- spring-boot-starter-tomcat 起步器；
- Spring MVC 框架的核心依赖包。

起步器 spring-boot-starter-web 依赖包及其相关依赖包如图 8.2.2 所示。

```
Dependencies
  org.springframework.boot:spring-boot-starter-web:2.1.7.RELEASE
    org.springframework.boot:spring-boot-starter:2.1.7.RELEASE
    org.springframework.boot:spring-boot-starter-json:2.1.7.RELEASE
    org.springframework.boot:spring-boot-starter-tomcat:2.1.7.RELEASE
    org.hibernate.validator:hibernate-validator:6.0.17.Final
    org.springframework:spring-web:5.1.9.RELEASE
    org.springframework:spring-webmvc:5.1.9.RELEASE
```

图 8.2.2 起步器 spring-boot-starter-web 依赖包及其相关依赖包

注意：起步器依赖 spring-boot-starter-tomcat 令 Spring Boot 项目使用内置的 Tomcat 成为可能。

2. 插件 spring-boot-maven-plugin

在 IDEA 创建 Spring Boot 项目时，若选择 Web 模块，则在 pom.xml 里自动配置 maven 插件，其代码如下。

```
<build>
        <plugins>
            <plugin>
                <groupId>org.springframework.boot</groupId>
                <artifactId>spring-boot-maven-plugin</artifactId>
            </plugin>
        </plugins>
</build>
```

引用本插件后，以支持 Maven 命令行的方式来运行 Spring Boot 项目。在 IDEA 的 Terminal 控制台输入命令 mvn spring-boot:run，将项目部署到内置的 Tomcat 容器中，如图 8.2.3 所示。

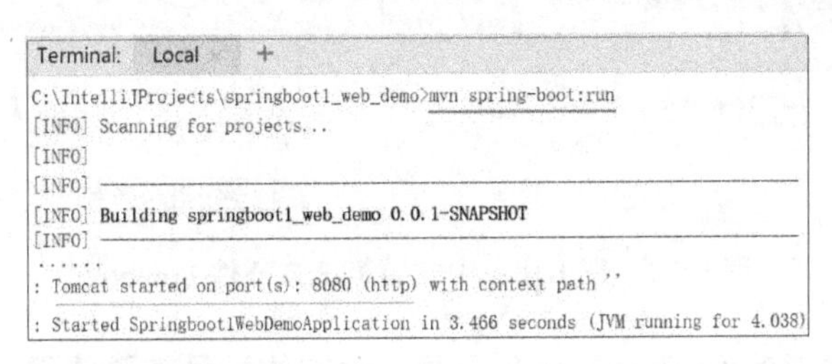

图 8.2.3　使用 Maven 构建和运行 Spring Boot Web 项目

上图表明，Web 项目部署在 IDEA 内置 Tomcat 的 8080 端口，用户可通过在浏览器里输入 http://localhost:8080 来访问。

注意：在 Terminal 控制台按快捷键 Ctrl+C，将会终止 Web 项目的运行。

8.3　Spring Boot 开发工具 IntelliJ IDEA

8.3.1　IntelliJ IDEA 概述

使用 Eclipse 学习 Java 或 Java Web 开发是可以的。但是，要找个能提高开发效率的 IDEA，首选就是 IntelliJ IDEA 了。

IDEA（IntelliJ IDEA）是 JetBrains 公司的产品，公司总部位于捷克共和国的首都布拉格，开发人员以严谨著称的东欧程序员为主。

IDEA 不仅是 Java 编程语言的集成环境，同时也是 Spring Boot 项目开发的集成环境。

访问 IntelliJ IDEA 官网 http://www.jetbrains.com/idea/，可以找到 IntelliJ IDEA 的下载链接。安装 IDEA 后，可免费使用一个月。若有 edu 邮箱，可申请账号免费使用一年。

8.3.2　Lombok 插件的安装及使用

开发中经常需要写的 Java 实体类，都需要花时间去添加一些无技术含量的 getter/setter/toString()等代码，因此维护起来也很烦琐。

Lombok 是一个 Java 库，能自动插入编辑器并构建工具，简化 Java 开发。通过添加注解的方式，不需要为类编写 getter 或 eques 方法，同时可以自动化日志变量。它实现了在源码中没有 getter/setter/toString()等方法，但是在编译生成的字节码文件中却有。

注意：使用 Lombok 前，需要先在 IDEA 中安装 Lombok 插件。安装该插件或反安装后，IDEA 会重启，以便生效。

1. 安装 Lombok 插件

使用 Lombok 前，需要先在 IDEA 中安装 Lombok 插件，其方法是选择 IDEA 菜单 File→Settings→Plugins，搜索并安装，如图 8.3.1 所示。

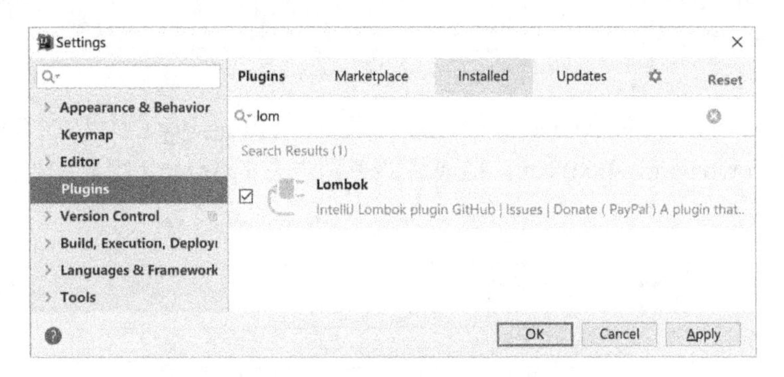

图 8.3.1 在 IDEA 中安装第三方插件 Lombok

在使用 Lombok 功能的 Spring Boot 项目里，对实体类只需要使用@Data 注解，就能完成以前的 getter/setter/toString()等方法的功能。

注意：安装 Lombok 插件或反安装后，IDEA 会重启，以便生效。

2. 在项目里使用 Lombok

使用 Spring Initializer 创建 Spring Boot 项目时，在 Developer Tools 选项里，可以勾选使用 Lombok 功能，如图 8.3.2 所示。

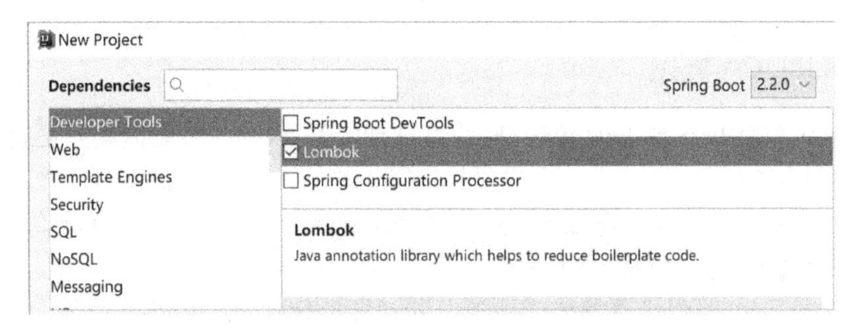

图 8.3.2 创建 Spring Boot 项目时勾选 Lombok 功能

选择 Lombok 功能后，在 pom.xml 文件里自动生成对应于 Lombok 的依赖代码如下。

```
<dependency>
        <groupId>org.projectlombok</groupId>
        <!--使用@Data 注解实体类后，不必 getter/setter 和 toString()等-->
```

```
        <artifactId>lombok</artifactId>
        <optional>true</optional>
</dependency>
```

8.3.3　为 IDEA 的 Maven 配置阿里云镜像

创建 Spring Boot 项目时，如默认从国外站点下载相关依赖，其速度会较慢。为了提高下载速度，推荐使用阿里云镜像。

首先，下载免安装的 Apache Maven3.5.2 并解压，在 Maven 配置文件 conf\settings.xml 的<mirrors>标签里增加其代码如下：

```
<mirror>
        <id>aliyun</id>
        <name>aliyun Maven</name>
        <mirrorOf>*</mirrorOf>
        <url>http://maven.aliyun.com/nexus/content/groups/public/</url>
</mirror>
```

然后，使用菜单 File→Settings 进入 Maven 设置程序，如图 8.3.3 所示。

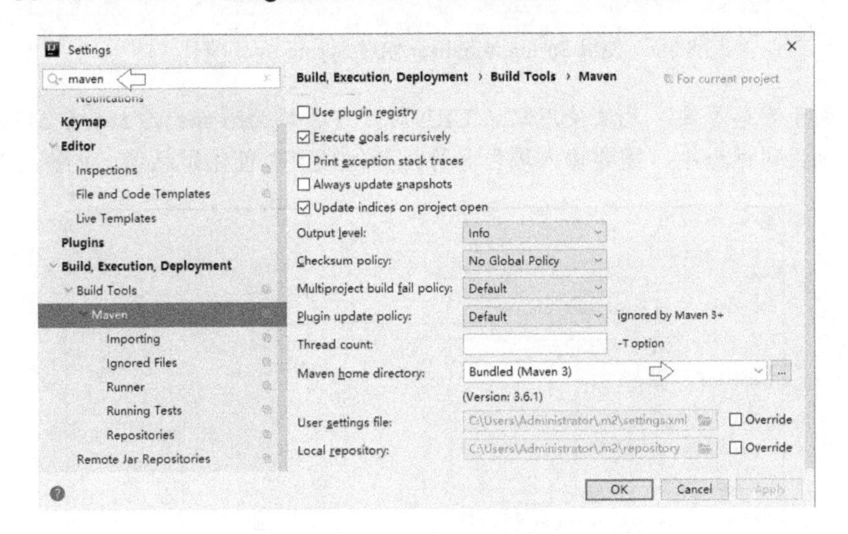

图 8.3.3　IDEA Maven 设置界面

注意：使用 IDEA 右侧上边的 Maven 按钮，在出现的工具栏里单击🔧工具，也能快速进入如图 8.3.3 所示的界面。

最后，更改 Maven 根目录为刚才解压的 Maven 目录、用户设置文件为 Maven 配置文件、指定本地仓库的存储目录，如图 8.3.4 所示。

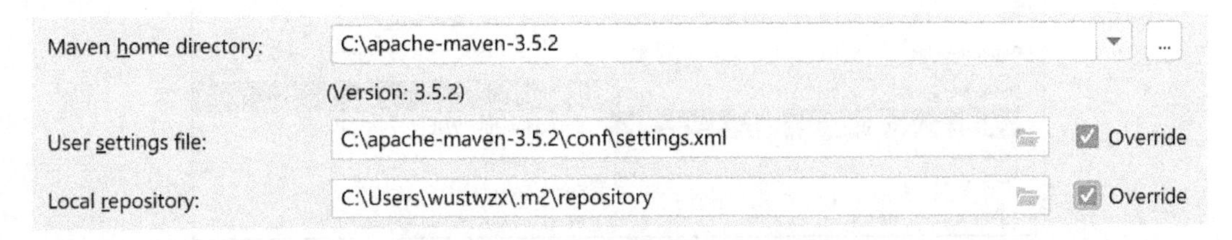

图 8.3.4　设置 IDEA 使用外部的 Maven

8.3.4 Spring Boot Web 项目的创建、配置及运行

1．创建 Web 项目

在 IDEA 中新建项目时，选择项目创建向导 Spring Initializer 选项，如图 8.3.5 所示。

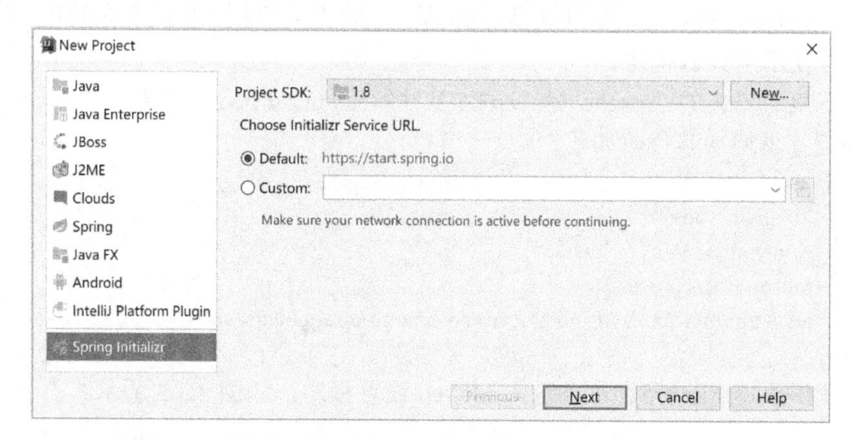

图 8.3.5　使用 Spring Initializer 创建 Spring Boot 项目（1）

注意：由于网络原因，无法使用默认 URL 时，可更换为`https://start.aliyun.com`。

在新建项目对话框中，需要输入项目名称，其他项可以使用默认值，如图 8.3.6 所示。

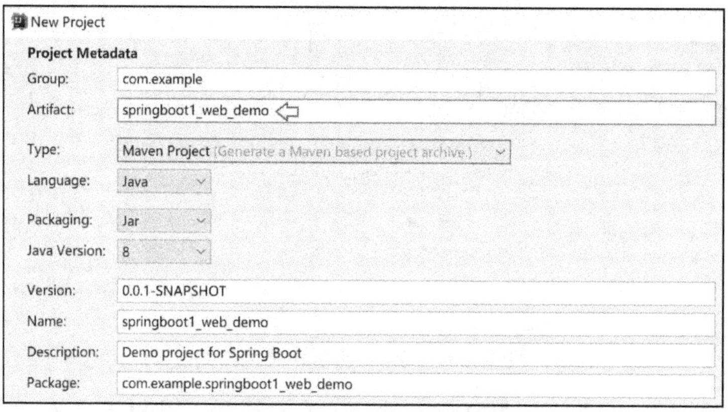

图 8.3.6　使用 Spring Initializer 创建 Spring Boot 项目（2）

创建 Spring Web 项目，还需要在新建项目对话框里选择 Web 场景启动器，如图 8.3.7 所示。

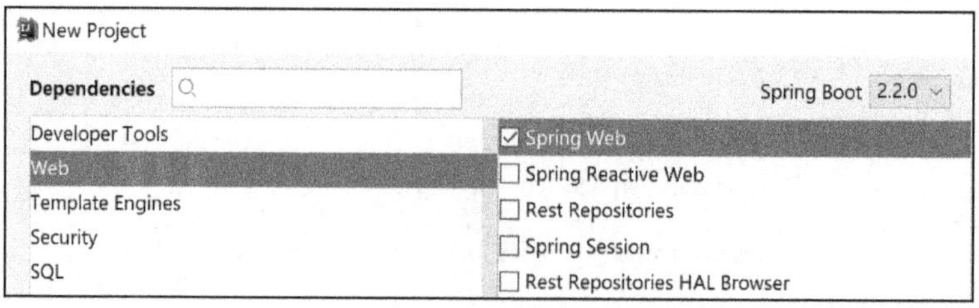

图 8.3.7　在 Spring Boot 项目里选择 Web 功能

在项目 pom.xml 文件里，自动生成 Spring Boot Web 功能的起步器依赖代码如下。

```
<dependency>
        <groupId>org.springframework.boot</groupId>
        <artifactId>spring-boot-starter-web</artifactId>
</dependency>
```

注意：

（1）Spring Boot Web 项目是在 Spring Boot 项目的基础上，增加了 Web 场景启动器。

（2）起步器 spring-boot-starter-web 的相关依赖（见图 8.2.2）。

（3）在 Project 视图方式下，展开项目的 External Libraries 库，可见 Web 起步器 spring-boot-starter-web 及其关联的起步器所对应的.jar 包。

2．Web 项目结构

使用 Spring Initializer 创建 Spring Boot Web 项目里，自动创建的资源文件夹 resources 包含存放静态资源（如 .js 文件等）static、存放视图的文件夹 templates，如图 8.3.8 所示。

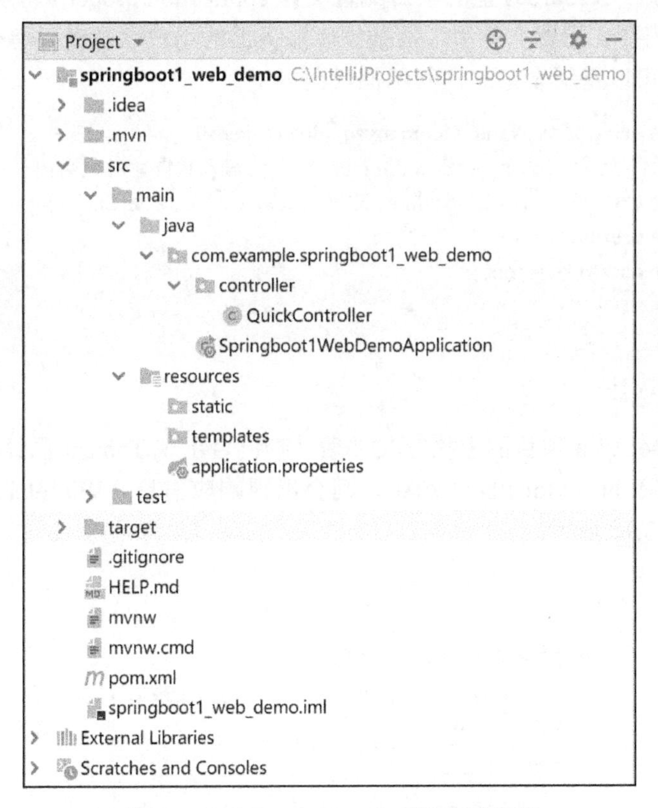

图 8.3.8　Spring Boot Web 项目文件系统

Spring Boot 项目默认使用 Project 视图，采用 Maven 项目结构，主要包括程序和资源两个文件夹和 pom.xml 文件。其中，资源文件夹包含静态资源和模板两个文件夹。

当项目使用 Packages 视图时，主要显示了程序、静态资源和模板三个文件夹，但未显示 pom.xml 文件，如图 8.3.9 所示。

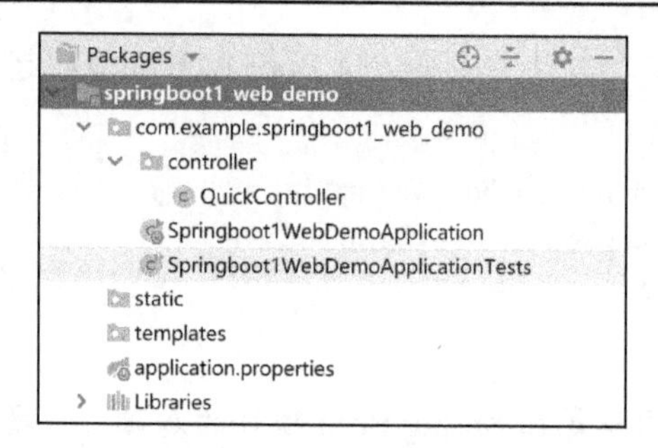

图 8.3.9 Spring Boot Web 项目的 Packages 视图

注意： 为了方便前后端分离的 Web 项目开发，Spring Boot 新增了控制器注解@RestController，它是注解@ResponseBody 和@Controller 的合体。此时，控制器的所有方法返回 JSON 格式的数据，却无法跳转至视图。

3. Web 项目配置

自动创建、存放在 resources 里的项目配置文件 application.properties，其初始内容是空的。在访问数据库后，需要在配置文件里填写数据库服务器的用户名及密码等信息。此外，Tomcat 服务器的端口也是可以重新设定的，其示例代码如下：

```
spring.datasource.driverClassName = com.mysql.jdbc.Driver
#如果数据库名后不使用"?characterEncoding=utf-8"，在写入数据库时就会出现中文乱码！
spring.datasource.url = jdbc:mysql://localhost:3306/memmana?characterEncoding=utf-8
spring.datasource.username = root
spring.datasource.password = root
#tomcat port
#server.port=8080
```

4. 运行 Web 项目

运行 Spring Boot Web 项目的主执行文件后（控制台出现 Tomcat 已经启动的提示信息），在浏览器地址栏输入 http://localhost:8080，则会出现响应信息（Whitelabel Error Page），项目浏览效果如图 8.3.10 所示。

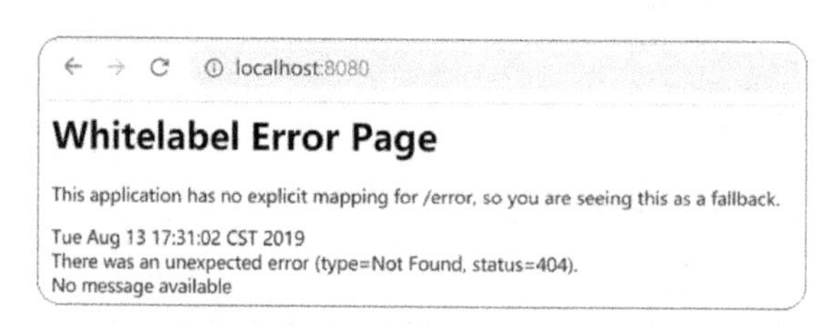

图 8.3.10 项目浏览效果

注意：

（1）页面效果表明这是一个空白错误页，项目尚未添加控制器和视图；

（2）如果创建 Spring Boot 项目时，忘记了勾选某个功能依赖，则在创建项目后，手工添加相应的依赖也是可以的，而不必删除重新创建的项目。

8.3.5　Spring Boot 项目热部署

在开发项目过程中如果代码有改动，就需要手动重启应用，速度会较慢。Spring Boot 提供了一个名为 spring-boot-devtools 的模块来使应用支持热部署，而无须手动重启 Spring Boot 应用（devtools 的重启速度比手动重启要快很多），提高了开发者的开发效率。

使用 Spring Initializer 创建 Spring Boot 项目时，在 Developer Tools 选项里，可以勾选使用 Spring Boot DevTools 选项，如图 8.3.11 所示。

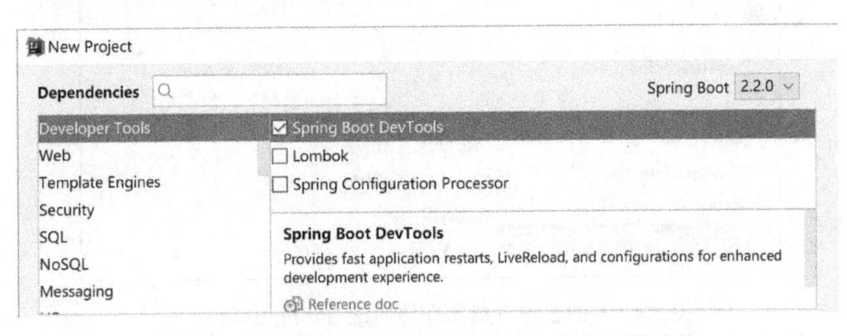

图 8.3.11　创建 Spring Boot 项目时勾选热部署功能

选择 Spring Boot DevTools 功能后，在 pom.xml 文件里自动生成对应于该功能的依赖代码如下。

```
<dependency>
        <groupId> org.springframework.boot </groupId>
        <!--Spring Boot 开发工具（如热部署等）依赖-->
        <artifactId> spring-boot-devtools </artifactId>
        <scope>runtime</scope>
        <optional>true</optional>
</dependency>
```

选择菜单 Run→Edit Configurations，对当前项目设置热部署（默认未启用），如图 8.3.12 所示。

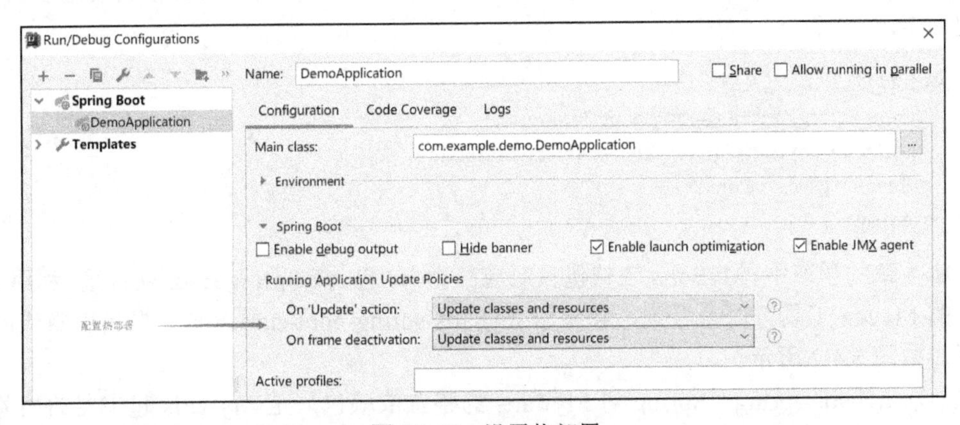

图 8.3.12　设置热部署

8.4 Spring Boot 项目开发

8.4.1 使用 MySQL 数据库及 MyBatis 框架

项目若包含有对 MySQL 数据库的访问，则需要添加 MySQL 驱动包及其 ORM 框架，其方法如图 8.4.1 所示。

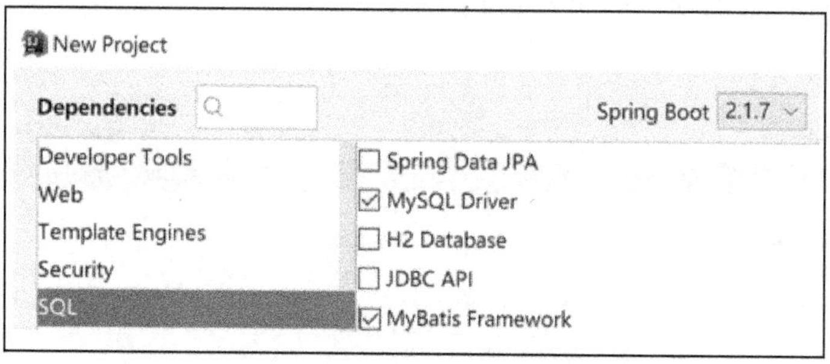

图 8.4.1 创建含有数据库访问的 Spring Boot 项目

勾选 MySQL Driver 选项后，会在 pom.xml 中自动生成 MySQL 连接器依赖，其代码如下。

```
<dependency>
    <groupId>mysql</groupId>
    <artifactId>mysql-connector-java</artifactId>
    <!--不使用标签 version 指定时，将默认最高版本，而一般的 MySQL 主版本号是 5-->
    <version>5.1.37</version>
    <scope>runtime</scope>
</dependency>
```

注意：当安装 MySQL 数据库软件的主版本为 MySQL 5 时，需要在 MySQL 驱动包依赖里添加标签<version>。否则，会因 MySQL 驱动包版本过高（相对于 MySQL 版本而言）导致无法访问 MySQL 数据库。

勾选 MyBatis Framework 选项后，会在 pom.xml 中自动生成 MyBatis 框架的起步器依赖，其代码如下。

```
<dependency>
    <groupId>org.mybatis.spring.boot</groupId>
    <artifactId>mybatis-spring-boot-starter</artifactId>
    <version>2.1.0</version>
</dependency>
```

在第 4 章的学习中，MyBatis 依赖包只对应一个.jar 包。在 Spring Boot 项目里，利用 IDEA 右上侧的 Maven 工具可以查看到，起步器 mybatis-spring-boot-starter 与一组起步器或依赖包相关联，如图 8.4.2 所示。

显然，mybatis-spring（Spring 对 MyBatis 的整合依赖包）是 MyBatis 起步器的相关依赖包，起步器 spring-boot-starter-jdbc 是 MyBatis 起步器的相关起步器。

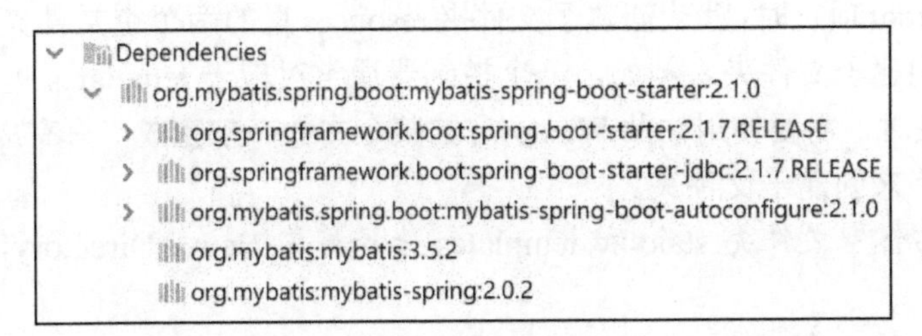

图 8.4.2　MyBatis 起步器及其相关的起步器和依赖包

8.4.2　使用 Thymeleaf 模板

在前面介绍的 SSM 架构里，JSP 只是作为模板引擎来使用的。如今，Spring 官方不再推荐使用 JSP，而是推荐使用 Thymeleaf 作为模板引擎。

创建 Spring Boot 项目时，使用 Thymeleaf 模板引擎的方法，如图 8.4.3 所示。

New Project
Dependencies　　Spring Boot 2.2.0
Developer Tools
Web
Template Engines
Security
SQL
NoSQL
Messaging
I/O
☑ Thymeleaf
☐ Apache Freemarker
☐ Mustache
☐ Groovy Templates
Thymeleaf
A modern server-side Java template engine for both web and standalone environments. Allows HTML to be correctly displayed in browsers and as static prototypes.

图 8.4.3　在 IDEA 中选择模板引擎 Thymeleaf

勾选 Thymeleaf 选项后，会在 pom.xml 中自动生成 Thymeleaf 起步器依赖，其代码如下：

```
<dependency>
    <groupId>org.springframework.boot</groupId>
    <artifactId>spring-boot-starter-thymeleaf</artifactId>
</dependency>
```

Thymeleaf 是一款用于渲染 HTML 内容的模板引擎。使用 Thymeleaf 模板的项目里，视图文件以.html 作为扩展名，并且需要添加如下说明性标签来引入 Thymeleaf 的命名空间，其代码如下：

```
<html xmlns:th="http://www.thymeleaf.org">
```

其中 Thymeleaf 支持 HTML 原型，在 HTML 标签里通过增加额外的属性来达到模板+数据的展示方式。显示动态数据时，通过对 HTML 相关标签注入 th:Thymeleaf 标签来实现。浏览器解释 HTML 时会忽略未定义的标签属性，因此，Thymeleaf 模板可以静态地运行。当有数据返回到页面时，Thymeleaf 标签会动态地替换掉静态内容，使页面动态显示。

Spring Boot 项目里，使用 Thymeleaf 模板（渲染）引擎非常简单，因为 Spring Boot 已经提供了默认的配置，如解析的文件前缀、文件后缀、文件编码和缓存等。

创建 Spring Boot 项目时，默认创建了文件夹 resouces 里的两个空文件夹 staic 和 templates，通常会在其中再创建子文件夹。例如，一个控制器通常对应于 templates 里的一个子文件夹。首次创建子文件夹时，需要使用粘贴 Windows 的某个文件夹来完成，只有成为非空文件夹后，才能使用快捷菜单来创建子文件夹。

注意： 通过右键空文件夹 staic 和 templates 选择菜单 New→Directory，生成的目录结构并不尽如人意。

下面，分别介绍 Thymeleaf 常用模板标签的用法。

1．显示动态数据标签 th:text

使用 th:text 标签可以显示动态数据，通过变量表达式${}取出上下文环境中的变量或对象值（通常在控制器方法里定义），其示例代码如下：

```
欢迎您：<span style="color: red" th:text="${session.username}"/>
```

注意： 展示动态数据的另一种写法是 [[${}]]，其示例代码如下：

```
欢迎您：[[${session.username}]]
```

在控制器转发的视图里，使用 th:text 标签也可以替换静态数据，其示例代码如下：

```
<td th:text="${message}">Red Chair</td>
```

注意： 若直接访问静态页面，则会显示静态数据“Red Chair”。

2．条件标签 th:if

条件标签 th:if 用于条件执行，其示例代码如下：

```
<div class="row12">会员管理系统(Spring Boot)</div>
<div th:if="${session.username==null}" class="row13">尚未登录！</div>
<div th:if="${session.username!=null}" class="row13">
    欢迎您：<span style="color: red" th:text="${session.username}"/></div>
```

注意： 在 th:if 标签的表达式${}里，若要使用特殊的小于号<或大于号>，则需要分别使用转义符 lt 或 gt（HTML 特殊字符的用法），其示例代码如下：

```
<span th:if="${product.price lt 100}" class="offer">Special offer!</span>
```

3．循环标签 th:each

循环标签 th:each 用于遍历 List 类型的对象，其示例代码如下：

```
<div class="bt">技术文档</div>
<ul>
        <li   th:each="row:${newsList}">
            <a th:href="${row.getContentPage()}" th:text="${row.getContentTitle()}"/></li></ul>
```

注意：

（1）上面的 row 表示 List 集合中的一个元素，是对象类型；

（2）在使用 Thymeleaf 模板引擎的页面里，动态的超链接有多种用法，参见综合项目 memmana6 主页的视图代码；

（3）超链接标签使用了自闭的用法，即链接文本没有出现在<a>与</a>之间。

4．定义公共视图标签 th:fragment

标签 th:fragment 用于定义不同页面都会引用的公共视图名称，该示例是在文件 footer.html 里定义一个名为 commonFooter 的公共视图，其代码如下：

```
<html xmlns:th="http://www.thymeleaf.org">
<meta charset="utf-8">
<div class="footer" th:fragment="commonFooter">
    <style>
        *{
            margin:0 auto;/*水平居中*/
        }
        a{text-decoration:none;}
        .footer{
            width:800px;
            background: #9FC;
        }
        .footer1{
            line-height: 38px;
            text-align:center;
            font-size:12px;
        }
    </style>
    <div class="footer1">技术支持：SunMan    版权所有：WUSTWZX，2015
           <a href="/Admin/toAdminLogin">管理员登录</a>
    </div>
</div>
```

5．引入公共视图标签 th:replace

标签 th:replace 用于引入在某个.html 文件里使用 th:fragment 定义的公共视图，该示例是当前页面里引入上面在文件 footer.html 里使用 th:fragment 定义的公共视图 commonFooter，其代码如下：

```
<div th:replace="../templates/public/footer::commonFooter"/>
```

注意：在页面里使用公共视图，除了可以使用标签 th:replace 替换当前标签，还可以使用标签 th:include 加载模板的内容。

8.5　Spring Boot 综合项目 memmana6

8.5.1　项目创建、文件系统、配置及运行效果

使用 Spring Boot 开发的综合示例项目 memmana6，包含了访问 MySQL 数据库的 Web 项目，其主要实现步骤如下：

（1）在 IDEA 中使用 Spring Initializer 向导创建项目，在项目信息里只输入项目名称 memmana6，其他使用默认值；

（2）在选项 Developer Tools 里勾选 Spring Boot DevTools（热部署）选项和 Lombok 选项；

（3）在选项 Web 里，勾选 Spring Web 选项；

（4）在选项 Template Engines 里，勾选 Thymeleaf 选项；

（5）在选项 SQL 里，勾选 MySQL Driver（驱动包）选项和 MyBatis Framework（ORM 框架）选项。

在自动生成的 pom.xml 文件里，所包含的相关依赖代码如下：

```
<?xml version="1.0" encoding="UTF-8"?>
<project xmlns="http://maven.apache.org/POM/4.0.0"
      xmlns:xsi="http://www.w3.org/2001/XMLSchema-instance"
      xsi:schemaLocation="http://maven.apache.org/POM/4.0.0
      http://maven.apache.org/xsd/maven-4.0.0.xsd">
    <modelVersion>4.0.0</modelVersion>
    <parent>
        <groupId>org.springframework.boot</groupId>
        <!--创建 Spring 项目时，自动继承的父项目-->
        <artifactId>spring-boot-starter-parent</artifactId>
        <version>2.1.5.RELEASE</version>
        <relativePath/>
    </parent>
    <groupId>com</groupId>
    <artifactId>memmana</artifactId>
    <version>0.0.1-SNAPSHOT</version>
    <name>memmana</name>
    <description>Demo project for Spring Boot</description>
    <properties>
        <java.version>1.8</java.version>
    </properties>
    <dependencies>
        <dependency>
            <groupId>org.springframework.boot</groupId>
            <!--Spring Boot 开发工具（如热部署等）依赖-->
            <artifactId>spring-boot-devtools</artifactId>
            <scope>runtime</scope>
            <optional>true</optional>
        </dependency>
        <dependency>
            <groupId>org.projectlombok</groupId>
            <artifactId>lombok</artifactId>
            <optional>true</optional>
        </dependency>
        <dependency>
            <groupId>org.springframework.boot</groupId>
            <artifactId>spring-boot-starter-web</artifactId>
        </dependency>
        <dependency>
```

```
            <groupId>org.springframework.boot</groupId>
            <!--模板引擎 Thymeleaf 启动器依赖-->
            <artifactId>spring-boot-starter-thymeleaf</artifactId>
        </dependency>
        <dependency>
            <groupId>mysql</groupId>
            <artifactId>mysql-connector-java</artifactId>
            <!--不使用标签 version 指定时，将默认最高版本-->
            <version>5.1.37</version>
            <scope>runtime</scope>
        </dependency>
        <dependency>
            <groupId>org.mybatis.spring.boot</groupId>
            <!--Spring Boot 关于 MySQL 的启动器依赖-->
            <artifactId>mybatis-spring-boot-starter</artifactId>
            <version>2.0.1</version>
        </dependency>
        <dependency>
            <groupId>org.springframework.boot</groupId>
            <artifactId>spring-boot-starter-test</artifactId>
            <scope>test</scope>
        </dependency>
    </dependencies>
    <build>
        <plugins>
            <plugin>
                <groupId>org.springframework.boot</groupId>
                <artifactId>spring-boot-maven-plugin</artifactId>
            </plugin>
        </plugins>
    </build>
</project>
```

注意：项目创建后，为了使用热部署功能，还必须对当前项目设置热部署（见图 8.3.12）。

基础项目完成后，开发者的主要工作是在基础包 com.memmana 里依次创建不同的子包，用以分别存放实体类、映射器接口、服务接口、服务实现类和控制器程序等文件。

由于本项目访问了 MySQL 数据库，因此，需要在项目配置文件 application.properties 里编写如下配置代码：

```
spring.datasource.driverClassName = com.mysql.jdbc.Driver
#如果数据库名后不使用"?characterEncoding=utf-8"，则在写入数据库时就会出现中文乱码！
spring.datasource.url = jdbc:mysql://localhost:3306/memmana?characterEncoding=utf-8
spring.datasource.username = root
spring.datasource.password = root
#tomcat port
server.port=8080
#本项目使用 Spring Boot 默认配置的 Thymeleaf 模板，而不使用 JSP 作为视图
```

```
#spring.mvc.view.prefix=/WEB-INF/views/
#spring.mvc.view.suffix=.jsp
```

完成后的项目文件系统，在 packages 视图方式下，效果如图 8.5.1 所示。

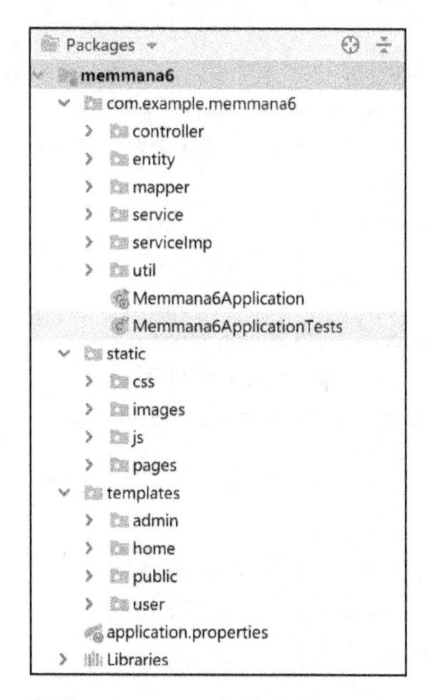

图 8.5.1　项目 memmana6 文件系统（packages 视图）

注意：本项目使用的映射接口文件，存放在包 mapper 里。

运行本项目，在浏览器地址栏输入 http://localhost:8080 后，使用会员登录功能（输入用户名 lisi 和密码 222），单击页面左下侧的“Spring Boot 框架”链接，出现的页面效果如图 8.5.2 所示。

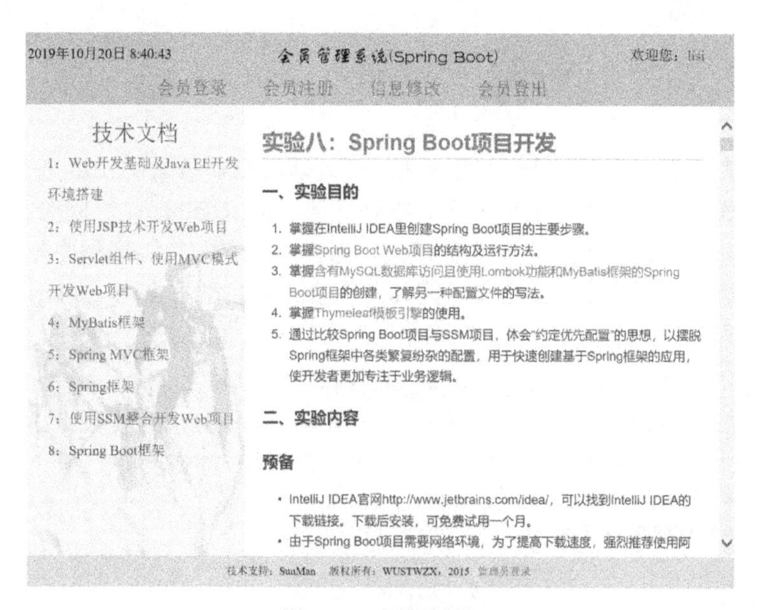

图 8.5.2　页面效果

8.5.2 前台页面公共视图

在模板文件夹 templates/public 里，存放了公共视图文件 header.html（头部）、footer.html（底部）和 message.html（消息提示）等。其中，header.html 显示了当前日期/时间、会员登录和项目的导航菜单等，其代码如下：

```
<html xmlns:th="http://www.thymeleaf.org">
<div class="header" th:fragment="commonHeader">  <!--定义页面头部公共部分-->
    <style>
        * {
            padding: 0;margin: 0;
        }
        .header {
            width: 800px;
            height: 80px;
            margin: 0 auto; /*水平居中*/
            background-color: #CC6;
        }
        .row1 {
            width: 800px;
            height: 50px;
            text-align: center;
            overflow: hidden; /*对溢出部分隐藏，但仅针对静态文本*/
        }
        .row11 {
            width: 170px;
            height: 50px;
            line-height: 50px; /*行高*/
            float: left;
            overflow: hidden;
        }
        .row12 {
            width: 480px;
            line-height: 50px;
            font-size: 21px;
            font-family: "方正舒体";
            filter: shadow(dirction=45, color=yellow);
            float: left;
        }
        .row13 {
            width: 150px;
            height: 50px;
            line-height: 50px; /*行高*/
            float: left;
        }
        .row2 { /*菜单*/
            width: 800px;
```

```
            height: 30px;
            line-height: 30px;
            padding-left: 150px;
        }
        .row2 ul li { /*使用空格建立的上下文样式*/
            list-style: none; /*取消项目符号*/
            width: 120px;
            float: left; /*并排列表项*/
        }
        .row2 ul li a {
            font-size: 20px;
            color: #666666; /*浅灰色*/
            text-decoration: none;
        }
        .row2 ul li a:hover {
            color: #FF0000; /*红色*/
            text-decoration: underline;
        }
    </style>
    <div class="row1">
        <div class="row11"><span id="dtps">date and time</span></div>
        <script>
            window.setInterval("dtps.innerText=new Date().toLocaleString()", 1);
        </script>
        <div class="row12">会员管理系统(Spring Boot)</div>
        <div th:if="${session.username==null}" class="row13">尚未登录！</div>
        <div th:if="${session.username!=null}" class="row13">欢迎您：
                                    <span style="color:red" th:text="${session.username}"/></div>
    </div>
    <div class="row2">
        <ul>
            <li><a href="/User/mLogin">会员登录</a></li>
            <li><a href="/User/mRegister">会员注册</a></li>
            <li><a href="/User/mUpdate">信息修改</a></li>
            <li><a href="/User/logout">会员登出</a></li></ul>
    </div>
</div>
```

8.5.3 主页实现

1．主控制器

主控制器 HomeController 查询了数据库表 news，并将结果（List 对象）通过 Model 对象转发至主页视图 index.html 展示，该控制器的主要代码如下：

```
@Controller
@RequestMapping({"/Home", "/", "" })
public class HomeController {
```

```
    @ Autowired
    private NewsService newsService;   //注解注入服务层对象
    @Autowired
    News u;   //下面的控制台测试代码里，使用了本实体类对象
    @RequestMapping({"", "/", "/index" })
    public String index(Model model) {   //方法
        List<News> news = newsService.queryAllNews();
        //Console 输出测试，必须先注入实体类对象
        for(News u:news) System.out.println(u);
        model.addAttribute("newsList", news);
        return "home/index";   //视图
    }
}
```

2. 主页视图

与主控制器 HomeController 对应的主页视图 index.html，使用了 Thymeleaf 模板引擎的相关标签展示转发的对象（数据），其完整代码如下：

```
<html   xmlns:th="http://www.thymeleaf.org" >
<!--添加上面的命名空间，以便使用 thymeleaf 模板标签时有自动提示功能，但并不影响运行-->
<meta charset="UTF-8">
<link rel="stylesheet" href="/css/wzys.css" type="text/css">
<title>会员信息管理系统</title>
<style>
    *{
        margin: 0;padding: 0;
        box-sizing:border-box;
    }
    .main {
        width: 800px;
        height: 500px;
        margin: 0px auto; /*水平居中*/
    }
    .left {
        width: 250px;
        height: 500px;
        float: left;
        overflow: hidden;
        background: url("/images/bg.jpg"); /*不用管红色波浪线*/
    }
    .left ul {
        list-style: none; /*取消项目符号*/
        padding-left: 25px;
    }
    .left li {
        line-height: 35px; /*列表文字行高*/
    }
```

```
    .right {
        width: 550px;
        height: 500px;
        float: left;
    }
</style>
<body>
<div th:replace="../templates/public/header::commonHeader"/><!--加载页面公共头部-->
<div class="main">
    <div class="left"><br>
        <div class="bt">技术文档</div>
        <ul>
            <!--Thymeleaf 模板标签用法：将 Thymeleaf 模板标签作为 HTML 相关标签的属性-->
            <li   th:each="row:${newsList}">
                <!--对 HTML 相关标签的属性渲染（前缀 th:）-->
                <a th:href="${row.getContentPage()}" th:text="${row.getContentTitle()}"
                                                    target="iframeName"/>
            </li>
        </ul>
    </div>
    <div class="right">
        <!--下面的页内框架标签不可自闭。否则，响应底部的显示。-->
        <iframe name="iframeName" width="550px" height="500px" src="/pages/index0.html"
                                                    frameborder="no"></iframe>
    </div>
</div>
<div th:replace="../templates/public/footer::commonFooter"/><!--加载页面公共底部-->
</body>
</html>
```

8.5.4 前台功能实现

前台功能控制器 UserController 实现了会员的注册、登录、信息修改和注册等功能，其代码如下：

```
package com.example.memmana6.controller;
//控制层控制器，调用服务层
import javax.servlet.http.HttpServletRequest;
import javax.servlet.http.HttpServletResponse;
import javax.servlet.http.HttpSession;
import com.example.memmana6.entity.User;
import org.springframework.beans.factory.annotation.Autowired;
import org.springframework.stereotype.Controller;
import org.springframework.ui.Model;
import org.springframework.web.bind.annotation.RequestMapping;
import org.springframework.web.bind.annotation.RequestMethod;
import com.example.memmana6.service.UserService;
@Controller
```

```
@RequestMapping("/User")
public class UserController {
    @Autowired
    private UserService userService;    //注入服务层对象
    @RequestMapping("/mLogin")
    public String toLogin() {
        System.out.println("准备进入登录表单页面...");
        return "user/mLogin";
    }
    @RequestMapping("/login")
    public String login(String username, String password, HttpSession session,
                                                    Model model) throws Exception {
        //属性驱动：方法参数与表单元素名相同
        System.out.println("username=" + username + "" + "    password=" + password);    //测试接收
        User user = userService.queryUserByUserNameAndPassword(username, password);
        if (user != null) {    //创建会话对象
            session.setAttribute("username", username); // 前台用户会话属性设置
            System.out.println("前台用户会话 username:" + session.getAttribute("username"));
            return "redirect:/index";    //跳转至另一个控制器方法，使用“redirect:”识别
        } else {
            model.addAttribute("message", "用户名和密码错误!");
            return "public/message";    //转发至视图
        }
    }
    @RequestMapping("/mRegister")
    public String toRegister() {
        return "user/mRegister";
    }
    @RequestMapping(value = "/register", method = RequestMethod.POST)
    public String register(User user, Model model) throws Exception {
        if ("".equals(user.getUsername()) || "".equals(user.getPassword())) { // 防止空提交
            model.addAttribute("message", "用户名和密码不能为空!");
            return "public/message";
        } else {
            User tempUser = userService.queryUserByUsername(user.getUsername());
            if (tempUser != null) {
                model.addAttribute("message", "该用户名已经存在!");
                return "public/message";
            } else {
                userService.addUser(user);
                model.addAttribute("message", "注册成功！ ");
                return "public/message"; // 转向控制
            }
        }
    }
    @RequestMapping("/mUpdate")
    public String mUpdate(HttpSession session, Model model) throws Exception{
```

```
        String un=(String)session.getAttribute("username"); //会话信息
        if(null==un){
            model.addAttribute("message", "未登录!");
            return "public/message";   //消息处理公共页
        }else{
            User user = userService.queryUserByUsername(un);
            model.addAttribute(user);
        }
        return "user/mUpdate";   //转发至修改表单页
    }
    @RequestMapping("/updateMem")
    public String updateMem(User user, HttpServletRequest request, HttpServletResponse resp){
        try {
            String username = (String)request.getSession().getAttribute("username");
            user.setUsername(username);
            System.out.println(user);//测试
            userService.updateUser(user);
        } catch (Exception e) {
            e.printStackTrace();
        }
        return "redirect:/index";
    }
    @RequestMapping(value="/logout", method=RequestMethod.GET)   //其中第 2 个参数可去除!
    public String logout(HttpSession session) throws Exception{
        session.invalidate();   //让会话信息失效就是登出
        return "redirect:/index";   //重定向
    }
}
```

8.5.5 后台功能实现

在公共视图文件 public/footer.html 里，定义了进入后台的超链接，其代码如下：

```
<a href="/Admin/toAdminLogin">管理员登录</a>
```

后台功能控制器 AdminController 实现了管理员登录、会员信息的集中显示和删除功能。例如，“会员删除”界面如图 8.5.3 所示。

图 8.5.3 后台管理之“会员删除”界面

后台功能控制器 AdminController 的完整代码如下：

```
package com.example.memmana6.controller;
/*
 * 后台管理员的 Ajax 登录及管理员功能
*/
import java.util.HashMap;
import java.util.List;
import java.util.Map;
import javax.servlet.http.HttpServletRequest;
import javax.servlet.http.HttpSession;
import com.example.memmana6.entity.User;
import com.example.memmana6.service.AdminService;
import com.example.memmana6.util.MD5Util;
import org.springframework.beans.factory.annotation.Autowired;
import org.springframework.stereotype.Controller;
import org.springframework.web.bind.annotation.RequestMapping;
import org.springframework.web.bind.annotation.ResponseBody;

import com.example.memmana6.entity.Admin;
import com.example.memmana6.mapper.IUserMapper;
import com.example.memmana6.service.UserService;

@Controller
@RequestMapping("/Admin")
public class AdminController {
    @Autowired
    private AdminService adminService;      //管理员登录时用
    @Autowired
    private UserService userService;        //会员列表时用
    @Autowired
    private IUserMapper userDao;            //用户分页时用
    @RequestMapping("/toAdminLogin")
    public String toAdminLogin() {
        return "admin/adminLogin";          //进入登录视图并请求 Ajax 登录方法 adminLogin()
    }
    @RequestMapping("/adminLogin")
    @ResponseBody                           //注解 Ajax 方法
    public Map<String, Object> adminLogin(String pw, HttpSession session)throws Exception {
        System.out.println(pw);             //测试异步提交的数据——密码
        Map<String, Object> result = new HashMap<String, Object>();
        Admin admin = adminService.queryAdminByUsername("admin");
        System.out.println(admin);          //测试
        if(MD5Util.MD5(pw).equalsIgnoreCase(admin.getPassword())) {        //正确
            session.setAttribute("admin", admin.getUsername());           //管理员会话跟踪
            System.out.println("管理员会话信息："+(String) session.getAttribute("admin"));
            result.put("success", true);
```

```
        }else{
            result.put("msg", "密码错误!正确的密码存放在表 admin，密码为 admin。");
            result.put("success", false);
        }
        System.out.println(result); //测试
        return result; // 返回键值对数据
    }
    @RequestMapping("/adminIndex")
    public String adminIndex() {    //在管理员登录表单页面里的 ajax()调用，用于登录成功后
        return "admin/adminIndex";  //转发至后台主页
    }
    @RequestMapping("/memInfo")
    public String memInfo(HttpServletRequest request, HttpSession session) throws Exception {
        List<User> users = userDao.getAllUsers();
        request.setAttribute("userList", users);
        return "admin/memInfo";
    }
    @RequestMapping("/memDelete")
    public String memDelete(HttpServletRequest request, String username,
                                                HttpSession session) throws Exception {
        //方法 memDelete()比方法 memInfo()多包含 1 个参数——欲删除的用户名
        System.out.println("管理员会话信息："+(String) session.getAttribute("admin"));
        if (username != null) {
            User user = new User();
            user.setUsername(username);   //删除记录
            userService.deleteUser(user);
        }
        List<User> users = userDao.getAllUsers();
        request.setAttribute("userList", users);
        return "admin/memDelete";
    }
}
```

注意：

（1）本项目里的实体类及 DAO 层接口，与前面的 SSM 项目相同。因此，源代码未列出；

（2）本项目里的服务层接口及实现，与前面的 SSM 项目相同，源代码也未列出。

（3）目前，广泛使用前后端项目分离。此时，后端项目使用 Ajax 返回，并使用 postman 等接口测试工具，不必写视图；前端通常创建 Vue 项目，使用 Element UI 框架，部署在 Nginx 服务器。

习题 8

一、判断题

1．在 IDEA 中，Spring Initializer 是创建 Spring Boot 项目的向导。

2．Spring Boot 项目当然也是 Maven 项目，其中 Artifact Id 名称禁用大写字母。

3．IDEA 内置了 Maven。

4．Lombok 是 Spring 自带的功能。

5．相对于 SSM 项目，开发人员在 Spring Boot 项目里写的配置信息较多。

6．若 Spring Boot 项目引用了 Thymeleaf 起步器依赖，则视图文件里的 EL 表达式能够被解析。

7．Thymeleaf 提供了条件和迭代等标签，但没有提供处理公共模板的相关标签。

二、选择题

1．Spring Boot 项目中，下列属于视图模板引擎起步依赖的是_______。

A．spring-boot-starter-parent　　B．spring-boot-starter-web

C．spring-boot-starter-thymeleaf　　D．mybatis-spring-boot-starter

2．若要在项目里使用 Lombok 功能，则在使用向导 Spring Initializer 时，应勾选____。

A．Developer Tools　　B．Web

C．SQL　　D．Template Engines

3．在 Spring Boot 里，不推荐的模板引擎是____。

A．Thymeleaf　　B．JSP　　C．Freemarker　　D．Groovy

4．在 IDEA 中，Spring Boot 项目是由____构建的。

A．Ant　　B．Gradle　　C．Maven　　D．都不是

5．在 IDEA 中编辑文档时，删除光标所在行的快捷键是由____构建的。

A．Ctrl+X　　B．Ctrl+D　　C．Ctrl+L　　D．Ctrl+Y

三、填空题

1．Spring 官方提供的 Spring Boot 项目，其在线生成器网址是____。

2．Spring Boot 项目通过标签____引入起步依赖 spring-boot-starter-parent。

3．在 IDEA 里创建 Spring Boot 项目时，项目包名默认为____和 Artifact Id 的组合。

4．在 Spring Boot 项目里，对控制器使用注解@RestController 相当于同时使用注解@Controller 和____。

5．在 IDEA 里快速产生代码 System.out.println()的方法是输入____并回车。

6．在 IDEA 里注释代码和取消注释的快捷键是____。

7．使用 Spring Initializer 创建 Spring 项目的默认配置文件为____。

8．为了方便查看项目文件 pom.xml，应选择____视图。

四、简答题

1．比较 Eclipse 与 IDEA 两种开发环境的异同点。
2．IDEA 主要提供了 Project 和 Packages 两种视图，试比较它们的特点。
3．简述模板引擎 Thymeleaf 的优点（相对 JSP 模板引擎而言）。
4．试比较 SSM 架构与 Spring Boot 项目的开发效率。

实验 8　Spring Boot 项目开发

一、实验目的

1．掌握在 IntelliJ IDEA 里，创建 Spring Boot 项目的主要步骤。

2．掌握 Spring Boot 项目的结构及运行方法。

3．掌握含有 MySQL 数据库访问，且使用 Lombok 功能和 MyBatis 框架的 Spring Boot 项目的创建。

4．了解 Spring Boot 项目配置文件的另一种写法。

5．掌握 Thymeleaf 模板引擎的使用。

二、实验内容及步骤

【预备】访问上机实验网站 http://www.wustwzx.com/javaee/index.html，下载本章实验内容的源代码（含素材）并解压，得到文件夹 ch08。

1．Spring Boot 项目开发环境的搭建

（1）在 IntelliJ IDEA 的官网 http://www.jetbrains.com/idea/中，可以找到 IntelliJ IDEA 的下载链接。下载后安装，可免费试用一个月。

（2）由于 Spring Boot 项目需要网络环境，为了提高下载速度，强烈推荐使用阿里云镜像。

（3）为 IDEA 添加外部的 Maven，并在配置文件 conf\settings.xml 的<mirrors>标签里使用<mirror>标签，添加阿里云镜像地址。

（4）选择 File→Settings→Plugins，搜索并安装第三方的 Lombok 插件。

2．创建一个简单的 Spring Boot Web 项目：springbootdemo1_web

（1）在 IDEA 里，使用 Spring Initializer 向导创建名为 springbootdemo1_web 的 Spring Boot 项目。

（2）在选项 Developer Tools 里，勾选 Spring Boot DevTools（热加载功能）选项。

（3）在选项 Web 里，勾选 Spring Boot Starter 选项。

（4）双击 pom.xml 文件，查看自动添加的依赖代码。

（5）查看程序文件夹里自动生成的启动类文件 Springbootdemo1WebApplication 后，单击文档左侧或工具栏上的运行按钮▶，查看控制台里的项目构建和运行信息。

（6）在浏览器地址栏输入 http://localhost:8080，访问当前运行的 Web 项目。

（7）在项目程序的基础包里，创建一个名为 controller 的子包，再在其内创建一个符合 Spring MVC 规范的控制器，并编写一个使用了@ResponseBody 注解的方法。

（8）对当前项目作热部署设置，使得修改有效，而不必重新部署项目。

（9）对控制器及方法做访问测试。

3．创建访问 MySQL 的 Spring Boot 项目：springbootdemo2_mysql

（1）在 IDEA 里，使用 Spring Initializer 向导创建名为 springbootdemo2_mysql 的 Spring

Boot 项目。

（2）在选项 SQL 里，依次勾选 MySQL Driver 选项和 MyBatis Framework 选项。

（3）双击 pom.xml 文件，查看自动添加的依赖代码。

（4）创建实体类文件 User.java（存放在包 entity 里），并使用@Data 注解。

（5）创建映射接口文件 UserMapper.java（存放在包 mapper 里），并对方法使用 SQL 注解。

（6）编辑项目配置文件 application.properties，增加指定 MySQL 驱动程序、数据库 url、数据库用户名及用户密码等代码。

（7）在测试类文件里，编写使用 MyBatis 框架查询 MySQL 数据库表 user 的代码。

（8）对测试类的方法，做 Spring Boot 单元测试。

4．以 Thymeleaf 作为视图模板引擎的 Web 项目：springbootdemo3_thymeleaf

（1）在 IDEA 里，使用 Spring Initializer 向导创建名为 springbootdemo3_thymeleaf 的 Spring Boot 项目。

（2）在选项 Developer Tools 里，依次勾选 Spring Boot DevTools 选项和 Lombok 选项。

（3）在选项 Web 里，勾选 Spring Web Starter 选项。

（4）在选项 Template Engines 里，勾选 Thymeleaf 选项。

（5）双击 pom.xml 文件，查看自动添加的依赖代码。

（6）创建含有构造方法的实体类文件 User.java（存放在包 entity 里），并使用@Data 注解。

（7）编写控制器文件 HomeController.java（存放在包 controller 里）和对应的视图文件 index.html（存放在文件夹 templates/home 里）。

（8）单击工具栏的按钮▶运行本项目，并做控制器的访问测试。

（9）对当前项目作热部署设置。

（10）编写包含用户登录和显示所有用户列表的控制器文件 UserController.java（存放在包 controller 里）和对应的视图文件（存放在文件夹 templates/user 里），再次做功能的访问测试。

5．综合项目 memmana6 分析

（1）使用 IDEA 主菜单，导入下载的 Spring Boot 项目 memmana6。

（2）双击 pom.xml 文件，查看添加的依赖代码。

（3）分别查看项目的实体类文件与对应的映射接口文件。

（4）分别查看项目的控制器文件与对应的视图文件。

（5）查看公共视图的定义及其引用方法。

（6）单击工具栏的按钮▶运行本项目，并做项目功能的访问测试。

三、实验小结及思考

（由学生填写，重点填写上机实验中遇到的问题。）

参 考 文 献

[1] 张晓龙，吴志祥，刘俊. Java 程序设计简明教程[M]. 北京：电子工业出版社，2018.

[2] 吴志祥，张智，曹大有，焦家林，赵小丽. Java EE 应用开发教程[M]. 武汉：华中科技大学出版社，2016.

[3] 吴志祥，雷鸿，李林，等. Web 前端开发技术[M]. 武汉：华中科技大学出版社，2019.

[4] 吴志祥，何亨，张智，杨宜波，曾诚. ASP.NET Web 应用开发教程[M]. 武汉：华中科技大学出版社. 2016.

反侵权盗版声明